化工园区废水强化处理技术及工程应用

任洪强　著

U0287449

科学出版社

北京

内 容 简 介

本书以技术研究与工程实际相结合,全面、系统地阐述了化工园区废水强化处理技术及工程应用。全书共7章,分别介绍了化工园区废水处理生物强化组合技术及其工程应用,精细化工园区、印染工业园区和制药工业园区废水综合治理成套技术与工程应用,维生素C废水深度处理关键技术与应用工程示范,化工园区废水长效稳定运营机制与智能化控制技术,是本研究项目组十多年从事化工园区废水处理研究的大量成果与工程实践的系统总结。

本书可供从事环境工程的科研人员、设计人员、工程技术人员以及大专院校环境保护专业的教师及学生阅读、参考。

图书在版编目(CIP)数据

化工园区废水强化处理技术及工程应用/任洪强著.—北京:科学出版社,2017.11

　ISBN 978-7-03-052389-1

　Ⅰ.①化…　Ⅱ.①任…　Ⅲ.①化学工业-工业园区-工业废水处理
Ⅳ.①X780.3

中国版本图书馆CIP数据核字(2017)第056528号

责任编辑:周　炜 / 责任校对:郭瑞芝
责任印制:徐晓晨 / 封面设计:陈　敬

科 学 出 版 社 出版
北京东黄城根北街16号
邮政编码:100717
http://www.sciencep.com

北京盛通数码印刷有限公司 印刷
科学出版社发行　各地新华书店经销

＊

2017年11月第　一　版　开本:720×1000 1/16
2024年 1 月第四次印刷　印张:17 1/2
字数:350 000
定价:138.00元
(如有印装质量问题,我社负责调换)

前　言

化工园区内企业排放的废水经厂内预处理达到接管标准后排入化工园区污水处理厂进行集中处理,这是目前所提倡的工业废水集中处理方法。生物处理技术因其高效、低耗、工艺操作管理方便、无二次污染等显著优点,一直以来是国内外化工园区混合废水集中处理中的主流技术,然而,化工园区废水常含有有毒有害物质或生物活性抑制因子,使得常规的生物处理工艺难以有效发挥其效能。因此开发针对性的生物强化处理技术,以支撑园区企业内部的生物预处理系统和园区污水处理厂的生物集中处理系统的高效、稳定化运行是成功实现化工园区废水稳定达标排放的关键。

通过实施化工园区工业废水处理技术应用及工程示范研究,可最大限度地获取影响化工园区工业废水处理效能的多种关键参数,加速该领域的技术成果应用研究进程,开发出系列化、标准化具有中国特色技术优势的废水处理关键装备,最终实现化工园区废水处理技术高产能集成和关键成套设备的产业化,支撑化工园区废水处理技术的产业化推广应用。

本书重视技术研究与工程实际结合,首先介绍化工园区废水处理生物强化组合技术及其工程应用,接着分别介绍精细化工园区、印染工业园区和制药工业园区废水综合治理成套技术与工程应用,并深入介绍维生素 C 废水深度处理关键技术与应用工程示范,最后阐述化工园区废水长效稳定运营机制与智能化控制技术研究。本书是本研究项目组历时十多年辛勤研究的结晶,每章的基础内容都来源于一些直接参与研究开发和工程应用的研究生的相关论文。衷心感谢直接参与项目研究的研究生,以及参与本书撰写的博士、硕士研究生和课题组老师。

本书基于作者从事化工园区废水处理研究的大量成果与工程实践,内容新颖,实用性强,对化工园区废水的综合治理及提标排放、废水处理技术的工程应用、化工行业的健康可持续发展与大幅度提高生态效益和环境效益等方面,具有较好的指导作用。

由于本书涉及的内容较多,加之作者知识面和水平所限,尽管作者力图在本书中注重系统性、实践性和前沿性,鉴于研究范围和水平所限,书中难免存在疏漏和不足之处,敬请读者批评指正。

目　录

第1章 绪 论

1.1 化工园区废水处理概况及新技术需求

目前,化学工业园区(简称化工园区)建设是我国化工产业集群发展的新模式,随着化工园区的大力发展,由此带来的水污染和水资源问题已经成为制约其长足发展的障碍。化工园区企业排放的废水水质复杂,大多具有高酸度、高色度、高氨氮、高盐度、有毒物质含量高、水质水量变化大、可生化性差等特点,属典型的有毒难降解工业废水。园区内企业排放的废水经厂内预处理达到接管标准后排入化工园区污水处理厂进行集中处理,这是目前所提倡的工业废水集中处理方法。由于化工园区废水来源不同、水质差异较大,同时含有数量多、种类复杂的有毒有害物质,常规的物化和生化处理一般效果较差,难以达到排放要求,因此,研究和开发有效、经济的预处理及集中处理技术是实现化工园区废水稳定达标排放的关键。

1.2 化工园区废水强化处理技术研究

对于化工园区废水,国内外已研究和采用多种强化治理技术,主要从预处理、生物处理及尾水处理三方面进行强化,处理方法可分为化学法、物理法和生物处理法三类。

1.2.1 化学法

废水的化学处理法是利用化学反应的作用来分离、回收废水中各种形态的污染物质,有化学氧化法、絮凝沉淀法、电化学法、光催化氧化法等。

1. 化学氧化法

常见的化学氧化法包括臭氧氧化法、芬顿试剂氧化法、高温深度氧化法等。化学氧化法是解决化工园区废水脱色问题的有效方法之一,其原理是利用各种氧化手段将废水中的发色基团破坏而达到明显的脱色效果,一般用于处理高浓度、高色度的印染废水、造纸废水、发酵废水、焦化废水和电镀废水等。

1) 臭氧氧化法

由于废水排放标准提高,国内外对采用臭氧氧化法进行废水脱色都很重视。臭氧的氧化能力很强,其在水中的氧化还原电位为 2.07V,氧化能力仅次于氟,比氯高 1 倍。由于臭氧的强氧化作用,其在脱色、杀菌、脱臭等方面具有显著的效果。臭氧即使在低浓度下也能瞬时完成氧化反应,并且无永久性残余、无二次污染(邓南圣,1995)。臭氧氧化法具有不产生污泥和二次污染、臭氧发生器简单紧凑、占地少、容易实现自动化控制等优点,但也存在臭氧发生的设备费及处理废水成本高、不适合大流量废水处理等缺点。

2) 芬顿试剂氧化法

在高色度化工园区废水的脱色处理中,H_2O_2 是经常使用的氧化剂,但单独使用 H_2O_2 时,其氧化能力较弱,当 Fe^{2+} 存在时,H_2O_2 的氧化能力增强。由 Fe^{2+} 与 H_2O_2 组成的体系称为芬顿试剂,其脱色机理是 H_2O_2 与 Fe^{2+} 反应产生强氧化性羟基自由基(·OH),使染料分子断键而脱色,而且 Fe^{2+} 又具有混凝作用,因此芬顿试剂处理易溶解的印染废水是国内外研究的热点。研究表明,采用铁屑-H_2O_2 氧化处理印染废水,在 pH 为 1～2 时,可使硝基酚类、蒽醌类印染废水脱色率达 99% 以上(崔淑兰等,1990);利用小剂量的芬顿试剂处理含酚废水(张彭义,1996),可使废水中的有机污染物聚合,从而改变其水溶性,有利于絮凝脱色;用芬顿试剂处理偶氮、蒽醌、酞菁和次甲基等染料废水(Kuo,1992),发现在 pH<3 的条件下,色度平均去除率大于 97%,化学需氧量(chemical oxygen demand,COD)平均去除率约 90%,并发现温度对去除速率有很大影响,温度越低,去除速率越慢。

除此之外,采用芬顿试剂氧化法处理难生物降解的有毒、有害污染物可以将其直接矿化或通过氧化提高其可生化性。有研究采用芬顿氧化法预处理焦化废水时发现,焦化废水经芬顿氧化预处理不仅能取得较高的 COD、挥发酚类物质去除率,而且能将其中难降解有机污染物氧化为较易生物降解的醇、醛、酮及有机酸等中间产物,有利于后续生物处理过程。

3) 高温深度氧化法

当前废水的高温深度氧化法主要包括湿式空气氧化法、超临界水氧化法及焚烧法。

湿式空气氧化法是指在 125～350℃,压力保持 0.5～20.67MPa,通入空气,使溶解或悬浮于废水中的有机化合物和无机还原物质,在液相中被氧化成一氧化碳和水的一种高浓度有机废水的处理方法。研究表明,采用湿式空气氧化法对香港工厂实际排放的印染废水[COD 10 000～40 000mg/L,生物耗氧量(biological oxygen demand,BOD_5)在 5000～10 000mg/L]进行处理,在催化剂的存在下,COD、TOC 的去除率达 80%～90%(Lecheng,2000)。如何降低反应温度和压力,以及缩短处理时间是该方法的研究趋势。

超临界水氧化法是利用超临界水(温度>374℃、压力>22.1MPa)作为介质来氧化分解有机物,是一种能彻底破坏有机物结构的高温深度氧化法。所谓超临界流体是指温度和压力分别高于其所固有的临界温度和临界压力时,热膨胀引起密度减小,而压力的升高又使气相密度变大,当温度和压力达到某一点时,气液两相的相界面消失,成为一均相体系,这一点就是临界点。超临界流体不仅具有类似液体的密度、溶解能力和良好的流动性的特点,同时又具有类似气体的扩散系数和低黏度的特点,该流体无论在多大的压力下压缩都不能发生液化,大多数有机化合物和氧都能溶解在超临界水中,形成一个有机物氧化的良好环境。有资料报道,采用此法对苯酚的氧化,可获得接近100%的转化率。

尽管该方法有许多优点,并且展现出良好的工业应用前景,但还有一些实际的技术问题需要解决,如反应条件较为苛刻(高温、高压)、对设备材质要求高等。在超临界水中,由于无机盐溶解度小,因此在氧化过程中会有盐的沉淀,引起反应器和管路的堵塞。

焚烧法是指将含高浓度有机物的废水在高温下进行氧化分解,使有机物转化为无害的二氧化碳和水。它是废水高温深度氧化处理的最有效方法,也最容易实现工业化。一般对于COD$>$10g/L、热值$>$1.05$\times$10^{4}kJ/kg的高浓度废水用焚烧技术处理要比用其他技术更合理、更经济。高浓度有机废水焚烧时,其中的有机物经氧化最终分解为二氧化碳和水,而无机物生成盐和水。其反应式如下:

$$C_6H_{10}O + 8O_2 = 6CO_2 + 5H_2O \tag{1.1}$$

$$2NaOH + CO_2 = Na_2CO_3 + H_2O \tag{1.2}$$

焚烧技术处理废水的基本流程如下:废水→预处理→蒸发浓缩→高温焚烧→废热回收→烟气处理→烟气排放。

预处理和蒸发浓缩的目的是去除废水中的悬浮物及提高废水中的有机物浓度以确保焚烧完全,废热回收和烟气处理是回收燃烧释放的热量以降低运行成本及避免二次污染。高温焚烧是流程中的关键工序,而焚烧炉又是焚烧技术的关键设备。自20世纪80年代以来提出了多种焚烧炉,近年来应用高科技出现了如熔融盐焚烧炉等新型焚烧炉,但目前常用的炉型有液体喷射焚烧炉、回转窑焚烧炉和流化床焚烧炉等(Lecheng,2000)。

2. 絮凝沉淀法

絮凝沉淀法是指向废水中添加一定的化学物质,通过物理或化学的作用,使原先溶于废水中呈细微状态,不易沉降、过滤的污染物,集结成较大颗粒以便分离的方法。所使用的添加剂既有无机化合物,也有有机化合物和高分子化合物,混凝剂选择适当,可使印染废水大幅度脱色,COD值和BOD值大幅度降低,提高被处理后废水的可生化性。难降解染料及助剂的广泛应用,相应引起废水生化性能下降,因此,混凝工艺一般被作为生化处理的前处理或强化处理的首选组合技术手段,在高浓度化工园区废水处理中得到广泛应用。

在化工园区废水处理中经常选用的无机絮凝剂主要包括铝盐和铁盐两大系

列,此外还有镁盐。铝盐絮凝剂主要有硫酸铝(PAS)、聚合氯化铝(PAC)、明矾、聚合硅酸铝等。卢俊瑞(1999)用聚铝型絮凝剂处理溴氨酸活性染料生产废水,脱色率和 COD 去除率均在 90%以上;苏玉萍等(1999)对上海某一丝绸印染厂的印染废水采用混凝法进行处理,脱色率可达 93%,且 PAC 比其他絮凝剂所产生的矾花大,沉降速率快;洪金德等(1999)用聚合硫酸铝对直接、硫化、分散染料处理的结果表明,在 pH 5～7、用量>300mg/L 时脱色率可达 90%以上。

除了传统的絮凝剂,目前,有机絮凝剂、复合絮凝剂及微生物絮凝剂也是研究热点。有机高分子絮凝剂大体可分为人工合成类有机高分子絮凝剂和天然改性类有机高分子絮凝剂两大类。人工合成类有机高分子絮凝剂是利用高分子有机物分子质量大、分子链官能团多的结构特点,经化学合成的一类有机絮凝剂。絮凝法的主要优点是一次性投资较低,操作管理技术要求不高,针对不同水质选用合适的絮凝剂,其处理效果和处理成本均可控制在适当的水平。缺点为:对于某些废水,可能存在加药量大或絮凝剂昂贵的情况,导致运行成本偏高;适用范围窄,对可溶性的有色污染物质脱色效果差;产生大量化学污泥,对污泥的处理和处置进一步增加了运行成本和操作管理的难度,且容易造成二次污染;占地面积较大。

3. 电化学法

电化学法是处理化工园区废水的有效方法,广泛应用于各种工业废水的处理中。对可溶性电极在印染废水处理中电化学的研究表明,废水在直流电的作用下,污染物质颗粒被极化、电泳,同时在两极发生强氧化和强还原作用,使水溶性污染物被氧化或还原成低毒或无毒物质;还原型(或氧化型)色素被氧化(或还原)成无色。此外,在阴、阳两极还能发生凝聚、吸附、电气浮和氢的间接还原等净化废水作用。各类染料在电解处理时其去除率的大小顺序为硫化染料、还原染料>酸性染料、活性染料>中性染料、直接染料>阳离子染料。Simonsson(1997)采用高析氧电位电极(Sb/SnO$_2$、Ti/RuO$_2$、Ti/Pt)进行印染废水处理实验,结果表明,印染废水的 COD 去除率为 80%～90%,且脱色效果良好。李长海(1999)以圆桶型铁板作为电极,用导流电法处理染料废水,脱色率可达 96%,COD 去除率达 90%。电化学法处理印染废水具有设备小、占地少、运行管理简单、COD 去除率高和脱色效果好等优点,但也有沉淀生成量大及电极材料消耗量大、运行费用较高等缺点(Simonsson,1997)。

4. 光催化氧化法

利用光催化氧化法处理印染废水是一种新颖而有前途的方法。原理是利用氧化剂 H$_2$O$_2$ 和 O$_3$ 在化学氧化和紫外线(UV)辐射的共同作用下,使系统的氧化能力和反应速率大大加快,从而加快废水处理速率,达到预期的处理要求。但是,在紫外线的作用下进行反应时,由于有机废水中污染物自身的特性,反应选择性差,而且在很多竞争反应中会产生有毒性物质。同时,废水有机物的光解也常受其他竞争反应的干扰。其常用方法有 TiO_2/UV、H_2O_2/UV、O_3/UV 等。张桂兰等(1999)在旋转式光催化反应器中用 UV/TiO_2 法降解染料废水取得很好的脱色效果。在优化条件下采用悬浮态 TiO_2 时,偶氮染料的脱色率为98%;采用 TiO_2 器壁固定时,偶氮染料的脱色率为78.5%~91.5%。吴海宝等采用开放式悬浮型光催化反应器,以太阳能中紫外线代替紫外灯,经过2h太阳能辐射后,阳离子蓝 X-GRRL 染料废水的脱色率为80%~90%。陈菲力等(1997)采用 TiO_2 薄层的平板式光催化反应器进行光催化降解废水中罗丹明染料的实验,结果表明,废水中罗丹明染料由 10mg/L 降低到 0.01mg/L。该技术具有低能耗、易操作、无二次污染、可完全矿化有机物等突出的优点,同时也存在反应时间长、费用高、催化剂效率低且不易回收、紫外灯的寿命较短和效率较低的缺点。光催化氧化技术对高浓度废水处理效果不太理想,但是光催化氧化工艺与混凝、生物处理技术相结合处理染料废水则可优劣互补(陈菲力等,1997)。

1.2.2 物理法

废水的物理处理法是指利用物理作用分离废水中主要呈悬浮固体状态的污染物质,在处理过程中不改变其化学性质,常用的物理处理法有吸附法、气浮法、过滤法、微波法、膜分离法和新型物理处理技术等。

1. 吸附法

吸附法是指利用多孔性的固体物质,使废水中的一种或多种物质被吸附在固体表面而除去污染物的方法。废水吸附处理技术是废水物理、化学处理法之一,分为物理吸附和化学吸附。前者没有选择性,是放热过程,温度降低利于吸附;后者具有选择性,系吸热过程,温度升高利于吸附。吸附剂包括可再生吸附剂(如活性炭、离子交换树脂或纤维等)和不可再生吸附剂[如各种天然矿物(膨润土、硅藻土)、工业废料(粉煤灰)及天然废料(锯木屑)等]。影响吸附的条件主要有温度、接触时间和 pH 等。

目前在废水处理中使用的吸附剂主要有以下几种。

1)天然矿物

目前常用作吸附剂的天然矿物主要有膨润土、蒙脱石、海泡石、海绵铁、凹凸棒土等。天然矿物的晶格置换面可以产生静电吸附、表面络合等专性吸附,以及离子交换吸附的综合作用。由于各类矿石具有较高的吸附性能,被广泛地应用于化工废水的处理。天然矿物资源丰富,全球储藏量大,吸附速率快并且处理效果好,但是用天然矿物作吸附剂成本较高,而且吸附后解吸困难,易造成二次污染。

2)活性炭

活性炭是最早应用也是迄今为止最优良的吸附剂之一,一般由木炭等含碳物质经高温炭化和活化而成,其表面及内部都有细孔,呈相互连通的网状空间结构,具有很大的比表面积。活性炭的吸附作用主要分为物理吸附和化学吸附。物理吸附是指由于活性炭内部分子在各个方向都承受着同等大小的力,而在表面的分子则受到不平衡的力,使得被吸附物质吸附在其表面上;化学吸附是指活性炭与被吸附物质发生化学反应而产生的吸附。通常情况下,活性炭吸附是物理吸附与化学吸附的综合作用。活性炭吸附性能优良,但由于活性炭再生困难,成本较高,应用于工业废水处理具有较大的局限性。

3) 树脂

大孔吸附树脂是一种人工合成的具有多孔立体结构的聚合物吸附剂,是在离子交换剂和其他吸附剂应用基础上发展起来的一类新型树脂,它主要依靠被吸附分子(吸附质)之间的范德瓦耳斯力,通过巨大的比表面进行物理吸附而工作的,在实际应用中,对一些与其骨架结构相近的分子,如芳香族环状化合物等具有很强的吸附能力。大孔吸附树脂不溶于酸、碱及有机溶剂,化学性质稳定,并可通过分子间的作用力,从水溶液中富集、分离和回收有机物质,与活性炭相比,大孔吸附树脂具有孔分布窄、实用范围广、不受废水中无机盐的影响、吸附效果好、机械强度好、容易脱附再生等优点。树脂吸附法可用于处理含酚、苯胺、有机酸、硝基物、农药、染料中间体等废水。但是树脂吸附剂价格昂贵、用量大、处理成本高,而且树脂吸附剂对工艺条件要求苛刻,操作和管理困难。

4) 固体废弃物

价格低廉、吸附容量大的煤渣、炉渣和粉煤灰也可以用作吸附剂,这些固体废弃物广泛存在于自然界中,成本低廉,并且长期堆置容易造成固体废弃物污染,如果对其加以利用,可实现固体废弃物资源化和达到保护环境的目的。由于其多孔结构,且具有较大的比表面积和较高活性的特点,尤其是其内部生长的微生物具有自身氧化的特性及不产生污泥沉淀等优点,被认为具有良好的应用前景,但此方法存在着泥渣的产生量大,且难以处理的缺点。

蔗糖、甲壳素、蛋白质等废弃的天然高分子物质,经过适当的化学改性后,它们可用于废水中污染物的吸附去除。由于废弃的天然高分子物质原料来源广泛,经改性后对污染物的吸附能力大幅度提高,因此不仅运行成本低,而且还可实现以废治废的目的。水解蛋白由鸡毛、鸭毛、蹄趾等中的蛋白质或蚕丝脱胶废水中的丝胶经水解后得到。水解蛋白不仅自身具有较好的吸附能力,而且可以通过化学改性来提高蛋白质对离子染料或非离子染料的吸附能力。壳聚糖是一种可以直接从虾、蟹壳及柠檬酸发酵的菌体等多种原料中分离得到的天然碱性高分子多糖。壳聚糖因其原料丰富、廉价、无毒无味、可生物降解、无二次污染等优点,已逐渐被广泛使用。壳聚糖分子内的羟基、氨基使其具有良好的吸附、螯合作用,因此壳聚糖可作为良好的重金属离子螯合剂,与大多数过渡金属离子形成稳定的螯合物。

5）生物吸附剂

生物吸附剂是包括细菌、藻类、酵母、霉菌等在内的生物体及其衍生物。生物吸附剂利用生物体体内特有的化学成分和结构特征来吸附重金属离子,因具有品种多、来源广泛、价格便宜、操作简单、吸附量大、选择性好、效率高以及可降解,不会造成二次污染等优点逐渐成为研究热点。生物吸附剂因其细胞壁及细胞壁上的官能团和酶,可吸附废水中的重金属离子。

2. 气浮法

气浮法是常用的工艺净水方法之一。傅炎初等(1992)以十六烷基三甲基溴化铵(CTAB)作捕集剂进行浮选印染水中的活性染料,结果发现其脱色率可高达80%～90%。张宏伟等(2001)采用混凝—旋流反应—竖流气浮—双层快滤设备处理天津某纺织厂废水,结果发现 COD 去除率达 70%～80%、BOD 去除率达89.6%、脱色达 90%以上。

3. 过滤法

原水不经沉淀而直接进入滤池过滤称为直接过滤。直接过滤包含两种方式:微絮凝过滤与接触过滤。滤池前设一简易微絮凝池,原水在加药混合后经微絮凝池形成微絮粒后即刻进入滤池称为微絮凝过滤;原水经加药后直接进入滤池,滤前不设任何絮凝设备称为接触过滤。前者污染物被滤料截留的效果较好;而后者絮凝剂和污染物进入滤床深部的效果较好,有利于中和滤料的表面电荷并充分利用滤床的所有纳污能力。

4. 微波法

微波是一种电磁波。微波包括的波长范围没有明确的界限,一般是指分米波、厘米波和毫米波三个波段,频率为 300～30 000MHz。由于微波的频率很高,也称为超高频电磁波。微波进入物料后,物料吸收微波能并将其转变为热能,而微波的场强和功率被不断地衰减,即微波透入物料后将进入衰减状态。不同的物料对微波能的吸收能力不同,随物料的介电特性而定。经过十多年的研究,发现微波法具有高效、节能,以及热源与加热材料不直接接触等特点,可进行选择性加热,便于控制,设备体积小且无二次污染。所以微波加热技术逐渐被应用到污染土壤修复、废物处理和活性炭再生等领域。

5. 膜分离法

膜分离法是以外界能力或化学位差作为推动力,对溶剂和溶质进行分离、富集及提纯的方法。根据溶质或溶剂透过膜的推动力的不同,膜分离法可以分为三类:

①以电动势为推动力的有电渗析和电渗透;②以浓度差为推动力的有扩散渗析和自然渗透;③以压力为推动力的有压渗析和反渗透、超滤、微孔过滤。其中最常用的是超滤、反渗透和电渗析。

1) 超滤

超滤技术是滤除孔径为 $0.05\sim1\mu m$ 的杂质,技术原理就是净化—分离—浓缩,同时依据膜孔径大小把工业废水中不同固体杂质分离开。这种技术主要使用在医药、食品及工业等各种污水的处理中,如卷式超滤膜。应用这种技术能消灭污水中的细菌与藻类等各种微生物,还能减小进水浑浊度。

2) 反渗透

反渗透技术是将水作为溶剂,把污水中的离子或一些小分子物质截留,采用选择性的渗透方式把污水中的混合体分离出来,同时膜两侧静压给出一个推动力,将污水分离出来。该技术在咸水淡化中应用比较广泛,特别是在食品工业、冶金、造纸等各种工业污水的处理中。反渗透主要分为渗透—反渗透—渗透平衡几个步骤:其一渗透,就是运用半透膜把纯水与盐水分隔开来,将纯水朝着咸水方向开始渗透,这样就能淡化盐水浓度;其二反渗透,就是用半透膜把纯水与盐水分隔开来,咸水就会朝着纯水渗透;其三渗透平衡,半透膜把纯水与盐水分隔开来,让纯水与咸水进行双向渗透。

3) 电渗析

电渗析技术是采用膜分离设备,运用分离膜的选择性透水及外加的直流电场作用,产生阴离子与阳离子,通过交换膜控制这两种离子的通过情况,使一边的离子渗透进入另外的污水中,淡化污水中的浓度。该技术被广泛应用在放射性及重金属工业污水处理中,处理效果较好。在实际操作中让原水先通过调节池及细格栅,再使用毛发过滤器、加压泵及消毒系统等反洗排水,之后采用膜处理系统处理污水。

6. 新型物理处理技术

工业废水的新型物理处理技术主要有磁分离及高等物理法等技术。近年来有研究者开始用 γ 辐射和电子束等手段对有机污水进行处理,尤其是对水中复杂有机物进行降解处理。废水先经过曝气,再经 γ 射线辐射,可以大大提高阳离子染料的去除率。高能物理法处理印染废水的特点是:有机物去除率高,设备占地面积小,操作简单。但因其产生高能粒子的装置昂贵、技术要求高、能耗较大,如要真正投入实际运行还需进行大量的工作。磁分离技术是近年来发展的一种新型的水处理技术,该技术是将水体中的微量粒子磁化后再分离。在国外,高梯度磁分离技术已从实验室走向应用。该技术一般采用过滤-反冲洗的工作方式,主要用于分离<$50\mu m$ 铁磁性物质,其过滤快、占地少。有研究者采用高压脉冲放电产生的非平衡

离子体对印染废水进行处理,在起始 pH 为 9 时,对染料直接蓝 2B 处理 30s,水样的 COD 降低了 42.6%(李胜利等,1996)。

1.2.3　生物处理法

废水的生物处理法是利用微生物的代谢作用,使废水中呈溶解和胶体状态的有机污染物转化为稳定无害的物质。生物处理技术作为已成功在世界大范围应用的主要水处理技术之一,是最具前景的废水处理技术之一,因其具备相对低廉的投资费用和运行成本使其在发展中国家具有较强的应用优势。生物处理法的主流技术包括活性污泥、颗粒污泥、生物膜法、氧化塘及土地处理系统等。按照微生物和处理条件的不同,可分为好氧处理和厌氧处理两大类。好氧生物处理法又可分为活性污泥法、生物膜法、氧化塘等,广泛应用于处理市政污水和低浓度有机废水;厌氧生物处理法则多用于处理高浓度有机废水和污水处理过程中产生的污泥。

1. 好氧生物处理法

常用的好氧生物处理法主要有活性污泥法和生物膜法。活性污泥既能分解大量的有机物质,又能去除部分色素,还可以小量调节 pH,运转效率高而费用低,出水水质较好,因而被广泛采用。活性污泥法对 BOD_5 的去除率一般可以达到 80%～95%,对 COD 的去除率一般可以达到 40%～60%。活性污泥法大多数采用完全混合式,也就是待处理的废水先进入系统中的曝气池与池内原先的混合液进行充分混合,使池内空间各点水质基本均匀,以最大限度地承受进水水质的变化。在这种完全混合状态下,微生物处于它的生长曲线对数生长期的后期,比较适合化工废水有机物浓度高的特征,处理效果比较理想。但是,活性污泥法去除 COD 不完全,还有污泥膨胀现象发生,引起出水水质波动,甚至系统运转中断。

生物膜法是使细菌一类的微生物,以及原生动物、后生动物一类的微型动物在滤料或某些载体上生长繁殖,形成膜状生物——生物膜,通过与废水的接触,生物膜上的微生物摄取废水中的有机污染物作为营养,从而使污水得到净化。其形成和发展大致经历以下几个过程(图 1.1):①大分子(主要是蛋白质和多糖)在填料表面的初始黏附;②浮游细胞移至填料表面;③细胞发生表面吸附;④可逆吸附细胞的解吸;⑤细菌细胞不可逆吸附于表面;⑥细胞-细胞信号分子的产生;⑦底物输送至生物膜;⑧生物膜“绑定”的细胞进行底物代谢和代谢产物移出,同时细胞增殖及产生胞外聚合物(extracellular polymeric substances,EPS);⑨生物膜的剥离或脱落。也可归于黏附(阶段 I,过程①～⑤)、发展(阶段 II,过程⑥～⑧)和成熟(阶段 III,过程⑧、⑨)三个阶段。生物膜法避免了活性污泥法容易引起污泥膨胀,导致净化后水质不稳定的缺点。生物膜法的食物链比活性污泥法长,生物相也比活性污泥法更丰富。其中,大量的丝状菌对碳源要求较高,反应灵敏,具有较强的吸附分解有机物的能力。因此,生物膜法对高色度化工园区废水的脱色作用也较活性污泥法强,一般而言,BOD₅ 的去除率为 85%～95%,COD 的去除率为 40%～60%,脱色率为50%～60%。

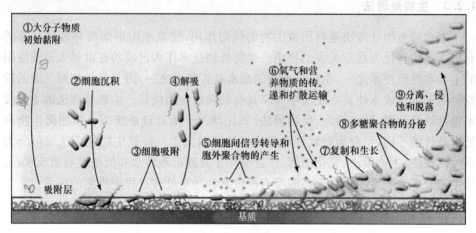

①大分子物质初始黏附

②细胞沉积

③细胞吸附

④解吸

⑤细胞间信号转导和胞外聚合物的产生

⑥氧气和营养物质的传递和扩散运输

⑦复制和生长

⑧多糖聚合物的分泌

⑨分离、侵蚀和脱落

吸附层

基质

图 1.1　生物膜形成示意图

修改自文献 Verstraeten 等(2008)

　　针对活性污泥法和生物膜法共同存在的问题,即 COD 和色度的去除率不高、处理系统出水不能达到规定的排放标准,通过延长曝气时间,降低有机负荷延时曝气的方法,在活性污泥和生物膜处理印染废水的系统中都有不同程度的应用,有的甚至把停留时间延长到 18～22h。新兴的好氧颗粒污泥法也是一种有效的生物强化手段。同传统的活性污泥相比,好氧颗粒污泥具有规则的外形、密实的结构、优良的沉淀性,以及较高的耗氧速率和代谢活性,利用它们能实现反应器中较高的污泥浓度,从而有助于实现较小的反应器占地设计,并可以承受较高浓度的污水负荷及冲击负荷;同时,好氧颗粒污泥由于没有投加载体物质,运行操作也比较方便。好氧颗粒污泥的这些优势为小型一体化装置的开发与应用提供了广阔的前景。最近几年,随着化工园区的迅速发展,产生的废水水质变得更复杂、更多变、更难生物降解。有些化工废水的 BOD₅/COD 值甚至只有 0.1～0.2。这样,废水经过活性污泥法或生物膜法处理后,COD 去除率下降,出水中 COD 的含量就更高。因此,如何提高化工园区废水的可生化降解性,如何提高现有化工废水处理技术的降解能力成为研究的热点。

2. 厌氧生物处理法

　　厌氧生物处理法是指在没有游离氧存在下,利用厌氧微生物将废水中的有机物转化、分解成甲烷、二氧化碳、氢等物质的过程。其与好氧过程的区别在于受氢体不是分子态氧,而是化合态的氧、硫、碳、氮等。厌氧生物处理过程是一个复杂的生物化学过程,根据处理过程中所依靠的水解产酸细菌、产氢产乙酸细菌和产甲烷细菌三大主要类群细菌的联合作用,可将整个过程划分为三个连续的阶段:水解酸化阶段、产氢产乙酸阶段和产甲烷阶段。厌氧生物处理过程多用于高浓度有机废水的处理和废水处理过程中产生的污泥的处理。厌氧工艺有容积负荷高、COD 去除率高、耐冲击负荷和耐有毒有害物质的优点,其减少了稀释水量并且能较大幅度地削减 COD,建设和运行费用降低,并可回收沼气,对高浓度有机废水的处理意义较大。以厌氧颗粒污泥作为核心的厌氧反应器是目前最常见的,主要包括上流式厌氧污泥床(upflow anaerobic sludge bed,UASB)、膨胀颗粒污泥床(expanded granular sludge bed,EGSB)、内循环厌氧反应器(internal circulation,IC)和厌氧流化床(anaerobic fiudized bed,AFB)等。厌氧颗粒污泥是一种特殊的生物膜,厌氧细菌和古菌自发地凝聚,并不断繁殖或吸附悬浮的微生物,使得污泥呈现出肉眼可看见的颗粒性状。厌氧颗粒污泥中生物量巨大,且含有大量的胞外聚合物和丰富的生态位,可以承受很高的负荷或毒性。形成并长期保持厌氧颗粒污泥是稳定运行厌氧反应器的关键之处。经厌氧处理后的出水 COD 仍较高,通常难以实现出水达标,一般后接好氧工艺进一步去除剩余 COD。

3. 生物强化技术

生物强化技术(bioaugmentation)是指在生物处理系统中,通过投加具有特定功能的微生物、营养物或基质类似物,以达到提高废水处理效果的方法。其中,选用的菌种可以是从自然界中筛选的优势菌种,也可以是通过基因工程技术得到的有降解能力的基因工程菌。投加菌一般是通过直接生物降解作用、与污染治理体系中原有的细菌共代谢作用来完成对目标污染物的去除。与传统生物处理工艺相比,生物强化技术可有效提高对有毒、有害物质的去除效果,改善污泥性能,加快系统启动,增强系统稳定性、耐负荷冲击能力等。由于在系统中加入优势降解菌和基因,使生物强化技术扩展了以往生物降解技术降解底物的范围,并显现出对有毒、有害物质的高效降解性能。生物强化技术在医药、焦炭、造纸、石化、印染、食品等行业的废水生物处理中均有研究,并且有些研究已进入全规模实验阶段。

根据用于生物强化的菌株筛选或构建途径不同,生物强化技术主要可分为以下三种:①含有代谢功能的可移动基因组分的菌株强化;②通过基因工程手段改造得到具有特定功能的微生物强化;③利用常规的微生物学手段,通过长期驯化得到具有一定降解能力的微生物菌群或从特定环境中分离纯化得到某些具有特定降解性能的微生物强化。

以焦化废水生物强化处理为例,从焦化废水中分离出的优势纯菌种有优势光合细菌(photosynthetic bacteria,PSB)、睾丸酮丛毛单胞菌(Comamonas testosteroni)、皮氏伯克霍尔德氏菌(*Burkholderia pickettii*)等,这些优势菌对降解焦化废水中的某些污染物具有很高的效率。黄霞等(1995)采用无纺布-聚乙 PVA 复合载体包埋三种可降解难降解有机物(喹啉、异喹啉和吡啶)的优势菌种,经 8h 处理后,三种难降解有机物均可降解 90％以上。但是许多纯培养研究发现,单个生物不可能具有彻底矿化异型生物质的能力,在生物降解过程中会有毒性中间体积累,彻底矿化必须借助两种或两种以上微生物的共生和互生作用共同完成。因此,混合菌的培养和开发比纯菌更具有潜在的优势,在生产实际中具有重要意义。当前应用于焦化废水处理的混合菌有中国台湾的专利微生物 H. S. B 和美国的 B350 等。有研究者采用 H. S. B 菌处理焦化废水,实验表明,进水 COD 平均值为 1689mg/L、NH₃-N 平均值为 518mg/L、出水 COD 平均值为 60.1mg/L、氨氮平均值为 7.84mg/L,实验中 COD 的平均去除率为 93.75％、氨氮去除率平均值为 98.49％。

采用优势菌强化处理技术在一定程度上能够提高对焦化废水的处理效果,生化出水中 COD 和氨氮浓度得到明显降低。但是在实际焦化废水处理工程中,应用优势菌方法还存在着优势菌容易流失,或易被其他微生物吞噬,以及在开放的生物处理系统中的退化和变异问题,能否持久有效的维持运行还未可知。此外,优势菌的大规模培养、驯化及定期投加的成本等也是需要考虑的问题。目前,只有个别焦化厂采取优势菌强化技术处理焦化废水。

参 考 文 献

陈菲力,刘晓国. 1997. 太阳能光催化降解法去除水中罗丹明染料的研究. 化工环保, 17(1):3－6.

崔淑兰,王峰云. 1990. 铁屑-双氧水氧化法处理染料废水. 环境保护,(12):10－11.

邓南圣. 1995. 臭氧氧化及相关技术氧化处理染料废水的研究现状及发展趋势//中国化学学会第三届全国水处理化学讨论会,18－21.

傅炎初,吴树森,王世荣. 1992. 用离子浮选法处理印染废水中的活性染料的研究. 印染,2(18):11－17.

洪金德,蔡晓. 1999. 几种混凝剂处理印染废水实验研究. 华侨大学学报,20(3):284－286.

黄霞,陈戈,邵林广,等. 1995. 固定化优势菌种处理焦化废水中几种难降解有机物的试验研究. 中国环境科学,15(1):1－4.

李长海. 1999. 导流电凝聚法脱除印染废水色度的研究. 化工环保,19(5):264－267.

李家珍. 1997. 染料、染色工业废水处理. 北京:化学工业出版社.

李胜利,李劲. 1996. 用高压脉冲放电等离子体处理印染废水的研究. 中国环境科学,16(1):73－76.

刘睿,周启星,张兰英,等. 2005. 水处理絮凝剂研究与应用进展. 应用生态学报,16(8):1558－1562.

卢俊瑞. 1999. 溴氨酸活性染料生产废水治理. 工业水处理,19(3):20－21.

苏玉萍,奚旦立. 1999. 活性染料印染废水混凝脱色研究. 上海环境科学,18(2):88—90.

张桂兰,全燮. 1999. 染料废水在旋转式催化反应器的降解研究. 环境科学,20(3):79—81.

张宏伟,杨芳,季民,等. 2001. 气浮法过滤处理印染废水. 城市环境与生态,1(6):1—3.

张彭义. 1996. 染料中间体废水的臭氧化处理. 环境科学,17(4):14—16.

赵昌爽,张建昆,等. 2014. 芬顿氧化技术在废水处理中的进展研究. 环境科学与管理,39(5):83—87.

赵国方,赵红斌. 2001. 废水高温深度氧化处理技术. 现代化工,21(1):47—50.

周祖鸿. 2000. H. S. B 菌在焦化废水治理中的应用. 上海化工,(24):4—6.

Kuo W G. 1992. Decolorizing dye wastewater with Fenton's reagent. Water Research,26(7):881—886.

Lecheng L. 2000. Homogeneous catalytic wet-air oxidation for the treatment of textile wastewater. Water Environment Research,72(2):147—151.

Simonsson D. 1997. Electrochemistry for cleaner environment. Chemical Society Reviews,26(3):181—190.

Tang W Z,Chen R Z. 1996. Decolorization kinetics and mechanisms of commerical dyes by hydrogen/iron powder system. Chemosphere,32(59):947—958.

Tilley E,Lüthi C,Morel A, et al. 2008. Compendium of Sanitation Systems and technologies. Swiss Federal Institute of Aquatic Science and Technology.

Verstraeten N,Braeken K,Debkumari B,et al. 2008. Living on a surface:Swarming and biofilm formation. Trends Microbiology,16(10):496—506.

第2章　化工园区废水处理生物强化组合技术研究

本章主要介绍生物强化组合技术在化工废水处理中的应用,包括升流式厌氧污泥床-移动床生物膜反应器(moving bed biofilm reactor,MBBR)-絮凝沉淀组合工艺处理甲胺磷废水、膨胀污泥颗粒床(expanded granular sludge blanket reactor,EGSB)-移动床生物膜反应器组合工艺处理高强高模聚乙烯醇(polyvinyl alcohol,PVA)纤维废水、厌氧-缺氧-好氧-移动床生物膜反应器(A-A-O-MBBR)组合工艺处理焦化废水、生物强化技术及应用实例。

2.1　UASB-MBBR-絮凝沉淀组合工艺处理甲胺磷废水

甲胺磷是有机磷农药中最典型的品种,其工艺废水治理难度最大,是行业迫切需要解决的难题。针对甲胺磷废水有机物浓度高、可生化性低和生物抑制性强的特点,设计采用电解絮凝预处理,结合 UASB-MBBR-絮凝沉淀组合工艺进行处理,处理系统工艺流程如图 2.1 所示。

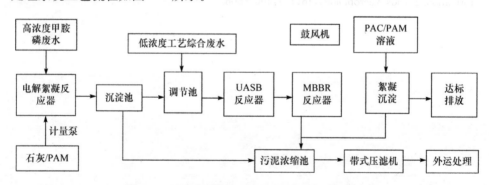

图 2.1　甲胺磷混合废水组合处理系统工艺流程

2.1.1　UASB-MBBR 组合工艺的启动及运行过程

从图 2.2 中可以看出,UASB 启动过程中,随着进水有机负荷(organic loading rate,OLR)增加,反应器呈现出良好的适应性,有效去除 OLR 随之增加,至 70d 时,有效去除 OLR 不再随着进水 OLR 的增加而增加,UASB 的总 OLR 为 3～4kgCOD/(m³·d),但有效去除 OLR 稳定在 1～1.5kgCOD/(m³·d),COD 去除率稳定在 30%～50%,这种处理负荷的处理效率低于易降解淀粉废水的处理效率

（一般 COD 去除率为 80％以上），说明电催化絮凝能够有效改善废水的可生化性，使厌氧反应器呈现出一定的去除率，但部分难降解物质仍然存在于废水中，影响厌氧单元去除率的发挥。

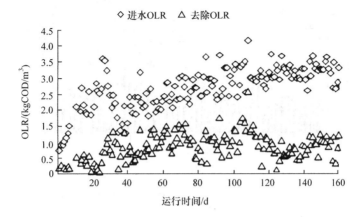

图2.2　UASB 反应器启动及连续运行过程中 COD 和 OLR 的变化情况

从图 2.3 中可以看出，MBBR 反应过程能大幅度削减废水中的 COD，表明厌氧过程中的微生物降解和利用了部分难降解的有机物，厌氧阶段虽然没有呈现出较高的 COD 去除率，但经过 MBBR 反应器后，80％或 90％以上的有机物都可以被生物氧化分解。

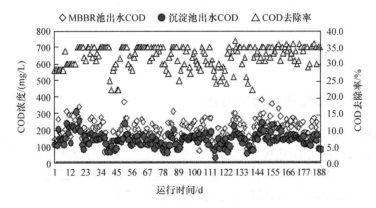

图2.3　MBBR 反应池启动及连续运行过程中 COD 的变化情况

从图 2.4 可以看出，厌氧过程的主要作用是降解和利用有机物，氨氮去除率较低，只有 20％左右，但经过 MBBR 反应器后，80％以上的氨氮可以被去除，原因可以解释为 UASB 厌氧过程中氨氮主要用于微生物自身新陈代谢，直接利用氨氮合成微生物体所需要的氨基酸，这种去除作用非常有限；而 MBBR 悬浮填料表面从外到内已经形成一定的好氧菌群、兼氧菌群、厌氧菌群分布，包括硝化菌和反硝化菌在内的菌群可以完成对氨氮的硝化与反硝化作用,呈现出较高的氨氮去除率,运行正常后,氨氮去除率达到 85% 左右。

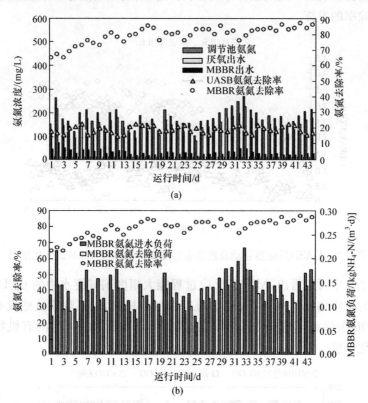

图 2.4 UASB-MBBR 反应池启动及连续运行过程中氨氮的变化情况

2.1.2 二级絮凝沉淀调试及运行分析

二级絮凝沉淀可进一步降低废水中的难降解有机物,通过物化加药的方式,常用的药剂有聚合氯化铝(PAC)、聚丙烯酰胺(PAM),使用时分别配制成 10% PAC 溶液、0.2% PAM 溶液,通过计量泵加入反应池内,然后进行沉淀分离。加药量为 10% PAC 100L/h,0.2%PAM,其运行效果如图 2.5 所示。

从图 2.5 中可以看出,生化出水 COD 浓度为 200mg/L,经过二级絮凝沉淀处理后出水 COD 浓度稳定在 150mg/L 以下,该单元 COD 去除率稳定在 30%~35%。由于生化出水中残留少量降解的有机物,为了进一步达到排放要求,二级絮凝沉淀是一个必要的单元。

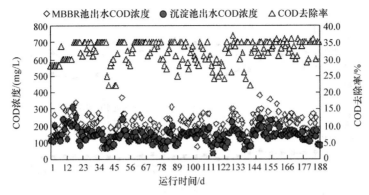

图 2.5　二级絮凝沉淀启动及连续运行过程中 COD 的变化情况

2.2　EGSB-MBBR 组合工艺处理高强高模 PVA 纤维废水

高强高模 PVA 纤维废水是一类高浓度难降解有机化工废水,该废水主要由丁烯醛和聚酯两股废水组成。丁烯醛废水的可生化性经电解预处理后虽然得到了明显的提高,但废水中丁烯醛等生物抑制因子的浓度依然很高,对后续生化处理仍存在较大的威胁。聚酯废水具有较好的可生物降解性,EGSB-MBBR 组合工艺能够快速、高效的处理该废水。采用 EGSB-MBBR 组合工艺处理丁烯醛、聚酯混合废水,考察不同厌氧接种污泥(维生素 C 颗粒污泥和柠檬酸颗粒污泥)的厌氧处理效果以及组合工艺对丁烯醛的降解效果。

2.2.1　工艺 A(维生素 C 颗粒污泥)处理丁烯醛、聚酯混合废水研究

1. EGSB 启动

驯化过程中 EGSB 反应器各阶段掺入混合废水的比例,进、出水 COD 浓度,COD 去除率,以及容积负荷的变化趋势如图 2.6～图 2.8 所示。

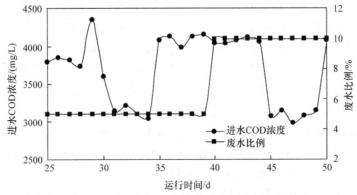

图 2.6　EGSB 进水 COD 浓度及废水比例变化曲线

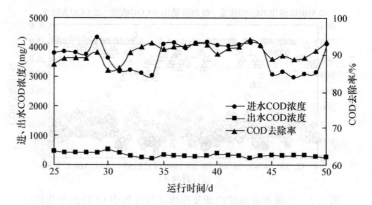

图 2.7　EGSB 出水 COD 浓度及去除率变化曲线

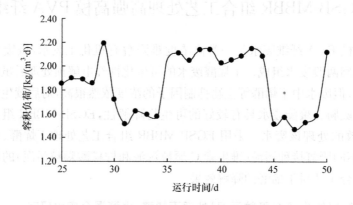

图 2.8　EGSB 容积负荷变化曲线

　　由图 2.6 可知,在整个驯化过程中废水的最高掺入比例为 10%,此时废水中的丁烯醛浓度约为 12mg/L;进水 COD 浓度并没有按照预期的实验方案固定在近 4000mg/L,而是在 3000mg/L、4000mg/L 两个浓度范围内变化。进水浓度变化的主要原因是丁烯醛等有毒物质对颗粒污泥的毒害抑制作用导致颗粒污泥发生聚集成团并上浮的现象,由于该团粒的粒径较大,稍有不慎就会将进出水管堵死,最后直接造成污泥被曝气,所以需要调低进水负荷以帮助污泥恢复活性。

　　由图 2.7 和图 2.8 可以看出,尽管颗粒污泥由于丁烯醛等有毒物质的毒害作用发生聚集成团并出现上浮的现象,但 EGSB 出水 COD 却依然保持着近 90% 的去除率,反应器的容积负荷也基本稳定在 1.8kg/(m³ · d),其可能是由于进水中丁烯醛的浓度相对还比较低,对微生物的毒害抑制作用还不足以使绝大部分微生物失活,并且已经成功驯化出一部分能够适应该种环境的微生物种群,也正是由于这部分微生物的降解作用保证了较高的 COD 去除率。

　　图 2.9 反映了驯化过程中 EGSB 出水挥发性脂肪酸(volatile fatty acid,VFA)

的组成与变化情况。由图 2.9 可知,在整个驯化过程中,EGSB 出水中的 VFA 以乙酸为主(除第 46d 及第 49d 两次测定情况例外),VFA 浓度最大为 57.21mg/L,最小只有 3.51mg/L。EGSB 出水 VFA 总体情况良好,这与上述 EGSB 出水具有稳定的、较高的 COD 去除率是一致的。

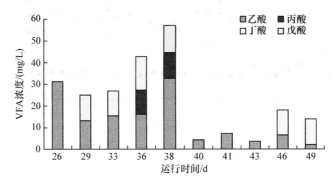

图 2.9　EGSB 出水 VFA 组成及变化情况

2. MBBR 启动

驯化过程中 MBBR 反应器出水 pH,进、出水 COD 浓度及去除率的变化趋势分别如图 2.10 和图 2.11 所示。

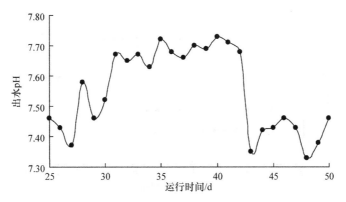

图 2.10　MBBR 出水 pH 变化曲线

由图 2.10、图 2.11 可知,在驯化过程中,MBBR 出水 pH 基本稳定在 7.3～7.8,出水 COD 浓度始终稳定在 100mg/L 左右,去除率基本稳定在 60% 左右。导致 MBBR 出水 COD 浓度相较于挂膜启动阶段小幅度上升的原因可能是由于 EGSB 进水中掺入了少量的丁烯醛废水,经厌氧处理后产生了少量好氧微生物无法降解利用的厌氧降解产物。

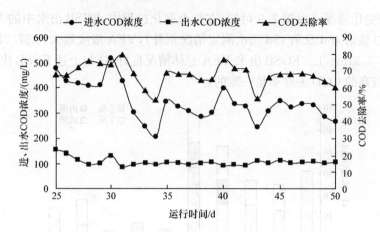

图 2.11　MBBR 进出水 COD 浓度及去除率变化曲线

3. 工艺对丁烯醛去除效果研究

整个驯化过程中 EGSB 进水中丁烯醛的浓度变化曲线如图 2.12 所示。由图可知,在整个驯化过程中,EGSB 进水中丁烯醛的最高浓度为 11.92mg/L,而 EGSB 出水中的丁烯醛浓度低于检测限,故可认为出水中的丁烯醛浓度近似为 0。同时,在 MBBR 出水中也未检测出丁烯醛。

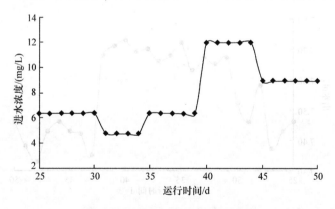

图 2.12　EGSB 进水中丁烯醛浓度

2.2.2　工艺 B(柠檬酸颗粒污泥)处理丁烯醛、聚酯混合废水研究

1. EGSB 启动

驯化过程中 EGSB 反应器各阶段掺入混合废水的比例,进、出水 COD 浓度、去除率,以及容积负荷的变化趋势如图 2.13~图 2.15 所示。

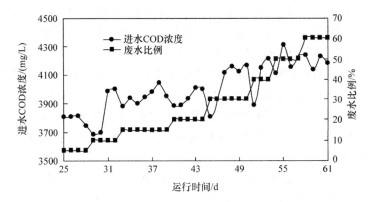

图 2.13　EGSB 进水 COD 浓度及废水比例变化曲线

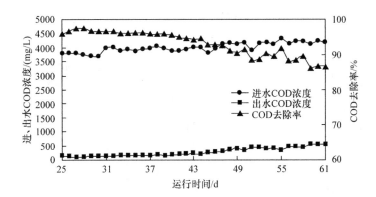

图 2.14　EGSB 出水 COD 浓度及去除率变化曲线

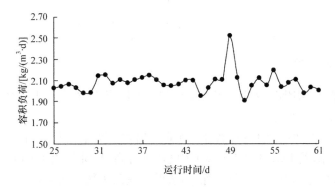

图 2.15　EGSB 容积负荷变化曲线

由图 2.13 可知,在整个驯化过程中,EGSB 进水中丁烯醛废水的掺入比例从 5% 开始经 7 次提升后至 60%,EGSB 进水 COD 浓度稳定在 3700~4300mg/L。由图 2.14 可知,随着进水中丁烯醛废水掺入比例的逐渐升高,EGSB 出水 COD 浓度也随之逐渐升高,COD 去除率逐渐降低。导致上述现象的原因主要是进水中丁烯醛废水掺入比例的升高导致进水中丁烯醛等生物抑制物的浓度也相应升高,导致微生物的活性降低、处理效率下降。尽管如此,COD 去除率仍高达 85% 以上,说明虽然丁烯醛等有毒物质对微生物存在毒害作用,但是经过一段时间的驯化,已经培养出能够适应该股废水的微生物菌群,并且已成为优势菌种。由图 2.15 可知,进水中丁烯醛等生物抑制物浓度的升高并没有导致 EGSB 反应器容积负荷的下降或者大幅度波动,容积负荷基本稳定在 2.10kg/(m³·d)左右,这与具有较高的 COD 去除率是一致的。

图 2.16 反映了驯化过程中 EGSB 出水 VFA 的组成与变化情况。由图 2.16 可知,在整个驯化过程中,EGSB 出水中的 VFA 以乙酸为主,VFA 浓度最大值为 126.9mg/L,最小值低于检测限。EGSB 出水 VFA 总体情况良好,这与上述 EGSB 出水具有较高的 COD 去除率基本一致。

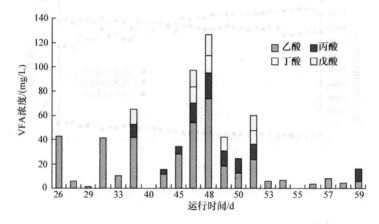

图 2.16　EGSB 出水 VFA 组成及变化情况

2. MBBR 启动

驯化过程中 MBBR 反应器出水 pH,进、出水 COD 浓度及去除率的变化趋势如图 2.17、图 2.18 所示。

由图 2.17 可知,在驯化过程中,MBBR 出水 pH 基本稳定在 7.5~8.0。由图 2.18 可知,随着 EGSB 出水 COD 浓度逐渐升高,MBBR 出水 COD 浓度也逐渐升高,并且只有近 40% 的 COD 去除率,表明好氧微生物对污染物降解速率已变得很低。导致 MBBR 出水 COD 浓度逐渐升高的原因可能是随着 EGSB 进水中丁烯醛废水掺入量的逐渐升高,EGSB 出水中难以被好氧微生物降解利用的污染物浓度也逐渐升高,使得出水的可生化性变差。

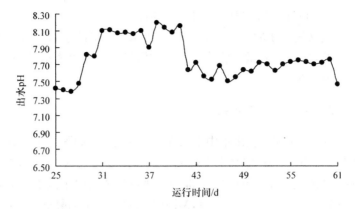

图 2.17　MBBR 出水 pH 变化曲线

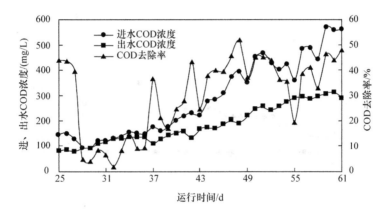

图 2.18　MBBR 进、出水 COD 浓度及去除率变化曲线

图 2.19 反映了将 EGSB 出水经二级 MBBR 处理后[将 MBBR 的水力停留时间(hydraulic retention time,HRT)延长至 96h]两段 MBBR 出水 COD 浓度的变

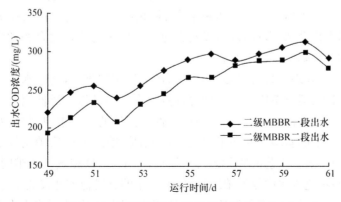

图 2.19　MBBR 出水 COD 浓度变化曲线

化趋势。由图 2.19 可知,尽管 HRT 延长了 1 倍,但是第二级 MBBR 的 COD 去除率却仅有 10%,这又进一步验证了随着 EGSB 进水中丁烯醛废水掺入量的逐渐升高,EGSB 出水中难以被好氧微生物降解利用的污染物浓度也逐渐升高,使出水的可生化性变差这个观点。

3. 工艺对丁烯醛去除效果研究

整个驯化过程中 EGSB 进、出水中丁烯醛浓度变化曲线如图 2.20 所示。由图可知,在整个驯化过程中,EGSB 进水中丁烯醛的最高浓度为 61.00mg/L,而 EGSB 出水中丁烯醛的最高浓度为 1.55mg/L,大部分监测点的浓度由于低于检测限而未检出,丁烯醛去除率高达 96% 以上。同时,MBBR 出水中的丁烯醛低于检测限。

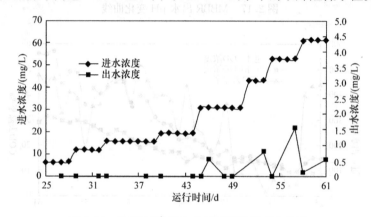

图 2.20　EGSB 进、出水中丁烯醛浓度变化曲线

2.3　A-A-O-MBBR 组合工艺处理焦化废水

焦化废水是在煤高温炼焦、煤气净化及化工产品的精制过程中产生的,焦化废水成分复杂多变,不但含有高浓度的氨氮、氰化物、硫氰化物、硫化物等无机污染物,还含有酚类化合物、多环芳烃,以及含氮、氧、硫等的杂环化合物和脂肪族化合物等,是典型的难降解有机工业废水。

焦化废水的处理一直是我国工业废水污染控制的难题,而废水生物法处理由于具有处理量大、运行费用相对较低等优点而在国内外被广泛使用。我国焦化废水的处理工艺在 20 世纪 70 年代的普通活性污泥法的基础上,吸收借鉴国外的先进技术,经过大量的实验研究和工程实践,逐渐形成以硝化/反硝化技术为核心的工艺路线。但目前在工艺的实际运行中发现,出水 COD 和氨氮很难同时达标,究其原因主要是焦化废水中氨氮浓度较高,可利用的有机物浓度较低,致使反硝化处理效果较差,缺氧段不能充分发挥去除有机物的能力,致使大量有毒有害物质进入硝化段,硝化菌活性受到抑制,活性下降,氨氮很难处理达标,而硝化反应的顺利进行是硝化/反硝化工艺稳定运行的关键步骤,为了获得稳定的处理效果,就需要保证硝化反应的顺利进行。

因此,对于焦化企业来说,选择合适的主体处理工序,尽可能提高处理出水水质,再配套相应的深度处理工序就显得非常重要。但是很多焦化废水生化处理后,由于残留更难降解的溶解性有机物,即使采取深度处理,依然不能达到排放标准。因此,需要对现有工艺路线进行优化并开发新的耦合处理技术,在生化处理过程中尽可能将污染物去除,实现焦化废水处理的高效性和实用化,解决焦化企业水资源利用和水污染控制的矛盾。

采用 A-A-O-MBBR 组合工艺处理焦化废水,在对废水进行水解酸化及缺氧反硝化的基础上,在缺氧池后设置一个预曝气池,进一步去除进入好氧硝化池内的可降解有机物,保障好氧硝化池的稳定运行,同时将好氧硝化池改用移动床生物膜工艺。一方面可以使硝化菌得到良好的生长,另一方面加强传质效果,同时反应器呈完全混合状态还可以抵抗一定的氨氮负荷的冲击,使硝化反应能够顺利进行,以此来提高焦化废水处理的稳定性和出水水质。

2.3.1　A$_1$-A$_2$-O-MBBR 工艺的启动

A$_1$-A$_2$-O-MBBR 工艺流程如图 2.21 所示,主要包括厌氧单元(A)3、缺氧单元(A)5、预曝气单元(O)6、初沉池 7、移动床生物膜反应器单元(MBBR)8 和二沉池 10。

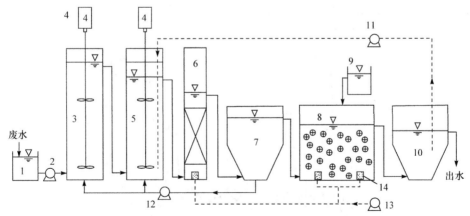

图 2.21　A$_1$-A$_2$-O-MBBR 工艺流程

1. 配水箱;2. 进水泵;3. 厌氧单元;4. 搅拌器;5. 缺氧单元;6. 预曝气单元;7. 初沉池;
8. 移动床生物膜反应器单元;9. 加碱装置;10. 二沉池;11. 硝化液回流泵;12. 污泥回流泵;
13. 曝气泵;14. 曝气头

1. 厌氧单元的启动

图 2.22 和图 2.23 为污泥培养驯化期间厌氧单元进、出水 COD 和氨氮浓度及其去除率的变化情况。从图 2.22 可以看出，污泥培养驯化初始，COD 的去除率较低，这是因为污泥的活性尚未完全恢复，COD 的去除以吸附为主；厌氧单元出水比较浑浊，有部分污泥流出。从第 5d 开始，厌氧出水逐渐变清，并且 COD 去除率提高至 12%～14%。从第 12d 开始，将进水中焦化废水的比例增至 20%，导致厌氧单元 COD 去除率大幅度下降，第 13d 到达低谷，随后开始上升，第 16d 基本恢复。而后，在进水中焦化废水比例提高至 40%、70%、90% 和 100% 的过程中，厌氧单元 COD 的去除率比较稳定，一般在 5% 以内。第 42d，将进水 COD 浓度提高至约 800mg/L，厌氧出水 COD 浓度出现小幅度波动，而后比较平稳。第 48d，进水 COD 浓度提高至 1000mg/L，厌氧出水 COD 浓度小幅度下降，COD 去除率仅为 2% 左右，4d 后，COD 去除率开始上升，至驯化结束去除率约为 6%。在整个培养驯化过程中，厌氧单元的 COD 去除率呈现先增加后减少，最后稳中有升的趋势。在污泥培养初期，进水中的有机物主要为葡萄糖，可以很快地被厌氧微生物利用，并随着厌氧微生物活性的增加，COD 去除率呈升高趋势。当进一步增加进水中焦化废水的比例时，废水中有毒和难降解物质增多，COD 去除率下降，但随着培养驯化时间的延长，厌氧菌的数量增加并且逐渐适应了焦化废水水质，COD 去除率又开始上升。但是，由于厌氧单元主要停留在水解酸化阶段（在启动过程中未见有气体产生），废水中有机物被转化为小分子有机物，并未完全降解，因此废水的 COD 去除率不是很高，但废水的 BOD_5/COD 值得到了提高。在驯化的第 49～54d 对进水和

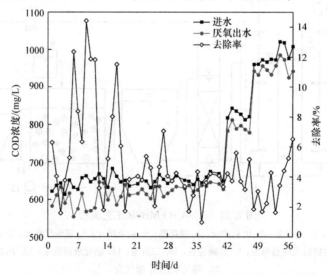

图 2.22　厌氧单元污泥培养驯化期间进、出水中 COD 浓度及去除率变化情况

厌氧出水的 BOD₅ 进行分析,BOD₅/COD 值从 0.22～0.26 提高至 0.28～0.33,提高幅度为 15%～33%。因此,厌氧单元作为焦化废水的预处理工艺是比较合适的。

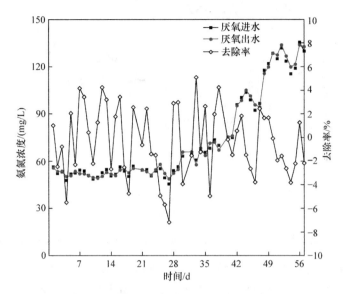

图 2.23　厌氧单元污泥培养驯化期间进、出水中氨氮浓度及去除率变化情况

从图 2.23 可以看出,在厌氧污泥培养驯化过程中,厌氧出水的氨氮浓度有时高于进水浓度,有时低于进水浓度。这可能是由于在厌氧污泥的培养过程中,微生物需要消耗部分氨氮用于增殖,降低废水中的氨氮浓度。另外,由于厌氧水解酸化可改变焦化废水中污染物质的化学结构,使部分有机氮以氨基形式进入废水,提高了废水中的氨氮浓度。厌氧出水中的氨氮浓度受这两方面因素的共同影响,导致厌氧出水中的氨氮浓度可能高于进水,也可能低于进水。

2. 缺氧单元的启动

从图 2.24 可以看出,在前 29d,缺氧单元由于未进行回流,相当于一个厌氧反应器,COD 去除率较低,为 2%～10%,并随着进水中焦化废水比例的提高,去除率略微下降。从第 30d 开始,由于进行回流,缺氧单元实际进水浓度下降,单元内 COD 去除率缓慢提高。约 1 周后,缺氧池中有气泡冒出,并不断增多,说明缺氧单元中有反硝化菌出现。反硝化菌以进水中的有机物为碳源,将回流液中的硝态氮和亚硝态氮转化为氮气而逸出,故在缺氧池中观察到不断有气泡冒出。随着反硝化反应的顺利进行,COD 实际去除率开始上升,到第 43d,COD 去除率一般大于 10%。在驯化末期,可见池中持续有气体逸出,在液面上形成一层较厚的泡沫层,COD 去除率也随之上升到 15% 左右。

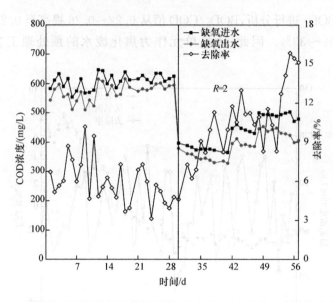

图 2.24　缺氧单元污泥培养驯化期间进、出水中 COD 浓度及去除率变化情况

缺氧单元中氨氮浓度的变化如图 2.25 所示,在驯化的初始阶段,由于未进行回流,缺氧单元中主要为厌氧污泥,氨氮浓度的变化和厌氧反应器相似。而当进行回流时,缺氧单元的出水氨氮浓度开始高于进水,并且随着驯化时间的延长,出水氨氮浓度增加幅度呈缓慢升高的趋势。当进水 COD 浓度约为 1000mg/L 时,氨氮浓度增加的幅度稳定在 11% 以上。随着硝化效率的提高,更多的硝态氮和亚硝态

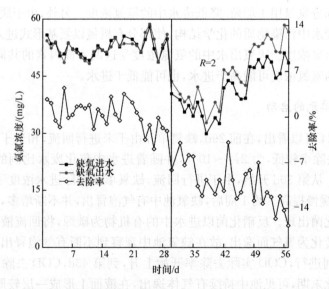

图 2.25　缺氧单元污泥培养驯化期间进、出水中氨氮浓度及去除率变化情况

氮会回流至缺氧单元中,反硝化菌可利用更多的有机物将硝态氮和亚硝态氮转化为氮气,并且许多在好氧和厌氧条件下难以降解的含氮有机物可在缺氧条件下降解,导致释放的氨氮高于反硝化菌同化作用利用的氨氮,致使缺氧出水中氨氮浓度随着进水负荷的提高而升高(Li et al.,2003;李咏梅等,2003)。

3. 预曝气单元的启动

预曝气单元内 COD 和氨氮的变化如图 2.26 和图 2.27 所示。

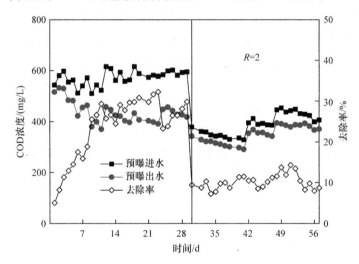

图 2.26　预曝气单元污泥培养驯化期间进、出水中 COD 浓度及去除率变化情况

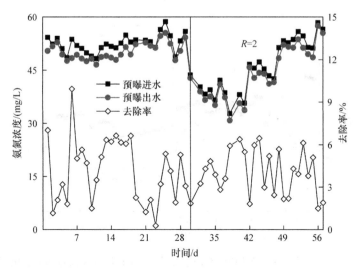

图 2.27　预曝气单元污泥培养驯化期间进、出水中氨氮浓度及去除率变化情况

从图2.26可以看出,在反应器启动的初始阶段,预曝气单元内COD去除率较低,到第9d时,去除率达到20%以上。第12~23d将焦化废水的比例提高至20%和40%的过程中,预曝气单元的去除率依然可以稳定在20%~30%或以上。第24d,将焦化废水的比例提高至70%,预曝气单元出水COD浓度升高,而后缓慢下降,但去除率依然稳定在20%以上,这是因为,在预曝气单元内投加了一定的生物绳填料,使反应器能保持一定的生物量来进一步降低废水中的有机物,为MBBR单元硝化菌提供有利条件。第30d,开始进行回流,此时预曝气单元进水浓度下降,并且随着反硝化反应的进行,大量有机物在缺氧单元中被降解,流入预曝气单元的易降解有机物减少,预曝气单元COD去除率开始下降。COD进水浓度从600mg/L增加到1000mg/L的过程中,COD去除率下降约10%。

从图2.27可以看出,在污泥的培养驯化阶段,预曝气单元对氨氮的去除率一般小于6%,虽然预曝气单元中生物绳的加入有利于硝化菌的生长,但是缺氧污泥的不断流入,以及预曝气单元内较低的溶解氧(DO<2mg/L),使得硝化菌很难在其中成为优势菌种。因此,预曝气单元内氨氮的去除一部分是通过微生物的同化作用,另一部分则是通过曝气吹脱。

4. MBBR单元的启动

MBBR单元污泥培养驯化期间(启动阶段),进、出水COD和氨氮的变化如图2.28和图2.29所示。

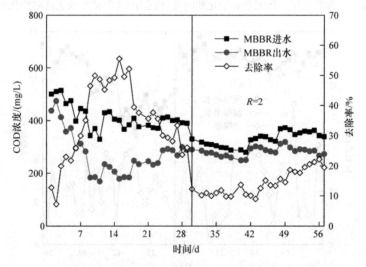

图2.28　污泥培养期间MBBR单元进、出水中COD浓度及去除率的变化情况

在焦化废水比例为10%时,MBBR单元对COD的去除率从约7%增加到约

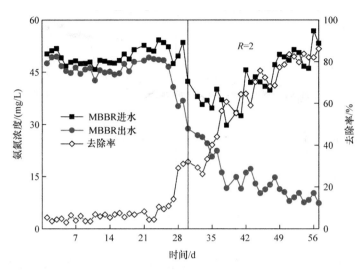

图 2.29 污泥培养期间 MBBR 单元进、出水中氨氮浓度及去除率的变化情况

50%,由于填料上的膜较少,COD 的去除主要依靠单元中的悬浮污泥,通过二沉池污泥回流,控制 MBBR 单元中污泥沉降比(SV$_{30}$)为 10%~15%。当焦化废水的比例提高至 20% 时,MBBR 单元中 COD 的去除率依然保持在 50% 左右,在第 15d,可以看到填料内表面有一层较明显的生物膜,为加快生物膜生长,开始减少污泥回流,SV$_{30}$ 控制在 5% 左右,由于随后将焦化废水比例提高至 40%,MBBR 单元中 COD 去除率下降到 30%~40%,出水 COD 浓度增加。在第 25d,停止污泥回流。当焦化废水的比例提高至 90% 时,MBBR 单元对 COD 的去除率进一步下降,10% 左右。这是因为进水中焦化废水比例的增加,导致进入 MBBR 单元的有机物以难降解有机物为主,并且单元内的微生物浓度较低,致使 COD 去除率进一步下降。而随着驯化时间的延长,COD 去除率又逐渐增至 20% 左右。

从图 2.29 可以看出,在开始培养驯化的前 23d,MBBR 单元中硝化作用较弱,氨氮的去除主要是由于曝气吹脱作用和同化作用。第 24d,氨氮去除率开始上升,至第 28d,氨氮的去除率超过 20%。随后,虽然对出水进行了回流,但氨氮去除率一直保持增加的趋势,至驯化结束,MBBR 对氨氮的去除率将近 85%,出水氨氮约为 10mg/L。

5. 工艺启动阶段(培养驯化阶段)系统对污染物的去除效果

在污泥培养和驯化过程中,整个系统对 COD 和氨氮的去除状况如图 2.30 和图 2.31 所示。

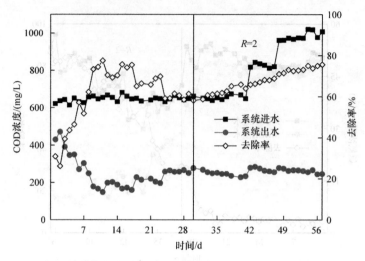

图 2.30 污泥培养期间整个系统进、出水中 COD 浓度及去除率的变化情况

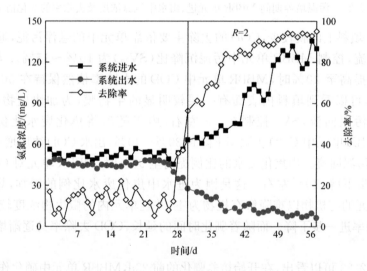

图 2.31 污泥培养期间整个系统进、出水中氨氮浓度及去除率的变化情况

从图 2.30 可以看出,在进水中焦化废水比例从 10% 增加到 40% 的过程中,COD 去除率从约 30% 逐渐升高至 75% 左右,这是因为进水中的主要有机物为葡萄糖,葡萄糖容易被微生物所利用,微生物活性较高。研究表明,与葡萄糖共基质时,焦化废水中的一些难降解有机物降解性能可以得到明显改善(张晓健等,1996),所以,COD 的去除率逐渐增大。但是当废水比例提高至 70% 时,COD 去除率下降到 60% 左右,主要是因为废水比例的提高改变了进水水质,使反应器中微生物的生长环境得到改变,导致系统中微生物受到一定的抑制,而后随着硝化液回流和驯化时间的延长,微生物逐渐适应新的生长环境,COD 去除率稳步提高,至驯

化结束时,系统对 COD 的去除率稳定在 75% 左右,系统启动成功。但是系统出水 COD 浓度依然较高,在 250mg/L 左右,还需对工艺运行条件进行优化,以达到更高的 COD 去除效果。

从图 2.31 可以看出,在前 28d,系统中氨氮的去除主要是由于微生物的同化作用和曝气吹脱,氨氮去除率一般低于 20%。此后,开始对出水进行回流,系统对氨氮的去除率逐步上升。这是因为随着出水的回流,缺氧反应器中反硝化菌开始生长,反硝化作用降低了缺氧出水中有机物的浓度,使进入 MBBR 池中的有机负荷降低,有利于硝化菌的生长,而硝化菌的大量繁殖又导致硝化作用增强,可为缺氧反硝化提供更多的硝态氮和亚硝态氮,促进了反硝化菌的增长,如此形成一个良性循环,致使系统对 COD 和氨氮的去除都得到提高,图 2.30 和图 2.31 基本说明了这个变化趋势。当进水氨氮浓度增加到 120mg/L 左右时,整个系统对氨氮的去除率超过 90%,出水氨氮浓度<10mg/L,系统启动成功。

2.3.2　A-A-O-MBBR 工艺处理焦化废水的工艺参数研究

1. 进水负荷调整的影响

1)厌氧单元影响

从图 2.32 可以看出,当进水流量提高至 0.5L/h,进水 COD 浓度为 1020~1428mg/L 时,厌氧单元对 COD 的平均去除率约为 11%,去除率不高,厌氧单元主要通过水解酸化作用将大分子物质转化为小分子物质,提高废水的可生化性。但是与系统启动阶段相比,COD 去除率有了一定的提高,这是因为随着厌氧单元污泥的成熟,负荷的适度提高增强了微生物的活性,使更多的有机物被降解。

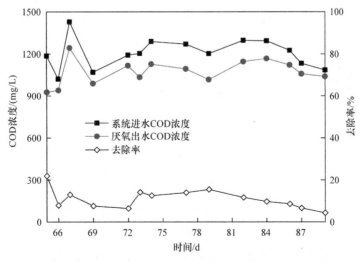

图 2.32　厌氧单元进、出水中 COD 浓度及去除率的变化情况

　　在水解酸化过程中,由于有机物产酸发酵会产生一定量的挥发性脂肪酸,如乙酸、丙酸等,导致厌氧反应器中 pH 下降,从图 2.33 可以看出,经厌氧处理后,pH 平均值从进水的 7.72 下降到出水的 7.36,pH 下降了 0.36,这也可以判断出厌氧单元停留在水解酸化阶段。

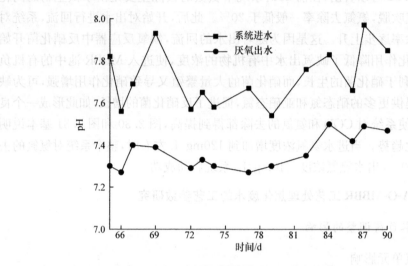

图 2.33　厌氧单元进、出水 pH 变化情况

　　图 2.34 反映了进水流量增加后,厌氧单元中氨氮的变化情况。从图 2.34 中可以看出,厌氧单元对氨氮的去除率很少,氨氮浓度时常升高,这说明厌氧单元不能有效地对焦化废水中的氨氮进行去除。原因可能是焦化废水中含有一定的含氮

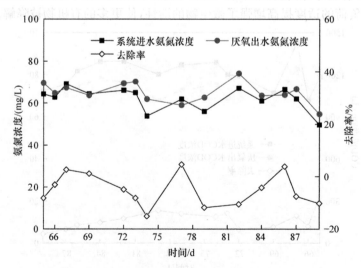

图 2.34　厌氧单元进、出水氨氮浓度及去除率的变化情况

化合物,经水解酸化等反应过程,含氮化合物中的氮会以氨氮的形式释放到水中,使氨氮浓度升高;另外,水解酸化菌的同化作用会消耗一部分氨氮,导致氨氮浓度下降。厌氧出水中的氨氮浓度就取决于这两者之间的平衡。赵义(2006)建议把进、出水中的氨氮浓度变化作为判断水解酸化反应器运行状况的指标,但还需慎重考虑。

2) 缺氧单元影响

进水负荷调整对缺氧单元去除 COD、总氮和氨氮的影响见表 2.1 和表 2.2。从表 2.1 中可以看出,在缺氧单元进水 COD 浓度为 423.1~600.1mg/L 时,缺氧单元出水 COD 为 353.9~497.5mg/L,COD 平均去除率达 14.5%;进水总氮浓度为 77.3~90.9mg/L 时,出水总氮浓度为 54.2~66.7mg/L,缺氧单元对总氮的平均去除率也达到了 26.6%。这说明在提高进水负荷的过程中,缺氧单元能够很快适应新的负荷,反硝化菌没有受到抑制,能够稳定运行。

表 2.1　缺氧单元对 COD 和总氮的去除情况

时间/d	缺氧进水 COD 浓度/(mg/L)	缺氧出水 COD 浓度/(mg/L)	去除率 /%	缺氧进水总氮 浓度/(mg/L)	缺氧出水总氮 浓度/(mg/L)	去除率 /%
65	455.5	387.7	14.9	85.3	64.0	24.9
66	423.1	353.9	16.3	77.3	58.7	24.1
67	600.1	497.5	17.1	90.9	66.7	26.6
69	432.8	357.8	17.3	79.2	55.2	30.3
72	507.5	446.7	12.0	87.4	64.5	26.2
73	476.8	405.0	15.1	79.2	54.2	31.5
74	527.2	450.1	14.6	84.3	59.4	29.5
77	497.7	417.6	16.1	84.2	62.2	26.2
79	477.0	414.3	13.1	82.0	59.8	27.2
82	531.3	487.3	8.3	87.5	66.7	23.7
84	548.9	449.5	18.1	90.3	65.1	27.9
86	507.1	450.9	11.1	84.7	63.7	24.8
87	460.5	410.4	10.9	83.1	65.3	21.4
89	453.2	369.5	18.5	87.2	63.2	27.5

注:缺氧进水浓度=(系统出水浓度×R+厌氧出水浓度)/(1+R),R 为回流比。

表 2.2 缺氧单元对氨氮的去除情况

时间/d	缺氧进水氨氮浓度/(mg/L)	缺氧出水氨氮浓度/(mg/L)	去除率/%
65	20.7	24.8	−19.4
66	18.8	22.1	−17.8
67	19.4	22.4	−15.4
69	18.4	23.1	−25.4
72	20.1	22.7	−12.8
73	20.4	25.8	−26.0
74	17.9	23.4	−30.6
77	17.5	22.4	−28.0
79	18.2	21.6	−18.8
82	21.8	28.2	−29.7
84	18.5	23.3	−26.3
86	18.4	23.7	−28.7
87	19.6	22.0	−12.5
89	16.3	20.5	−25.9

注:缺氧进水浓度=(系统出水浓度×R+厌氧出水浓度)/($1+R$),R 为回流比。

缺氧单元中氨氮的变化见表 2.2,可以看出,经缺氧处理后,氨氮浓度都升高了,平均增加率为 22.4%,这是因为缺氧状态下有机物的降解既不同于好氧状态,也不同于厌氧状态,某些好氧难以降解的含氮有机物,在缺氧条件下能够较快地降解。例如,吡啶在好氧和厌氧条件下均难以降解,而在缺氧状态下只需要 2h 就能达到 96% 以上的去除率,好氧需 96h,厌氧需 168h(李亚新等,2008)。这些有机物降解过程中氮会以氨基的形式进入废水,导致氨氮浓度升高。由此可见,缺氧反硝化不仅是将硝态氮或亚硝态氮转化为氮气逸出,而且可以去除难降解有机物。

3) 预曝气单元影响

进水负荷调整过程中,预曝气单元对废水中 COD 和氨氮的去除如图 2.35 和图 2.36 所示。预曝气单元进水 COD 浓度为 353.9～497.5mg/L,出水 COD 浓度为 304.3～445.7mg/L,平均去除率为 12.5%,而进水氨氮浓度为 20.5～28.2mg/L,出水氨氮浓度小于 18.4～25.7mg/L,平均去除率为 6.0%。与进水流量为 0.4L/h 时相比,预曝气单元在 COD 和氨氮去除上没有明显变化。

4) MBBR 单元影响分析

MBBR 单元对废水中 COD 和氨氮的去除见表 2.3。从表 2.3 可以看出,当进水流量为 0.5L/h 时,MBBR 单元的进水 COD 浓度为 266.2～414.0mg/L,出水 COD 浓度为 222.5～312.9mg/L,平均去除率为 19.0%,而此时进水氨氮浓度为

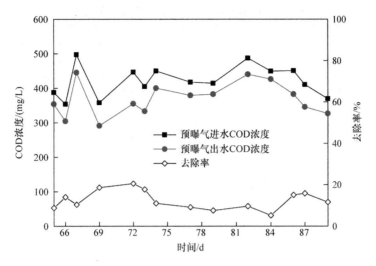

图 2.35　预曝气单元进、出水 COD 浓度及去除率的变化情况

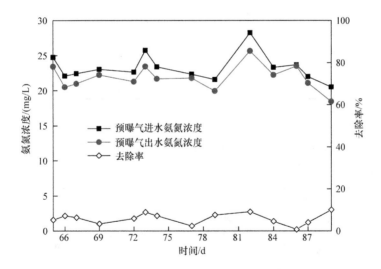

图 2.36　预曝气单元进、出水氨氮浓度及去除率的变化情况

17.9~25.4mg/L,出水氨氮浓度小于 2mg/L,平均去除率达 93%。系统有机负荷的提升,没有对 MBBR 单元造成明显影响。在经过厌氧、缺氧和预曝气单元处理后,易降解有机物基本都被去除,进入 MBBR 单元的有机物以难降解物质为主,COD 的去除有限。虽然有机负荷提升了,但进水中氨氮浓度与培养驯化期间相比下降了,氨氮负荷的减少导致填料上的生物膜变薄,但并未影响硝化菌的活性,其对氨氮保持着高去除率。

表 2.3　MBBR 单元对废水 COD 和氨氮的去除

时间/d	MBBR 进水 COD 浓度 /(mg/L)	MBBR 出水 COD 浓度 /(mg/L)	去除率 /%	MBBR 进水 氨氮浓度 /(mg/L)	MBBR 出水 氨氮浓度 /(mg/L)	去除率/%
65	328.1	280.7	14.5	23.4	1.7	92.7
66	280.5	230.9	17.7	19.7	0.6	97.0
67	414.0	368.4	11.0	21.0	0.4	98.1
69	266.2	222.5	16.4	21.8	1.1	95.0
72	330.3	282.3	14.5	21.1	0.6	97.2
73	312.1	266.7	14.5	23.1	0.7	97.0
74	386.7	307.3	20.5	21.4	0.7	96.7
77	352.0	282.1	19.8	21.2	1.0	95.3
79	352.5	273.8	22.3	19.5	0.7	96.4
82	398.7	299.2	25.0	25.4	1.4	94.5
84	381.4	312.9	18.0	21.6	0.5	97.7
86	365.4	279.1	23.6	23.2	0.6	97.4
87	333.8	240.0	28.1	20.9	0.7	96.7
89	298.3	238.4	20.1	17.9	1.3	92.7

5）系统整体影响

经过 25d 的运行，A-A-O-MBBR 系统对焦化废水的 COD、氨氮和总氮的去除情况如图 2.37～图 2.39 所示。

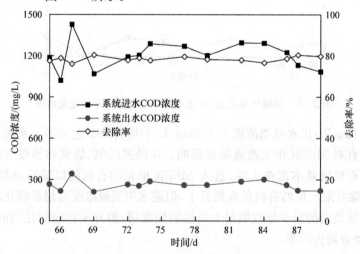

图 2.37　系统进、出水 COD 浓度及去除率的变化

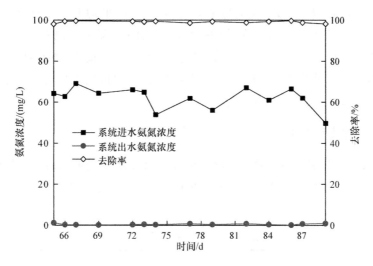

图 2.38　系统进、出水氨氮浓度及去除率的变化

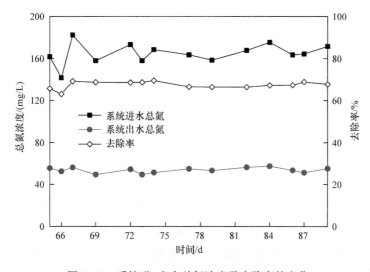

图 2.39　系统进、出水总氮浓度及去除率的变化

从图 2.37 可以看出,进水 COD 浓度为 1020~1428mg/L,平均值为 1206mg/L时,COD 去除比较平稳,平均去除率为 78.4%。这说明当进水容积负荷从1.37kgCOD/(m³·d)增加至 2.06kgCOD/(m³·d)后,系统对 COD 的去除有了一定的提高,这是因为进水浓度较低时,废水中有机物不能满足微生物的生长需要,生化反应动力较小;而当进水负荷增加时,微生物活性增强,在单位时间内可以降解更多的有机物。这从一个方面也说明了系统对有机负荷具有较好的适应能力。

从图 2.38 可以发现,系统对氨氮的去除率较高,平均去除率为 99% 左右,出水氨氮浓度<1.5mg/L。系统负荷的提升,对氨氮的去除基本没有影响。

由图 2.39 可以看出,进水的总氮浓度为 140~190mg/L,系统对总氮的去除比较稳定,平均去除率为 67.4%,而当回流比为 2.5 时,最大脱氮率约为 71.4%,这表明系统对总氮的去除效果很好。

2. 系统冲击调整阶段

继续经过 6d(第 91~96d)的运行,系统对氨氮的承受能力较强,处理比较稳定,但是系统对 COD 和总氮的平均去除率却下降到了 65.1% 和 61.1%,见表 2.4。

表 2.4　调整前系统运行效果

项目		时间/d				
		91	92	93	95	96
COD 浓度 /(mg/L)	进水	1098.9	986.2	989.4	871.4	1214.0
	出水	347.3	293.6	339.8	295.7	423.3
	去除率/%	68.4	70.2	65.7	66.1	65.1
氨氮浓度 /(mg/L)	进水	113.5	115.5	127.3	121.3	128.3
	出水	0.7	1.1	0.6	0.5	1.0
	去除率/%	99.4	99.0	99.6	99.6	99.2
总氮浓度 /(mg/L)	进水	261.0	245.4	244.7	265.5	271.6
	出水	95.6	105.6	91.4	113.5	105.6
	去除率/%	63.4	57.0	62.6	57.3	61.1

系统中微生物对水质的变动需要适应的过程。在系统运行到第 97d 时,由于进水泵发生故障,硝化液回流泵未回流,进水桶内约 30L 废水在一夜之间全部进入系统,系统遭受冲击,污泥发生流失,出水氨氮上升到 10mg/L 以上;在第 99d,实验室停电,导致 MBBR 单元约 20h 未曝气。此后的几天,在缺氧单元中几乎看不到有气泡冒出,反硝化作用十分微弱。MBBR 单元内部分填料上的生物膜发生脱落,硝化菌遭到破坏。为恢复生物膜活性,将进水流量调整为 0.4L/h,回流比 R 调整为 2。经过约 20d 的调整,系统运行稳定,氨氮去除率恢复到 99% 左右,并且缺氧单元上部有约 0.5cm 厚的泡沫层,但是系统对 COD 和总氮的去除一直不理想,COD 和总氮的平均去除率约为 57% 和 53%。

3. 回流比对系统处理效果的影响

1) 不同回流比对南京某焦化厂废水(废水 I)处理效果分析

在进水流量为 0.4L/h 的条件下,研究回流比为 2、3、4 和 5 时对南京某焦化厂废水的 COD、总氮和氨氮的去除情况,结果如图 2.40～图 2.42 所示。

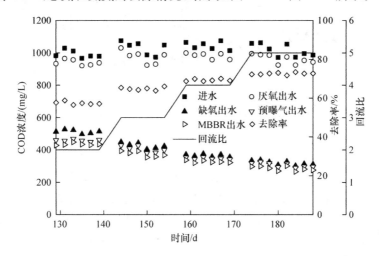

图 2.40　不同回流比对 A-A-O-MBBR 系统 COD 去除情况(废水 I)

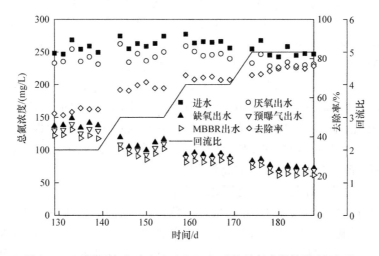

图 2.41　不同回流比对 A-A-O-MBBR 系统总氮去除情况(废水 I)

从图 2.40 和图 2.41 可以看出,随着回流比的增大,系统对 COD 和总氮的去除率逐渐增加,平均去除率分别从回流比为 2 时的 57.4％和 53.1％增加到回流比为 5 时的 72.6％和 74.4％,但随回流比的提高,COD 和总氮去除率的增速都逐渐

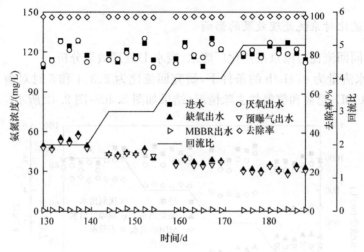

图 2.42　不同回流比对 A-A-O-MBBR 系统氨氮去除情况（废水Ⅰ）

趋于平缓。COD 的去除情况和总氮较为类似,这是因为当回流比增加时,进入缺氧单元的硝态氮和亚硝态氮的含量也相应提高,此时反硝化菌能利用更多的有机物进行反硝化,在碳源较充足的条件下,反硝化菌的脱氮效率也会提高,从而促进 COD 和总氮的去除。当回流比进一步增加时,回流液的稀释作用会降低碳源含量,使反硝化率降低,COD 和总氮去除率增加缓慢甚至下降。

　　而对于废水中的氨氮,在回流比从 2 增加到 5 的过程中,系统对氨氮的去除比较稳定,去除率均在 99% 以上,平均出水氨氮浓度小于 2.0mg/L,如图 2.42 所示,这说明系统的硝化作用进行得比较彻底。这是因为缺氧单元去除了大部分有机物,进入 MBBR 单元的废水中 COD 以难降解的有机物为主($BOD_5 < 10mg/L$),使 MBBR 中异养菌的生长受到抑制。同时,在 MBBR 单元中,微生物附着生长在填料表面,污泥停留时间和水力停留时间相分离,有利于世代时间长、比生长速率低的自养型硝化菌的生长,硝化菌成为 MBBR 中的优势菌种,生物活性较强,并能保持相对稳定的生物量,填料在反应器中呈流化状态也保证了硝化菌和氨氮能充分接触,从而保证了对废水中氨氮的高效去除。

　　2) 不同回流比对无锡某焦化厂处理效果分析

　　无锡某焦化废水(废水Ⅱ)外观呈棕黑色,有强烈的酚味,COD 浓度为 900～1500mg/L,氨氮浓度为 110～180mg/L,总氮浓度为 170～210mg/L,BOD_5/COD 值为 0.37～0.39,pH 为 7.6～8.3。由于两厂的废水水质有较大不同,而回流比是前置反硝化工艺的重要参数,因此对焦化废水Ⅱ也进行回流比的研究,以比较回流比对不同厂焦化废水处理过程中 COD、氨氮和总氮去除的影响。进水流量依然设定为 0.4L/h,回流比为 2、3、4、5、6 和 7。回流比对 A-A-O-MBBR 系统中 COD、总氮和氨氮去除的影响如图 2.43～图 2.45 所示。

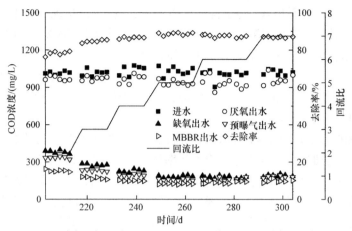

图 2.43　不同回流比对 A-A-O-MBBR 系统 COD 去除情况（废水 Ⅱ）

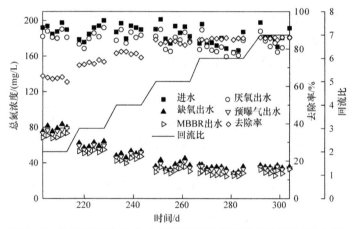

图 2.44　不同回流比对 A-A-O-MBBR 系统总氮去除情况（废水 Ⅱ）

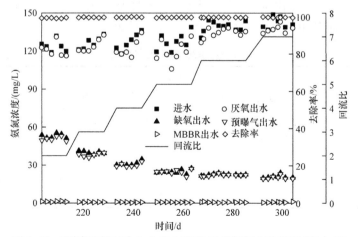

图 2.45　不同回流比对 A-A-O-MBBR 系统氨氮去除情况（废水 Ⅱ）

从图 2.43 可以看出,COD 去除率随着回流比的增大,呈现出先上升然后再下降的趋势。当回流比从 2 增加到 5 时,COD 平均去除率从 78.2% 增加到 88.7%,出水 COD 浓度为 110~130mg/L,此后当回流比进一步增大到 7 时,COD 去除率反而下降到 86.9%,出水 COD 浓度为 130~150mg/L。原因可能是过大的回流比缩短了有机物在系统中的停留时间,使部分有机物还没来得及分解就流出系统,造成出水 COD 浓度升高。

对总氮的去除如图 2.44 所示,当回流比从 2 增加到 6 时,其去除率不断增加。当回流比从 2 增加到 5 时,总氮平均去除率从 64.2% 增加到 83.5%,增长较快;当回流比为 6 时,总氮平均去除率为 85.3%,增长缓慢;而当回流比继续增加到 7 时,总氮去除率下降到 84.9%。总氮去除率的变化与 COD 去除率的变化比较相似,这是因为系统中氮的去除主要是通过缺氧反应器的反硝化,回流比较低时,碳源充足,这时增加硝态氮和亚硝态氮的含量能够促进反硝化菌对碳源的利用,COD 和总氮的去除率均随回流比的增加而增加。而当回流比继续增加时,缺氧单元进水有机物浓度将会进一步降低,反硝化菌对碳源的利用难度增大,对 COD 的去除率会降低,而总氮的去除率也会随之下降。

在回流比从 2 增加到 7 的过程中,氨氮的去除率一直在 99% 以上,出水氨氮浓度 <2mg/L,如图 2.45 所示。回流比的增加虽然缩短了氨氮在 MBBR 中的停留时间,但是硝化菌生长在填料上,几乎不受 HRT 的影响,MBBR 单元内可以保持比较稳定的污泥浓度,硝化菌活性较高,可以对氨氮进行高效的去除。

通过回流比对两个焦化厂焦化废水处理效果的分析可以看出,当回流比为 5 时,系统对 COD、总氮和氨氮都能取得良好的处理效果,因此选定系统回流比为 5。

4. HRT 对系统处理效果的影响

实验过程中回流比为 5,当进水流量分别为 0.4L/h、0.5L/h、0.6L/h 和 0.8L/h 时,系统各单元对应的 HRT 和总 HRT 见表 2.5。

表 2.5 系统 HRT 变化情况

进水流量 /(L/h)	系统各单元 HRT/h						总 HRT /h
	厌氧	缺氧	预曝气	初沉池	MBBR	二沉池	
0.4	17.5	20.0	10.0	25.0	56.3	25.0	153.8
0.5	14.0	16.0	8.0	20.0	45.0	20.0	123.0
0.6	11.7	13.3	6.7	16.7	37.5	16.7	102.6
0.8	8.8	10.0	5.0	12.5	28.1	12.5	76.9

2.3.3　系统稳定运行实验

在对系统运行条件优化的基础上进行了系统稳定运行实验,条件如下:①进水量 0.5L/h,进水 pH 为 7.0～7.5,硝化液回流比为 5,温度为(30±2)℃;②进水 COD 浓度为 900～1500mg/L,氨氮浓度为 110～180mg/L,总氮浓度为 170～270mg/L。废水中 COD、氨氮和总氮的去除情况如图 2.46～图 2.48 所示。

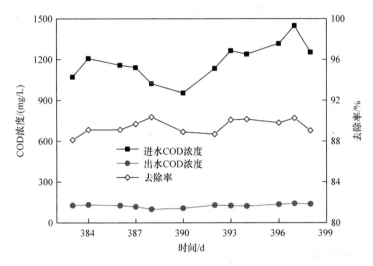

图 2.46　系统稳定运行期进、出水 COD 浓度及去除率的变化情况

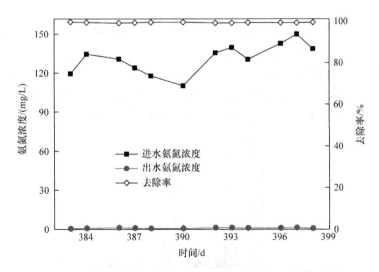

图 2.47　系统稳定运行期进、出水氨氮浓度及去除率的变化情况

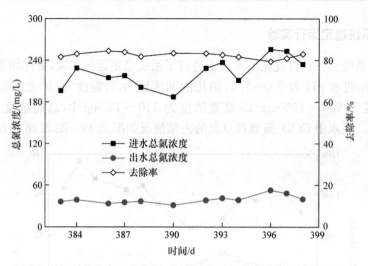

图 2.48　系统稳定运行期进、出水总氮浓度及去除率的变化情况

从图 2.46～图 2.48 中可以看出,当系统处于稳定运行时期时,其对 COD、氨氮和总氮的去除效果比较稳定。系统对 COD、氨氮和总氮的去除率分别为 88.1%～90.4%、>99%、79.4%～83.9%;出水 COD 浓度为 98～142mg/L,满足二级排放标准;出水氨氮浓度<2mg/L,满足一级排放标准。

2.3.4　A-A-O-MBBR 工艺处理过程中特征污染物变化研究

1. 特征污染物的变化情况

A-A-O-MBBR 工艺进水、厌氧单元出水、缺氧单元出水、预曝气单元出水和 MBBR 单元出水的气相(gas chromatography,GC)图谱如图 2.49 所示。采用比较各组分和标样的保留时间,以及在样品中加入标样使 GC 色谱峰增高的方法,对焦化废水中的特征污染物进行定性,确定进水中主要特征污染物为苯酚、对甲酚、苯胺、邻甲酚、吲哚、喹啉、2,4-二甲酚,它们的含量见表 2.6。

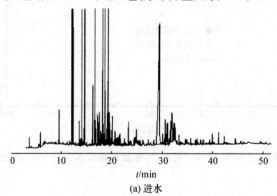

(a) 进水

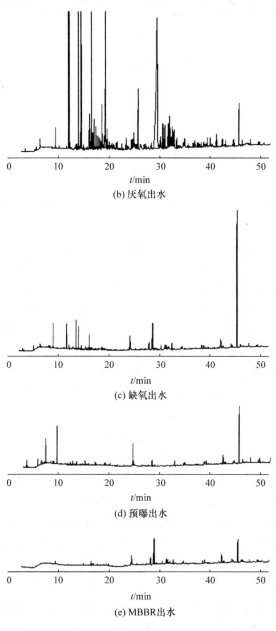

(b) 厌氧出水

(c) 缺氧出水

(d) 预曝出水

(e) MBBR出水

图 2.49　进水及各处理单元出水 GC 图谱

表 2.6　特征污染物在 A-A-O-MBBR 处理系统各处理单元的变化情况

化合物	各段化合物浓度/(mg/L)					
	进水	厌氧出水	缺氧进水	缺氧出水	预曝气出水	MBBR 出水
苯酚	48.68	34.08	5.68	0.38	—	—
对甲酚	25.53	18.67	3.11	0.41	—	—
苯胺	11.70	9.00	1.50			
邻甲酚	8.46	6.24	1.04	0.19	—	—
吲哚	8.02	6.40	1.07	—	—	—
喹啉	5.33	0.46	0.08			
2,4-二甲酚	1.26	0.76	0.13	0.21	—	—

注：—表示未检出。

从图 2.49 可以看出，经 A-A-O-MBBR 工艺处理后，出水的 GC 图谱对应的色谱峰数量和峰面积较进水明显减少，表明去除了系统中大部分有机物，但是各工艺段对系统中有机物的作用效果不尽相同。厌氧处理后，废水特征有机污染物喹啉、2,4-二甲酚、苯酚、对甲酚、邻甲酚、苯胺和吲哚得到了部分降解，其去除率分别为 91.4%、40.2%、30.0%、26.9%、26.3%、23.1% 和 20.2%。酚类化合物属于易降解物质，厌氧菌优先利用其进行降解。在厌氧条件下，苯酚首先通过羧化作用，生成苯甲酸，然后形成环己烷羧酸，再进一步形成庚酸，庚酸通过 β-氧化形成戊酸、丙酸和乙酸(Keith et al.，1978)，或者直接形成丙酸和丁酸，然后再进一步降解成乙酸(Fina et al.，1978)。而邻甲酚则在羟基对位被羧基化，形成 3-甲基-4-羟基苯甲酸，然后被辅酶 A 活化，3-甲基-4-羟基苯甲酸-辅酶 A 被还原羟基化为 3-甲基苯甲酰辅酶 A，然后通过环的还原裂解而被降解(Heider et al.，1997)。苯胺则首先羧基化形成对氨基苯甲酸，通过 4-苯甲酰辅酶 A 还原性脱氨基作用生成苯甲酸，接着被还原生成环己酸，然后通过 β-氧化途径，开环降解(Schnell et al.，1991)。

杂环化合物虽然属于难降解有机物，但在厌氧条件下也可以进行降解。喹啉可被氧化为 2(1H)喹诺酮(Johansen et al.，1997)，然后再氧化为 3,4-二氢-2(1H)喹诺酮。吲哚在厌氧条件下的降解包含两步羰基化(Claus et al.，1983)，首先是在 3 位上发生羰基化生成羰基吲哚，接着在 2 位上进一步羰基化生成靛红，然后在 2 位和 3 位碳原子之间发生环的断裂而进一步被矿化。这些有机物芳香环或杂环的部分断裂，形成的一些长链物质和小分子脂肪酸，可以提高废水的可生化性(Li et al.，2003；Wang et al.，2002；Zhang et al.，1998)。从表 2.6 可以看出，厌氧条件下，喹啉的去除率大于吲哚，但根据分子轨道法计算喹啉和吲哚的 π 电荷分布，喹啉环上的电荷密度低于吲哚环，吲哚更容易发生亲电反应而降解(李咏梅等，2002)。这可能是因为共基质条件改变了喹啉的降解速率。研究表明，与苯酚共基质时,喹啉和吲哚具有拮抗作用,而吡啶等的存在对喹啉则具有协同作用,导致喹啉的厌氧降解效率高于吲哚(李咏梅等,2002)。

经缺氧处理后,缺氧单元出水的色谱峰数量和峰面积都得到明显降低,其中特征污染物苯胺、喹啉和吲哚的浓度已低于检测限,苯酚、对甲酚和邻甲酚的缺氧去除率也分别达到 93.3%、86.8%和 81.7%,这表明废水中大部分有机物在缺氧单元得到了去除。在缺氧状态下,由于硝酸盐的存在,苯酚的降解途径可能不同于厌氧状态(Bakker,1977),酚可被还原成环己酮,然后变成己酸,再通过 β-氧化途径形成小分子脂肪酸。对甲酚的降解是通过甲基的厌氧氧化进行的(Rudolphi et al.,1991;Bossert et al.,1986),在酶的催化作用下,对甲酚甲基经两步羟基反应形成4-羟基苯甲醛,然后进一步形成羟基苯甲酸,再通过与苯酚类似的途径进行开环、矿化(Hopper et al.,1991)。

苯胺在反硝化条件下,也是通过羧基化形成对氨基苯甲酸,再通过 4-苯甲酰辅酶 A 还原性脱氨基作用生成苯甲酸途径进行降解(Kahng et al.,2000)。而在氮杂环有机物的缺氧降解过程中,由于 N 原子的取代,使环易于被攻击,在邻近 N 原子的位置发生羧基化,然后再进一步氧化(Fetzner,1998;Johansen et al.,1997)。苯胺和氮杂环有机物脱除的氨基进入废水会致使氨氮浓度升高,这也在一定程度上说明缺氧对有机物的降解效率比厌氧更高,厌氧过程多是有机物之间的相互转化。2,4-二甲酚经缺氧处理后,浓度有一定的升高,这可能是因为其他有机物降解生成 2,4-二甲酚中间产物造成的。

在好氧条件下,苯酚通过苯酚羟化酶的作用转化成邻苯二酚,然后通过邻位或间位双加氧酶的作用而开环裂解。其他酚在好氧条件下的降解途径与苯酚类似。许多好氧菌能够利用芳香族化合物作为唯一的碳源和能源(Tziotzios et al.,2005),并对其进行较为彻底的转化和降解。苯酚、邻甲酚、对甲酚和 2,4-二甲酚含量在预曝气单元出水中的浓度均低于检测限,但是预曝气出水色谱图在3.484min、6.455min、7.255min、47.775min 和 49.585min 有新的色谱峰出现,表明在好氧降解过程中有新的中间产物生成。废水经 MBBR 单元处理后,有机物得到进一步的转化和降解,但在 28.850min 处也有新的色谱峰出现,生成新的有机物。研究表明,焦化废水经 A_1-A_2-O 生物膜工艺好氧段处理后有苯酚、甲酚、异喹啉和羟基喹啉的生成(李咏梅等,2004)。

2. 紫外可见光谱分析

对进水、厌氧出水、缺氧出水、预曝气出水和 MBBR 出水进行紫外可见吸收光谱(UV–Vis)扫描,谱图如图 2.50 所示。

从图 2.50 可以看出,焦化废水进水和厌氧出水在 200~600nm 存在着较强的吸收带。在紫外线区,不饱和有机物特别是具有环状共轭体系的有机物存在 E 吸

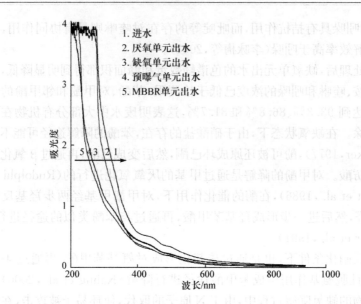

图 2.50　A-A-O-MBBR 系统各处理单元出水紫外可见光吸收光谱图

收带和 B 吸收带。E 吸收带是芳香族化合物的特征吸收带,B 吸收带也称为精细结构吸收带,常用来辨认芳香族(包括杂芳香族)化合物(张世森,1992)。苯衍生物,如苯酚和苯胺等的 B 吸收带最大波长常为 250~280nm,E2 吸收带最大波长为 200~250nm;杂芳香族化合物和多环芳烃,如吡啶、喹啉、吩嗪和萘等的 B 吸收带最大波长为 280~370nm,E2 吸收带最大波长为 250~280nm(黄君礼等,1992)。由以上分析可知,在系统进水中存在大量的芳香族和杂环化合物,经厌氧处理后,在波长 200~280nm 吸收峰略有变化,而在 280~370nm 吸收峰有一定程度的下降,表明经厌氧处理后,芳香族及杂环化合物结构发生了变化,部分有机物发生开环氧化,致使 200~280nm 吸收峰缓慢下降。而缺氧和预曝气出水的吸收光谱仅在 200~230nm 处有明显的吸收峰,230~370nm 处的吸光度明显降低,说明经缺氧和预曝气处理后,焦化废水中的大部分芳香族及杂环化合物都得到较完全的去除。虽然 MBBR 出水在 200~230nm 处的吸光度较缺氧和预曝气出水略有增加,但在 230~370nm 处的吸光度却有明显下降,表明在 MBBR 硝化过程中,部分有机物得到去除,部分有机物发生转化。

从图 2.50 还可以看出,在可见光区厌氧出水的吸光度较进水有明显的降低,而经缺氧和预曝气处理后吸光度有所上升,经 MBBR 处理后吸光度又略有下降。一般情况下,可见光区(400~800nm)的吸收意味着物质具有颜色(李咏梅等,2002)。在废水实际处理过程中,系统进水呈棕褐色,经厌氧处理后,废水呈浅黄色,色度下降约 55.0%,而经后续好氧处理,废水颜色又呈棕黄色,色度上升,与可见光吸收光谱基本一致。

参 考 文 献

黄君礼,鲍治宇. 1992. 紫外吸收光谱法及其应用. 北京:中国科学技术出版社:22—34.

李咏梅,顾国维,赵建夫. 2001. 焦化废水中几种含氮杂环化合物缺氧降解机理. 同济大学学报, 29(6):720—723.

李咏梅,顾国雄,赵建夫. 2002. 焦化废水中几种含氮杂环有机物在 A_1-A_2-O 系统中的降解特性研究. 环境科学学报,22(2):34—39.

李咏梅,赵建夫,顾国维. 2003. 含氮杂环化合物在厌氧和缺氧条件下的降解研究. 上海环境科学,22(2):86—88.

李咏梅,彭永臻,顾国维,等. 2004. 焦化废水中有机物在 A_1-A_2-O 生物膜系统中的降解机理研究. 环境科学学报,24(2):242—248.

李亚新,赵义,岳秀萍,等. 2008. 生物膜法 A^2/O^2 焦化废水处理系统缺氧反应器工艺特性. 工业用水与废水,39(1):15—19.

赵义. 2006. A^2/O 生物膜法处理焦化废水中试研究. 太原:太原理工大学博士学位论文.

张世森. 1992. 环境监测技术. 北京:高等教育出版社:79—80.

张晓健,雷晓玲,何苗. 1996. 焦化废水中几种难降解有机物的厌氧生物降解特性. 环境工程, 14(1):10—13.

Bakker G. 1977. Anaerobic degradation of aromatic compounds in the presence of nitrate. FEMS Microbiology Letters,1(2):103—108.

Bossert I D,Young L Y. 1986. Anaerobic oxidation of *p*-cresol by a denitrifying bacterium. Applied and Environmental Microbiology,52(5):1117—1122.

Claus G,Kutzner H J. 1983. Degradation of indole by Alcaligenes spec. Systematic and Applied Microbiology,4(2):169—180.

Fetzner S. 1998. Bacterial degradation of pyridine,indole,quinoline,and their derivatives under different redox conditions. Applied Microbiology Biotechnology,49(3):237—250.

Fina L R,Bridges R L,Coblentz T H,et al. 1978. The anaerobic decomposition of benzoic acid during methane fermentation. III. The fate of carbon four and the identification of propanoic acid. Archives of Microbiology,118(2):169—172.

Heider J,Fuchs G. 1997. Microbial anaerobic aromatic metabolism. Anaerobe,3(1):1—22.

Hopper D J,Bossert I D,Rhodes-Roberts M E. 1991. P-cresol methylhydroxylase from a denitrifying bacterium involved in anaerobic degradation of p-cresol. Journal of Bacteriology,173(3):1298—1301.

Johansen S S,Licht D,Arvin E,et al. 1997. Metabolic pathways of quinoline,indole and their methylated analogs by *Desulfobacterium indolicum* (DSM 3383). Applied Microbiology Biotechnology,47(3):292—300.

Keith C L,Bridges R L,Fina L R,et al. 1978. The anaerobic decomposition of benzoic acid during methane fermentation. IV. Dearomatization of the ring and volatile fatty acids formed on ring rupture. Archives of Microbiology,118(2):173—176.

Kahng H Y,Kukor J J,Oh K H. 2000. Characterization of strain HY99,a novel microorganism capable of aerobic and anaerobic degradation of aniline. FEMS Microbiology Letters,190(2): 215—221.

Li Y M,Gu G W,Zhao J F,et al. 2003. Treatment of coke-plant wastewater by biofilm systems for removal of organic compounds and nitrogen. Chemosphere,52(6):997—1005.

Melo J S,Kholi S,Patwardhan A W,et al. 2005. Effect of oxygen transfer limitations in phenol biodegradation. Process Biochemistry,40(2):625—628.

Rudolphi A,Tschech A,Fuchs G. 1991. Anaerobic degradation of cresols by denitrifying bacteria. Archives of Microbiology,155(3):238—248.

Schnell S,Schink B. 1991. Anaerobic aniline degradation via reductive deamination of 4-amino-benzoyl-CoA in *Desulfobacterium aniline*. Archives of Microbiology,155:183—190.

Tziotzios G,Teliou M,Kaltsouni V,et al. 2005. Biological phenol removal using suspended growth and packed bed reactors. Biochemical Engineering Journal,26(1):65—71.

Wang J L,Quan X C,Wu L H,et al. 2002. Bio-augmentation as a tool to enhance the removal of refractory compound in coke plant wastewater. Process Biochemistry,38(5):777—781.

Zhang M,Tay J H,Qian Y,et al. 1998. Coke plant wastewater treatment by fixed biofilm system for COD and NH₃-N removal. Water Research,32(2):519—527.

第3章 精细化工园区废水综合治理成套技术与工程应用

本章通过对张家港扬子江化工园区废水的调查,构建了工业园区企业点源废水计算机网络动态监控系统,建立了高级氧化预处理—以高效生物流动床、间歇式曝气生物颗粒床为核心的生物强化处理—土地渗滤系统深度处理工业尾水的化工园区废水综合治理成套技术,并进行了技术经济分析,出水 COD 符合《污水综合排放标准》(GB 8978—1996)中的一级标准要求。

3.1 项目背景和工艺选择

3.1.1 江苏扬子江国际化工园概况

江苏扬子江国际化工园坐落在张家港港口沿江岸线,紧邻张家港保税区,区位优势得天独厚,投资环境十分优越。化工园一期用地面积为 6.64km²,目前园区建设已全面铺开,扬子江国际化工园将瞄准"世界知名、国内一流"的发展目标,重点发展以五大合成树脂工业为主的临港石油化工,以食品、饲料添加剂为主的精细化工,以及集石化产品仓储、货运、配送、包装等于一体的散装化工品物流产业。2010年,该园区被正式命名为国家生态工业示范园区。

现在园区内已建成投产以及正在建设的项目主要有:东海粮油工业公司,一期投资 1.2 亿美元,占地 25hm²;美国陶氏化工基地,规划总投资 6 亿美元,占地 150hm²,与日本旭化成合作,年产聚苯乙烯 12 万 t、丁苯乳胶 4.5 万 t、液体环氧树脂 8 万 t 以及优质环氧树脂 4.1 万 t;美国雪佛龙菲利普斯聚苯乙烯生产厂一期工程,投资 9167 万美元,年产 10 万 t 聚苯乙烯,二期将增资 5500 万美元,同时一批后续项目正在规划落实之中;东华优尼科能源有限公司,总投资 5500 万美元,占地40hm²,已建成投运。

张家港保税区胜科水务公司是胜科公用事业在中国继南京化学工业园污水处理项目后建立的第二个污水处理项目。合资方为胜科公用事业(80%)与张家港保税区张保实业有限公司(20%),总投资额为 2400 万美元(约人民币 1.9 亿元)。合资公司将为保税区内的工业用户提供集中式污水处理服务,现有处理能力为10 000m³/d,二期(10 000m³/d)在 2005 年年底投运,并将随着保税区发展及客户需求,逐步将处理能力扩至 50 000m³/d。顾客群包括许多著名的跨国企业,如杜邦-旭化成聚甲醛、雪佛龙菲利普斯化工、英力士苯酚公司、迪爱生化学等。

根据化工园区工业废水的特点,本案例研究的重点内容是,影响园区工业废水处理效能的多项关键因素、高级氧化预处理技术的优化与筛选、生物强化净化过程控制参数、复合生物颗粒床运行工作特性及控制技术、废水安全深度处理生态工程控制参数等,工艺技术路线示意图如图 3.1 所示。

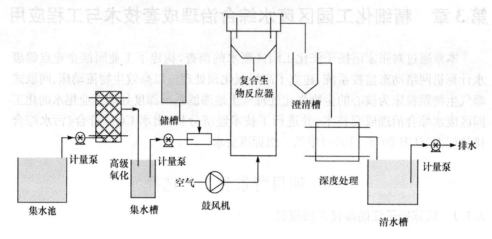

图 3.1　工艺技术路线示意图

3.1.2　主要研究内容

①　建立并构建化工园区企业点源废水信息管理体系和开发园区综合给排水管网计算机网络动态监控系统。

②　开展化工园区工业废水集中预处理关键技术研究。

③　开发化工园区工业废水强化生物处理技术与成套设备,重点研究以高效生物流动床、间歇式曝气生物颗粒床(hydrolysis upflow sludge bed,HUSB)两种生物强化技术为核心的组合技术。

④　研究化工园区尾水深度处理及生态工程净化关键技术,构建工业园(区)水资源及废水处理应急体系。

3.2　点源废水计算机网络动态监控系统

3.2.1　点源废水信息调查及水质分类

通过对张家港扬子江化工园区企业污染源特性、工业产品名称、废水排放特征的调查和监测,以及对园区周围水环境质量及容量的现状研究,确定园区发展过程影响水环境要素的关键指标,初步建立化工园区企业点源废水信息管理系统。

张家港扬子江化工园区企业点源废水分布如图 3.2 所示。由图 3.2 可见,化工废水和化学品生产点源废水排放的企业最多,其次为纺织羊毛类,再次为橡胶、塑料和电子,园区内食品生产企业点源废水排放最少。图 3.3 所示为各行业废水所占比例,石油加工、化工和化学品生产排放的废水所占比例达到 52%。化工类产品主要有木器漆、乳胶漆、工业漆、洗涤剂、生物杀菌剂和印染助剂、次磷酸盐、磷酸盐、应用颜料、氨基酸乙酯、改性剂、涂料用树脂、三苯基膦(TPP)等;此外,还有苯酚、用于生产锂电池的六氟磷锂($LiPF_6$)和农药等。纺织和羊毛企业所占比例排在第二位,占 13%。第三位为橡胶塑料和电子生产企业,占 10%。油脂、生物工程、金属加工业各占 3%。其他包含食品、纸业等在内的企业占 6%。

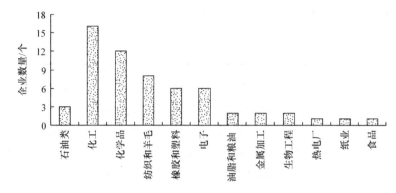

图 3.2　张家港化工园区企业点源废水分布

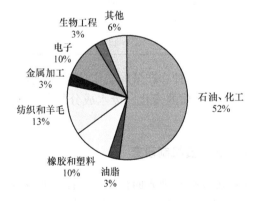

图 3.3　张家港化工园区企业点源废水各来源所占比例

化工园区内排放的废水水质呈现出有机物浓度高、可生化性差、含盐量高、水质组成差异大的特征。表 3.1 为园区 4 类典型的排放废水水质。由表 3.1 可见,化工废水和农药废水 BOD_5/COD 值为 0.06～0.07,而橡胶废水和颜料废水几乎不可生化,但大部分废水总有机碳浓度很高(1165～110 000mg/L)。强酸性和强碱性水质较多,但某些废水不具有酸碱加和性,需要排放到污水处理厂前进行预处理,如农药厂废水。

表 3.1　化工园区 4 类典型废水排放水质

项目	化工废水	橡胶废水	农药废水	颜料废水
排放量/(m³/d)	4 000	2 000	1 000	2 000
TOC/(mg/L)	12 000	70 000	110 000	1 165
BOD/(mg/L)	1 600	7.1	4 600	—
BOD$_5$/COD	0.07	0.5	0.06	—
pH	10	12	0.75	5.5
总氮/(mg/L)	165~4 971	180	0	188
总磷/(mg/L)	0.24	0	5 308	0
总溶解固体/(mg/L)	47	365 731	—	7 540

　　不同的产品生产所排放的废水含有不同的特征污染物。例如,橡胶废水中重金属 Cu 离子含量高达 100~480mg/L,Na 离子占废水质量的 4.80%~15.2%(表 3.2)。颜料废水中的蒽醌、吡啶、联苯类有机物等极难生物降解,会长期滞留在环境中。农药生产废水中的氰、酚、DDT 或芳香族胺、氮杂环和多环芳烃化合物等是对生物和微生物有毒或剧毒的物质。

表 3.2　橡胶废水中的重金属含量

项目	Ba/(mg/L)	Ca/(mg/L)	Cu/(mg/L)	Fe/(mg/L)	Mn/(mg/L)	Na/%	Zn/(mg/L)
液化	0.5	25	100	—	—	15.2	0.5
胶化	0.45	31.5	480	39	0.6	4.80	3

　　此外,各企业随着其产品品种和产量的变化、生产工艺的改变以及清洗单元操作流程的改变均带来水量和水质的变化。废水成分复杂,废水中含有大量的生产原料、中间体、副产物。

3.2.2　点源废水 Bayesian 收费机制研究

　　当前,在工业企业排污收费管理方面存在一定程度的政策失效,主要表现为在执行排污费政策的过程中存在偷排现象。政策失效是由于排污收费政策本身存在两方面的理论缺陷,即忽略了现实中企业环保投资的成本效果曲线中存在的阈值现象以及排污收费政策在企业资金有限条件下将引起的系统的效用损失。这一问题同时给污水处理厂的运行和管理增加了困难(李霞等,2006)。

　　基于各企业点源废水排放废水性质、排放特征、相应需要的预处理及后续处理技术等,结合 Bayesian 统计学原理,提出更加合理的化工园区污水处理厂点源废水收费机制。

　　Bayesian 定理是将先验分布中的期望值与样本均值按各自的精度进行加权平

均,精度越高者其权值越大,合理地综合了先验信息和后验信息。在共轭先验分布的前提下,可以将后验信息作为新一轮计算的先验,用 Bayesian 定理与进一步得到的样本信息进行综合(Dilks et al. ,1992)。多次重复这个过程后,样本信息的影响越来越显著。从信息熵的角度也可以显示出无信息先验分布的 Bayesian 假设的合理性。

样本空间 U,由相互独立的 n 个样本点 $A_i(i=1,2,\cdots,n)$ 构成。

$$U = \bigcup_{i=1}^{n} A_i, \quad A_i \bigcap A_j = \varnothing, \quad i \neq j, \quad i,j = 1,2,\cdots,n$$

当 $P(A_i) > 0$ 时,根据 Bayesian 定理,$P(A_k|E)$ 为

$$P(A_k|E) = \frac{P(E \mid A_k)P(A_k)}{\sum\limits_{i=1}^{n} P(E \mid A_i)P(A_i)} \tag{3.1}$$

在一个污水处理厂中,样本空间 U 为需要处理的所有的废水量,而样本点 A_i 则为各排放的点源废水量;E 为各点源废水的污染物,不同企业的点源排放废水具有不同的污染物组成,因此除了 TOC、pH、总氮(TN)、总磷(TP)等主要指标外,还增加该企业的特征污染物;$P(E \mid A_i)$ 为来自第 i 个点源废水排放的污染物的概率;$P(E|A_k)$ 为特定企业点源 k 所排放废水贡献污染物的概率;$P(A_k|E)$ 为特定企业点源 k 的污水费用比率。

$P(E|A_k)$ 的计算与废水中污染物性质及浓度(TOC、pH、TN、TP、特征污染物)有关,这决定了后续的预处理技术和生物强化技术,同时也直接影响到点源废水排污收费。$P(E|A_k)$ 中的 E 可以用废水中的污染物指标作为连续变量,采用连续随机变量的 Bayesian 原理,综合采用先验信息和后验信息进行各点源污染物统计。

$$E = \bigcup_{i=1}^{n} M_i, \quad i = 1,2,\cdots,n$$

$$\pi(\theta \mid x) = = \frac{h(x,\theta)}{m(x)} = \frac{p(x \mid \theta)\pi(\theta)}{\int_{\theta} p(x \mid \theta)\pi(\theta)\mathrm{d}\theta} \tag{3.2}$$

式中,x 为某指标所代表的污染物(如 TOC 等);θ 为某时间某企业排放的点源废水;$\pi(\theta)$ 为某时间点源废水排放所占比例;$\pi(\theta|x)$ 为点源排放的某种污染物所占概率;$h(x,\theta)$ 为单位企业某种污染物排放比率;$m(x)$ 为企业某种污染指标的排放概率;$p(x|\theta)$ 为 θ 在给定某个值时 X 的条件密度函数,此处为某时间某一企业排放的指标污染物比率。

当污水处理厂取 s 个污染物指标时,第 i 家污水排放的第 s 种污染物可以用 $\pi(\theta_i|x_s)$ 表示,则

$$P(E \mid A_i) = \sum_{s=1}^{5} K_s \pi(\theta_i \mid x_s), \quad s = 1,2,3,4,5, \quad i = 1,2,3,\cdots,n \tag{3.3}$$

式中，K_s 为校正系数，根据特定污染物指标的差异，由预处理等过程处理的难易程度决定；$\pi(\theta_i \mid x_s)$ 为第 i 家企业排放的第 s 种污染物所占比例。将式(3.3)代入式(3.1)即可计算出 k 企业的污染物费用所占比例。

根据监控点废水水质情况，进行废水排放信息的收集后，按照特定的水质水量进行收费计算。选择报表后，点击收费报表将出现菜单提示，用户可以选定“显示收费报表”，指定查询月份和监控点进行查询(图 3.4)。

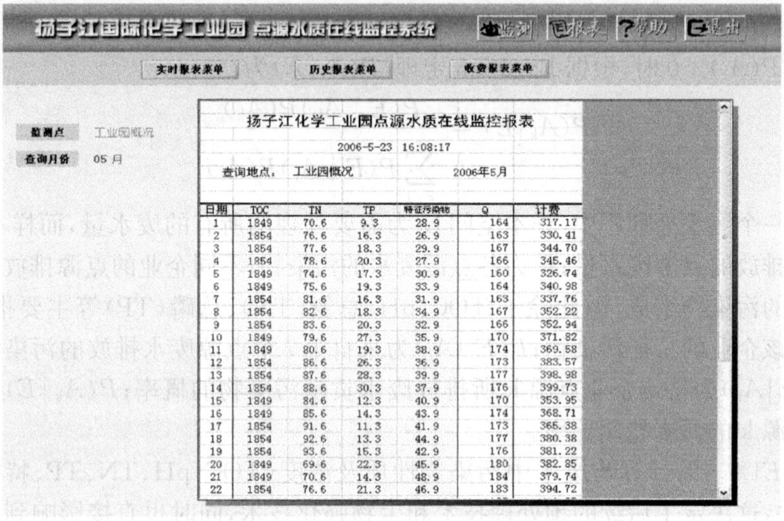

扬子江化学工业园点源水质在线监控报表

2006-5-23 16:08:17

查询地点：　工业园概况　　2006年5月

日期	TOC	TN	TP	特征污染物	Q	计费
1	1849	70.6	9.3	28.9	164	317.17
2	1854	76.6	16.3	26.9	163	330.41
3	1854	77.6	18.3	29.9	167	344.70
4	1854	78.6	20.3	27.9	166	345.46
5	1849	74.6	17.3	30.9	160	326.74
6	1849	75.6	19.3	33.9	164	340.98
7	1854	81.6	16.3	31.9	163	337.76
8	1854	82.6	18.3	34.9	167	352.22
9	1854	83.6	20.3	32.9	166	352.94
10	1849	79.6	27.3	35.9	170	371.82
11	1849	80.6	19.3	38.9	174	369.58
12	1854	86.6	26.3	36.9	173	383.57
13	1854	87.6	28.3	39.9	177	398.98
14	1854	88.6	30.3	37.9	176	399.73
15	1849	84.6	12.3	40.9	170	353.95
16	1849	85.6	14.3	43.9	174	368.71
17	1854	91.6	11.3	41.9	173	365.38
18	1854	92.6	13.3	44.9	177	380.38
19	1854	93.6	15.3	42.9	176	381.22
20	1849	69.6	22.3	45.9	180	382.85
21	1849	70.6	14.3	48.9	184	379.74
22	1854	76.6	21.3	46.9	183	394.72

图 3.4　工业园点源废水收费报表

系统支持打印输出功能，可以将历史数据或报表进行打印预览(图 3.5)及打印。

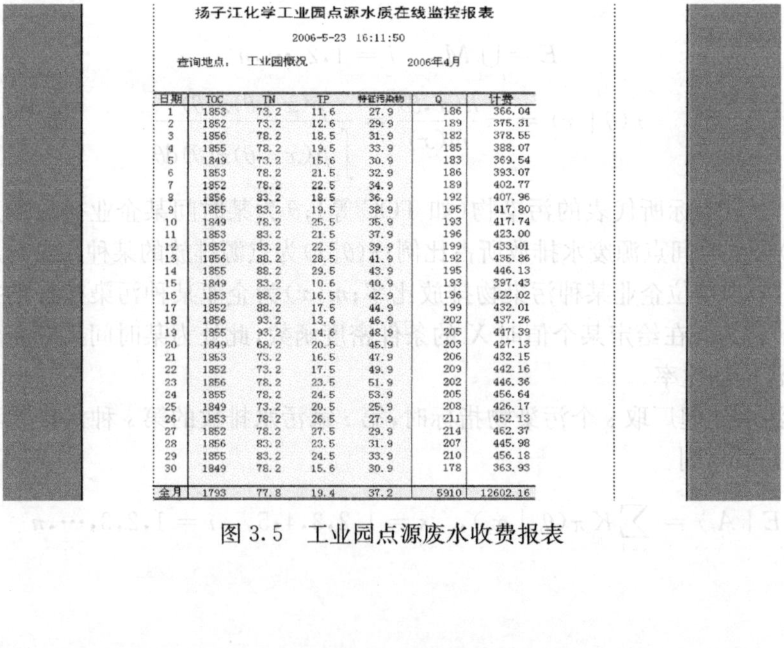

扬子江化学工业园点源水质在线监控报表

2006-5-23 16:11:50

查询地点：　工业园概况　　2006年4月

日期	TOC	TN	TP	特征污染物	Q	计费
1	1853	73.2	11.6	27.9	186	366.04
2	1852	73.2	12.6	29.9	189	375.31
3	1856	78.2	18.5	31.9	182	378.55
4	1855	78.2	19.5	33.9	185	388.07
5	1849	73.2	15.6	30.9	183	369.54
6	1853	78.2	21.5	32.9	186	393.07
7	1852	78.2	22.5	34.9	189	402.77
8	1856	83.2	18.5	36.9	192	407.96
9	1855	83.2	19.5	38.9	195	417.80
10	1849	78.2	25.5	35.9	193	417.74
11	1853	83.2	21.5	37.9	196	423.00
12	1852	83.2	22.5	39.9	199	433.01
13	1856	88.2	28.5	41.9	192	435.86
14	1855	88.2	29.5	43.9	195	446.13
15	1849	83.2	10.6	40.9	193	397.43
16	1853	88.2	16.5	42.9	196	422.02
17	1852	88.2	17.5	44.9	199	432.01
18	1856	93.2	13.6	46.9	202	437.26
19	1855	93.2	14.6	48.9	205	447.39
20	1849	68.2	20.5	45.9	203	427.13
21	1853	73.2	16.5	47.9	206	432.15
22	1852	73.2	17.5	49.9	209	442.16
23	1856	78.2	23.5	51.9	202	446.36
24	1855	78.2	24.5	53.9	205	456.64
25	1849	73.2	20.5	25.9	208	426.17
26	1853	78.2	26.5	27.9	211	452.13
27	1852	78.2	27.5	29.9	214	462.37
28	1856	83.2	23.5	31.9	207	445.98
29	1855	83.2	24.5	33.9	210	456.18
30	1849	78.2	15.6	30.9	178	363.93
全月	1793	77.8	19.4	37.2	5910	12602.16

图 3.5　工业园点源废水收费报表

3.2.3　化工园废水排放在线监控计算机系统

水质在线监测系统(on-line automatic water quality monitoring system)是将多项指标的分析仪器组合起来,从采样、分析到记录、数据处理组成系统,从而实现在线多参数自动监测。

1. 在线监控项目选择

在建立远程自动水质监控系统的过程中,首先要确定自动连续监控所要监测的具体项目。由于污染水质的污染物种类繁多、成分复杂、干扰严重,需要一系列的化学前处理操作,而且水质污染物往往是痕量的,需要建立各种提取方法及各种痕量分析方法。所有这些都为连续自动监控技术带来了一系列困难。基于上述原因,水质连续自动监控系统首先要选择那些能够反映水质污染的综合标度的项目,建成连续自动监控,以及时发现水质是否已经污染或是否出现异常,然后再逐步增加具体污染项目的连续自动监控来确定具体污染物的污染程度。

因此,本套系统选择监控的水质自动监控项目如下:TOC、TN、TP、pH、流量,以及各厂生产废水的特征污染物。

2. 在线监控系统构成

在线监控系统能对环境各要素的质量进行连续和自动的监控。从硬件来看,自动监控系统一般由若干个监测分站、一个监测中心站(总站)及中心站与分站间的信息、数据传输系统三部分组成,如图 3.6 所示。

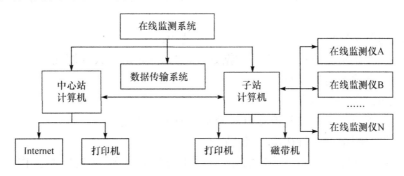

图 3.6　在线监控系统硬件组成

在线监控系统的监测仪器选择一般遵循以下原则。

可靠性:能保证设备的控制及数据的采集、传送和处理。

兼容性:硬件的电气、机械标准及通信与市场上的主流产品兼容。

经济性:同等条件下优先考虑花费较少、应用范围广的硬件。

此外,从在线监控系统的可靠性、稳定性、免维护性和二次污染的角度出发,有文献提出了绿色(清洁)监控技术的概念,即对重点废水污染源安装在线监控系统时,应当选择对环境友好的监测技术和仪器。例如,安装 TOC 在线监测仪、臭氧氧化法和高温催化法 COD 在线测试仪,避免使用重铬酸钾法 COD 在线监测仪等。

从功能上来看,在线监控系统包括如下一些功能:远程控制、数据采集、数据浏览、图形输出、数据输出、监控点维护等(图 3.7)。

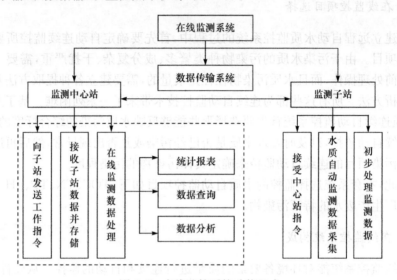

图 3.7　在线监控系统功能组成

监测中心站是各分站的指挥中心,是整个自动监控系统监测数据的处理中心和数据库。其主要任务如下:

(1) 向分站发出各项工作指令,控制分站的运转。

(2) 接收分站监测数据,进行数据处理,并以一定的形式存储在计算机中。

(3) 向有关部门提供有关信息。

监测分站的主要任务是:

(1) 按预定的系统和监控项目对废水水质进行监测。

(2) 将监测结果进行初步处理、存储。

(3) 定期向监测中心站传送数据,接受中心站的指令,实现监测工作的启动、终止和监测系统的修改。

3. "组态王"平台简介

"组态王"是在流行的 PC 机上建立工业控制对象人机接口的一种智能软件包,其以 Windows98/ Windows2000/ Windows NT4.0 中文操作系统作为操作平台,充分利用 Windows 图形功能完备、界面一致性好、易学易用的特点。它使采用

PC机开发的系统工程比以往使用专用机开发的工业控制系统更有通用性,大大减少了工业控制软件开发者的重复性工作,并可运用 PC 机丰富的软件资源进行二次开发。

"组态王"软件包由工程管理器(ProjManager)、工程浏览器(TouchExplorer)、画面运行系统(TouchVew)三部分组成。其中,工程管理器用于新建工程、工程管理等。工程浏览器内嵌画面开发系统,即组态王开发系统。工程浏览器和画面运行系统是各自独立的 Windows 应用系统,均可单独使用;两者又相互依存,在工程浏览器的画面开发系统中设计开发的画面应用系统必须在画面运行系统运行环境中才能运行。

画面运行系统是"组态王"软件的实时运行环境,用于显示画面开发系统中建立的动画图形画面,并负责数据库与 I/O 服务系统(数据采集组件)的数据交换。它通过实时数据库管理从一组工业控制对象采集到各种数据,并把数据的变化用动画的方式形象地表示出来,同时完成报警、历史记录、趋势曲线等监视功能,并可生成历史数据文件。

在线监控系统利用"组态王 6.0"进行开发,能实现实时曲线、历史曲线、数据查询、实时报警、水质报表等各项在线监控功能。

4. 在线监控系统功能模块

在线监控系统安装在中心监控站计算机内,它可以接收来自子站的数据和信息,并进行相应的处理,如对监控数据进行分析处理、计算各项水质综合参数、对超标值进行报警等,并提出相应的解决办法。

系统主要包括5部分:在线监控、水质报表、历史曲线、环境资料和使用帮助。另外,为了进行示范,还包括一个作为数据源的系统 DataForm,系统结构如图 3.8 所示。

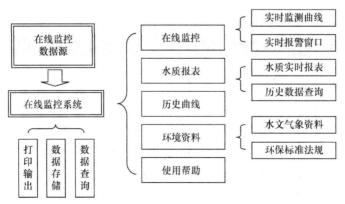

图 3.8　在线监控系统结构

5. 数据源

在线监控系统正式运行时,将在各监控点布设在线监控仪器,然后通过电话网络或卫星、短消息等方式将监测数据传送到控制中心。

作为演示系统,数据源系统每秒钟更新一次模拟数据,以达到较好的演示效果。实际实施中应该按上面所述设定比较合理的采样间隔值,如 COD 应为 $5\sim10$min 采样一次,而 pH、温度等可以连续取值。

6. 扬子江国际化工园点源水质在线监控系统

在线监控部分可以显示各监控点所有在线监控指标的当前值及实时曲线,还有实时报警窗口,并显示选定监控点的水质综合参数。

在线监控的界面如图 3.9、图 3.10、图 3.11 所示。

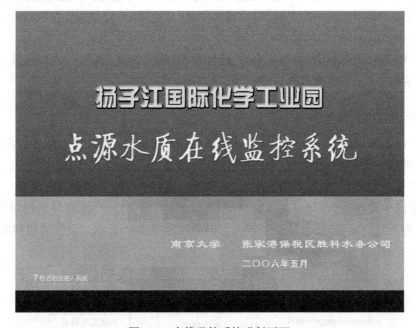

图 3.9　在线监控系统进版画面

1) 监控点概况

界面显示有 5 个监控点。各监控点的颜色随该点废水水质综合参数的数值发生相应的变化,可以直观地了解整个园区的水质情况。水质清洁时为绿色,轻度污染时为黄色,中度污染时为橙色,严重污染时变为深红色。

2) 实时曲线

点击左边地图上的某个监控点或从"监测点选择"菜单里选择监控点后,右边

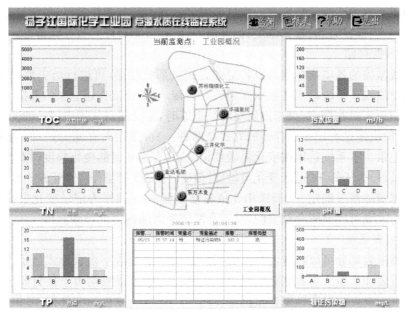

图 3.10　在线监控界面

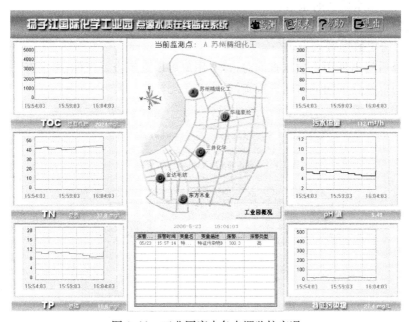

图 3.11　工业园废水各点源监控实况

窗口即出现该监控点各监测指标的当前值及其实时变化曲线。实时曲线上分别用黄三角和红三角标记各指标的 IV 类水和 V 类水水质标准限值,可以得知该项指标是否超标。

地图下方为实时报警窗口。窗口即时显示当前所有超标项目,包括超标指标、所在监控点、报警时间、报警浓度、标准值等,所有报警事件均被存储备查。

3) 数据存储

在线监控的各项指标值均以特定的方式被系统存储,可进行历史数据查询和生成历史曲线。系统以实时数据库为核心运转,从下位机传送上来的数据,按一定的频率刷新实时数据库,每当刷新实时数据库时,系统便对作历史记录的变量进行判断,以便决定是否记录。存储的方式有两种:一种是定时存储;另一种是按变化灵敏度记录。本系统选用按变化灵敏度记录,只有当变量的变化幅度(相对上一次历史记录点)大于等于"记录变化灵敏度"值时,才对此变量作一次记录。该变化灵敏度根据实际情况确定,一般选用比仪器波动稍大的值作为记录变化灵敏度值。用这种方式既可以节省存储空间,又不会漏记短时间内的大波动数据。

4) 报表系统

水质报表部分可以将各监控点的指标值以记录的数字报表形式显示,包括水质实时报表和水质历史数据查询报表两大部分。所有报表均可直接打印输出,支持打印页面设置和打印预览。根据需要还可以将报表输出为文件保存,供其他应用系统使用,实现资源共享。

(1) 废水水质实时报表。

实时报表用报表的方式,显示选定监控点的各指标即时监控数据。

(2) 历史数据查询报表。

选择后将出现历史数据查询对话框,用户可以选定查询指标,指定查询起始和结束时间以及查询间隔时间进行查询(图 3.12、图 3.13)。

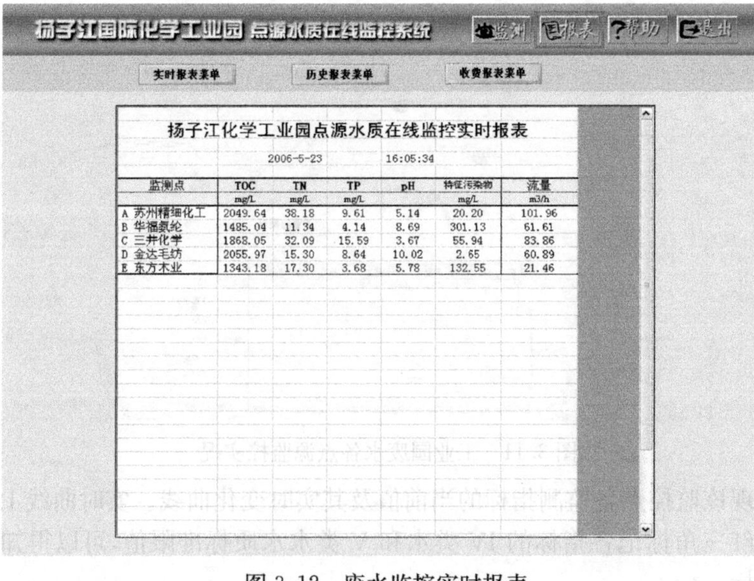

图 3.12　废水监控实时报表

图 3.13　工业园废水监控历史报表

（3）使用帮助。

使用帮助包括在线帮助及版权信息，对系统结构和功能进行简单的介绍，能为使用者提供便利和导航（图 3.14）。

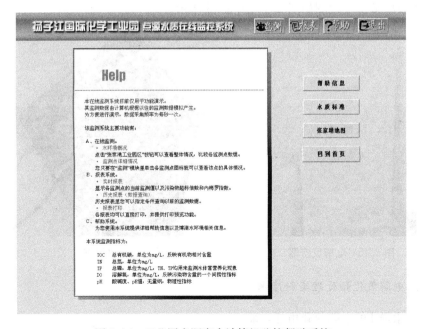

图 3.14　工业园点源废水计算机监控帮助系统

3.3　精细化工园区工业废水预处理优化技术

预处理技术主要包括几种技术的单一或联合方法。对于有机污染物,混凝可以去除大颗粒的有机物,而电解氧化有很好的脱色效果,二者的联用工艺操作简单,运行费用省(李长海,1999)。

3.3.1　电解氧化法预处理染料废水

1. 实验设计

1) 废水水质

水样 I:园区某染料废水,棕黑色,COD 为 20 400mg/L,pH 5.47,色度 62 500 倍,氨氮为 531mg/L,硝态氮为 354mg/L,亚硝态氮为 4.0mg/L,正磷酸盐为 5614mg/L。水样 II:水样 I 废水经 CaO 化学絮凝出水,其 COD 大约为 15 850mg/L,色度 6500 倍,pH 为 7.0。

2) 实验仪器

电解氧化装置:直流电解反应器,额定电压 220V,输出电解直流电压 0～10V,电流 0～40A;电解槽(160mm×130mm×190mm),阴极,石墨板(100mm×40mm×130mm);阳极,铁板(100mm×3mm×130mm);阴极和阳极使用前经打磨。电解反应器及电解槽实物图如图 3.15、图 3.16 所示。

图 3.15　电解反应器

图 3.16　电解槽

2. 电解氧化预处理染料废水

1) 水样 I 的电解氧化电压实验

对于水样 I,在电解氧化过程中有刺激性气味气体产生,但基本无浮渣产生,电解氧化电压和电解氧化效果关系曲线如图 3.17 所示。

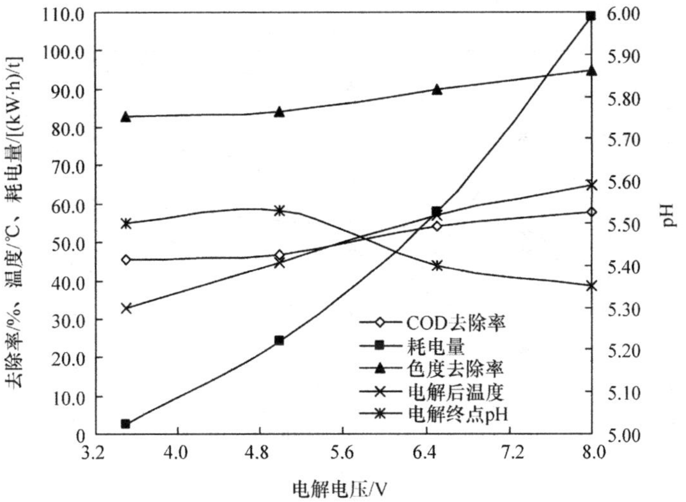

图 3.17　电解电压对水样 I 电解效果的影响曲线

由图 3.17 可以看出,电解电压对色度去除率、COD 去除率、耗电量、电解后的 pH、温度都有影响。

色度去除率随着电解电压的提高平缓增加,电解电压从 3.5V 提高到 8.0V 时,色度去除率从 83% 提高到 95%。在电解电压范围内色度去除率保持很高的水平。在电解电压达到 8.0V 时,色度去除率 95%,达到了脱色的理想效果。

COD 去除率整体上是随着电解电压的增加而提高的,在电解电压小于 5.0V 时,COD 去除率变化不大,仅仅从 45.4% 提高到 46.6%。当电解电压大于 5.0V 时,COD 去除率随着电解电压的增加而提高。当电解电压为 8.0V 时,COD 去除率达到 57.8%。

电解终点的 pH 总体上是随电解电压的提高而先升高后降低的,当电解电压为 3.5V 时,pH 达到一个最高值 5.53,之后电压升高 pH 降低到 5.35。从变化范围上看电解终点 pH 受电解氧化电压的影响变化不大。

电解终点的温度随电解电压的提高而呈线性增长,电解电压为 3.5V 时温度为 32.9℃,当电解电压升高到 8.0V 时,温度提高到 64.9℃。

耗电量也随着电压的升高急剧增加。处理每吨水的能耗从 3.5V 的 2.5kW·h 剧增到 8.0V 的 108.6kW·h。可以看出,提高电解氧化电压可以提高色度和 COD 去除率,但是提高电压会带来明显增加处理水样的能耗问题。

考虑到色度、COD 去除效果、能耗以及与后续处理工艺的衔接性,从图 3.17 中可以看出 8.0V 为最佳电解电压。

确定最佳电解电压后,在最佳电解电压 8.0V 下实验确定最佳电解时间,在电解氧化过程中,有刺激性气味气体产生,但基本无浮渣产生,电解时间与电解氧化效果的关系曲线如图 3.18 所示。

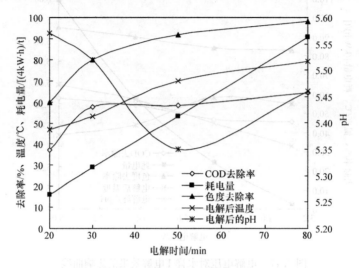

图 3.18　电解时间对水样 I 电解效果的影响曲线

　　由图 3.18 可以看出,电解时间对色度去除率、COD 去除率、耗电量、电解后的 pH、温度都有影响。各监控指标受电解时间影响的时段有所不同。

　　色度去除率在电解时间 50min 之前随着电解电压的提高而明显增加,电解时间从 20min 延长到 50min 时,色度去除率从 60% 提高到 92%。之后电解时间延长,色度去除率增加缓慢。在电解时间达到 80min 时,色度去除率为 98%。仅考虑脱色效果,电解在 50min 时达到很好的电解氧化效果。

　　COD 去除率受电解时间的影响是在电解 30min 之前,COD 去除率从 20min 时的 37% 提高到 58%,之后电解时间的延长对 COD 去除率不再有影响。因此说明电解氧化作用 30min 就可以气体和浮渣形式去除可电解氧化降解有机物。

　　电解终点的 pH 总体上是随电解时间的延长而先降低后升高的,当电解时间为 50min 时,pH 达到一个最低值 5.35,之后延长电解时间 pH 升高到 5.46,而在 20min 时 pH 为 5.57。从变化范围上看 pH 受电解时间的影响变化不大。

　　电解终点的温度在 50min 之前随电解电压的提高而呈线性增长,50min 之后时间对电解终点温度的影响减弱。电解时间为 20min 温度为 47.0℃,当电解时间延长到 50min 温度为 70.2℃,电解 80min 时电解终点的温度提高到 79.1℃。

　　耗电量是随着电解时间的延长急剧增加的。处理每吨水的能耗从 20min 的 64.0kW·h 剧增到 80min 的 362.7kW·h。可以看出,延长电解氧化时间可以提高色度和 COD 去除率,但是提高电压会带来明显增加处理水样的能耗问题。

考虑到色度、COD 去除效果、能耗以及与后续处理工艺的衔接性,从图 3.18 中可以看出最佳电解时间为 40min。

综上所述,水样 I 的电解氧化参数是:水样在原 pH 下,8V 电压电解 40min。色度与 COD 的去除率分别为 89%、58%,电解终点的 pH 和温度分别为 5.43、62℃,耗电量为 164.7(kW·h)/t。

2)水样 II 的电解氧化实验

对于水样 II,在电解氧化过程中有刺激性气味气体产生,但基本无浮渣产生,电解氧化电压和电解氧化效果关系曲线如图 3.19 所示。

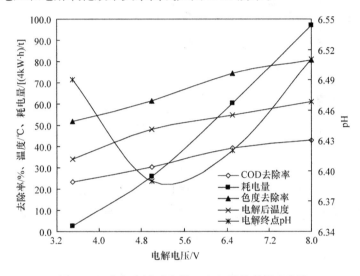

图 3.19　电解电压对水样 II 电解效果的影响曲线

由图 3.19 可以看出,电解电压对色度去除率、COD 去除率、耗电量、电解后的 pH、温度的影响。

色度去除率随着电解电压的提高而增加。电解电压从 3.5V 提高到 8.0V 时,色度去除率从 52% 提高到 81%。电压大于 7.5V 后,再提高电解氧化电压,色度的去除率提高缓慢。8.0V 时,色度去除率为 81%。

COD 去除率随着电解电压的增加而提高。在电解电压小于 6.5V 时,COD 去除率从 23.5% 提高到 40.0%。当电解电压大于 6.5V 时,COD 去除率增加缓慢。8.0V 时,COD 去除率为 43.1%。

电解终点的 pH 随电解电压的提高先降低后升高。当电解电压为 5.5V 时,pH 由 3.5V 时的 6.49 降到最低值 6.3,之后电压 pH 升高到 6.51。

电解终点的温度和耗电量随电解电压的提高而升高。电解电压为 3.5V 时温度为 34.0℃,当电压升高到 8.0V 时,温度提高到 61.0℃。处理每吨水的能耗从 3.5V 的 2.5kW·h 的耗电量剧增到了 8.0V 的 97.1kW·h。

考虑到色度、COD 去除效果、能耗以及与后续处理工艺的衔接性,确定 8.0V 为最佳电解电压。

图 3.20 为最佳电解电压 8.0V 条件下电解时间对色度去除率、COD 去除率、耗电量、电解后的 pH、温度的影响。

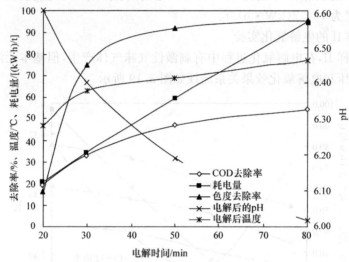

图 3.20　电解时间对水样 II 电解效果的影响曲线

色度去除率在电解时间 50min 以前,随着电解时间的延长而明显增加。时间从 20min 延长到 50min 时,色度去除率从 17% 提高到 92%。但随后趋于稳定,80min 时色度去除率为 95%。

COD 去除率随电解时间的延长而增加。COD 去除率从 20min 时的 19% 提高到了 50min 时的 47%,之后电解时间对 COD 去除作用减弱。80min 时 COD 去除率提高到 54%。

电解终点的 pH、电解终点的温度和耗电量均随电解时间的提高而降低,其中 pH 影响的幅度不大。当电解时间为 20min 时,pH 为最高值 6.60,而在 80min 时 pH 为最低值 6.02。温度由 20min 时的 47.0℃ 升高到 80min 时的 77.1℃。处理每吨水的能耗从 20min 的 62.2kW·h 剧增到 80min 的 283.5kW·h。可以看出,延长电解氧化时间会带来能耗问题。

考虑到色度、COD 去除效果、能耗以及与后续处理工艺的衔接性,从图 3.20 中可以看出 50min 为最佳电解时间。

综上所述,水样 II 的电解氧化参数是:水样在原 pH 下,8V 电压电解 50min。色度与 COD 去除率分别为 92%、47%,电解终点的 pH 和温度分别为 6.16、69℃,耗电量为 178(kW·h)/t。

3）两种废水电解条件与效果的对比与分析

表 3.3 比较了电解氧化预处理工艺对化工园区农药和染料废水处理的最佳工艺参数。对农药废水的脱色基本没有效果,而对染料废水可以达到 90% 的色度去除率。

表 3.3　工艺优化参数及去除率

废水水样	电解氧化工艺参数			去除率/%	
	pH	电压/V	时间/min	COD	色度
农药废水	I	8.0	8.0	50	27.0	0
	II	9.0	7.0	50	34.0	0
染料废水	I	5.5	8.0	40	58.0	89.0
	II	7.0	8.0	50	47.0	92.0

注:表中所列染料废水的 pH 是水样的原始 pH,电解氧化电压和电解氧化时间也是在这个条件下优化得出的。

电解氧化预处理对染料废水的处理效果远大于对农药废水的处理效果,主要原因是废水中含有的主要有机物成分不同。这是由于染料分子中含有多个偶氮基,在电解氧化过程中被破坏,而电解过程造成的水溶性基团(磺酸基等)的脱落使出水中含有较多的黑色沉淀,起到絮凝的作用,从而对有机物有很好的去除效果(岳平等,2000)。

在农药废水中,有机物成分完全不同,多菌灵的结构式

其难分解性决定了电解氧化处理相对较差的去除效果(Shing,1994)。

3.3.2　化学絮凝法预处理染料废水

1. 实验设计

水样 I:园区某染料废水,棕黑色,COD 浓度为 20 400mg/L,pH 5.47,色度 62 500倍,氨氮浓度为 531mg/L,硝态氮浓度为 354mg/L,亚硝态氮浓度为 4.0mg/L,正磷酸盐浓度为 5614mg/L。水样 II:水样 I 废水经 CaO 化学絮凝出水,其 COD 浓度大约为 15 850mg/L,色度为 6500 倍,pH 为 7.0。

2. 化学絮凝法预处理染料废水

1）水样 I 化学絮凝

水样 I 化学絮凝效果曲线如图 3.21 所示。

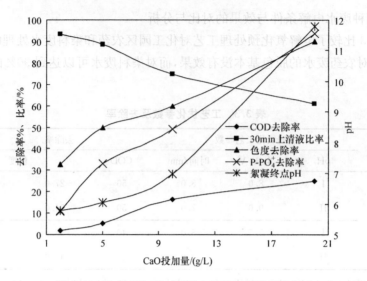

图 3.21　CaO 投加量对水样 I 化学絮凝效果的影响

由图 3.21 可以看出,色度去除率、COD 去除率、正磷酸盐去除率、化学混凝终点 pH 都是随着 CaO 投加量的增加而提高的。

色度去除率整体上随 CaO 投加量的增加而呈线性提高,CaO 投加量为 2g/L、5g/L、10g/L、20g/L 时,色度去除率分别为 32.8%、50.0%、60.0%、89.0%。

COD 去除率在 CaO 的投加量小于 10g/L 时,随投加量的增加提高较快,从 2g/L CaO 投加量时的 1.7% 提高到了 10g/L CaO 投加量时的 16.4%。当 CaO 的投加量大于 10g/L 时,随投加量的增加 COD 去除率提高较慢,投加量增加到 20g/L CaO时,COD 去除率为 25.0%。

正磷酸盐去除率随 CaO 投加量的增加而快速提高,CaO 投加量为 2g/L、5g/L、10g/L、20g/L 时,正磷酸盐去除率分别为 10.8%、32.9%、48.9%、93.5%。

CaO 的投加使混凝终点的 pH 随之升高,在投加量小时,CaO 主要起絮凝作用,所以 pH 升高变化不大,随着 CaO 的不断投加,使 pH 迅速升高。在 CaO 的投加量为 10g/L 时 pH 为 7.0;当 CaO 投加量达到 20g/L 时,水样呈强碱性,pH 为 11.8。

上清液的比率随着 CaO 投加量的增加而降低。这是因为 CaO 投加量的增加使絮凝沉降物增多,上清液比率减小。

综合考虑取 10g/L 为 CaO 的最佳投加量。当 CaO 达 20g/L 的最大投加量时虽然提高了色度、COD 去除率,但同时也提高了化学絮凝成本,并且也使水样呈强碱性,不利于后续处理的进行。CaO 取 10g/L 的投加量时,色度、COD 与正磷酸盐的去除率分别为 60%、16.4%、48.9%。此过程中产泥湿重为 58.4g/L,含水率为 75.6%。

实验中,投加 CaO 的同时配合投加 1mg/L 的阴性 PAM(polyacrylamide),去除率效果并没有明显增加。

2)水样 II 化学絮凝

水样 II 化学絮凝效果曲线如图 3.22 所示。由图 3.22 可以看出,COD 去除率、正磷酸盐、化学混凝终点的 pH、上清液比率都是随着投加量的增加而提高的。色度去除率维持在 50% 不变。这说明 CaO 投加量在实验范围内对色度的去除作用没有影响。

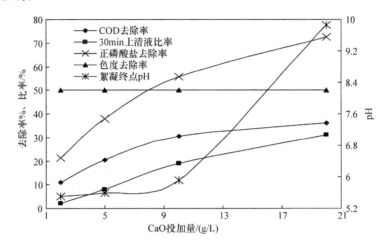

图 3.22　CaO 投加量对水样 II 化学絮凝效果的影响曲线

COD 去除率在 CaO 的投加量小于 10g/L 时,随投加量的增加而提高得较快,从 2g/L CaO 投加量时的 11.0% 提高到 10g/L CaO 投加量时的 30.5%。当 CaO 的投加量大于 10g/L 时,随投加量增加 COD 去除率提高较慢,投加量增加到 20g/L CaO 时,COD 去除率为 32.1%。

正磷酸盐去除率随 CaO 投加量的增加而快速提高,CaO 投加量为 2g/L、5g/L、10g/L、20g/L 时,正磷酸盐去除率分别为 21.3%、38.0%、55.8%、72.5%。

CaO 的投加使混凝终点的 pH 随之升高,在投加量小时,CaO 主要起絮凝作用,所以 pH 升高变化不大,随着 CaO 的不断投加,使 pH 迅速升高。在 10g/L 的 CaO 投加量时 pH 为 5.9;当 CaO 投加量达到 20g/L,水样为中碱性,pH 9.9。

上清液的比率随着 CaO 投加量的增加而升高。主要是因为 CaO 投加量的增加使絮凝更容易,絮凝沉降物积压密实,上清液比率增大。

综合考虑取 10g/L 为 CaO 的最佳投加量。当 CaO 达 20g/L 的最大投加量时虽然提高了 COD 去除率,但同时也提高了化学絮凝成本,并且也使水样呈强碱性,不利于后续处理的进行,并且色度去除率在实验 CaO 投加量范围内不变。

CaO 取 10g/L 的投加量时,色度、COD 与正磷酸盐的去除率分别为 30%、30.5% 和 55.8%。此过程中产泥湿重为 58.4g/L,含水率为 75.6%。实验中,CaO 同时配合 1mg/L 的阴性 PAM,去除效果并没有明显增加。

3. 化学絮凝与电解氧化联用技术的分析比较

表 3.4 列出不同混凝和电解实验次序下工艺的优化参数。

表 3.4　染料废水预处理工艺优化参数

工艺	最佳工作参数	COD 去除率/%	色度去除率/%	正磷酸盐去除率/%
化学絮凝—电解氧化	CaO10g/L+30min→ 原 pH,8V+50min	55.0	96.8	15.0
电解氧化—化学絮凝	原 pH,8V+40min→ CaO10g/L+30min	71.0	94.5	56.0

由表 3.4 可以得出以下结论:

(1) 色度去除率基本相同,都大于 94%。

(2) 从 COD 和正磷酸盐去除率上比较,电解氧化-化学絮凝工艺的处理效果明显优于化学混凝-电解氧化工艺。电解氧化-化学絮凝对 COD 去除率(71%)是后者的 1.3 倍,对正磷酸盐的去除率(56%)是后者的 3.7 倍。而 COD 和正磷酸盐又是后续生化处理的一个重要影响因素,COD 和正磷酸盐的去除将大大减轻后续生化处理的难度与压力。

(3) 电解氧化之后再化学絮凝,减少了化学絮凝沉淀产泥量,有利于污泥的处置。

综合考虑,电解氧化-化学絮凝预处理联用工艺比较适合处理此类有机化工废水,可以在实际应用中采用。

3.3.3　臭氧氧化法预处理染料废水

1. 实验设计

废水来自化工园区某染料废水,棕黑色,COD 浓度为 20 400mg/L,pH 为 5.47,色度为 62 500 倍,氨氮浓度为 531mg/L,硝态氮浓度为 354mg/L,亚硝态氮浓度为 4.0mg/L,正磷酸盐浓度为 5614mg/L。采用臭氧氧化法预处理染料废水,实验装置如图 3.23 所示。

2. 臭氧氧化法预处理染料废水

臭氧氧化的处理效果曲线如图 3.24 所示。从图 3.24 可以看出,臭氧氧化对

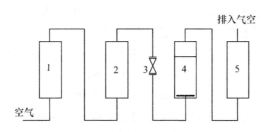

图 3.23　臭氧氧化预处理实验装置示意图
1. 气泵；2. 臭氧发生器；3. 流量计；4. 臭氧氧化反应器；5. 尾气吸收瓶

色度的去除效果极为明显。色度的去除率随臭氧消耗量的增加而明显提高,在臭氧消耗量为 57.4mg/L 时,色度的去除率为 60%;臭氧消耗量增加到 200.0mg/L 时,色度的去除率提高到 93.5%;当臭氧消耗量继续增加到 280.0mg/L 时,色度的去除率达到 98%,提高幅度很小。水样的臭氧氧化后 pH 变化不大,实验处于酸性环境中,与理论上的臭氧氧化适宜酸性环境相吻合。COD 去除率很低,甚至有负去除率出现,原因主要是水样中存在密封催化消解难以测出的难降解物质,在氧化中释放为可以检测出的有机物,使 COD 浓度升高,去除率呈负值。臭氧氧化对 COD 的去除效果不明显。

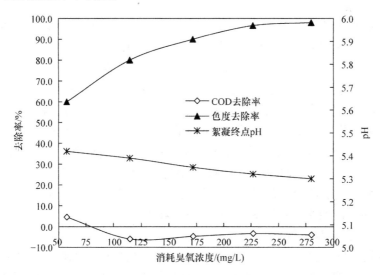

图 3.24　臭氧氧化效果曲线

3.3.4　水解法预处理染料废水

1. 实验设计

重点考察两种预处理方法(化学絮凝和臭氧氧化)对后继水解生化处理的影

响。废水来自化工园区某染料废水,其中活性染料废水占 4%、阳离子染料废水占 3.2%、还原性染料废水 I 占 48.4%、还原性染料废水 II 占 44.4%。该废水的主要特点:色度高,且成分复杂;强酸性,SO_4^{2-} 浓度高。废水为不透明墨绿色悬浮液,主要水质指标见表 3.5。实验所用污泥取自南京某污水处理厂曝气池。污泥为黄褐色絮状,污泥体积指数(sludge volume index,SVI)值为 100～150。生化处理过程中所用的好氧活性污泥均采用实验所用染料废水进行序批式驯化。水解酸化池污泥是在缺氧的条件下污泥用染料废水进行驯化所得。曝气池的污泥浓度控制在 3800mg/L 左右,MVLSS/MLSS 为 0.67～0.86。

表 3.5　废水水质指标

pH	COD /(mg/L)	TOC /(mg/L)	色度 /度	硝态氮 /(mg/L)	氨氮 /(mg/L)	正磷酸盐 /(mg/L)	硫酸盐 /(mg/L)
0.68	4 380	1 650	1 530	201.5	44.7	413	12 900

实验过程中设计两种处理工艺:①将染料废水经过 CaO 处理后的出水直接进入水解氧化;②将 CaO 处理后的水样经过臭氧处理,其出水再水解氧化。考察两种途径对色度和 COD 去除的影响。

1) CaO 絮凝沉淀

投加 CaO 的主要目的:①去除废水中的 SO_4^{2-},调节 pH;②去除废水的一部分色度和 COD。所以 CaO 投加量主要是根据絮凝出水的 pH 和色度而定。将 CaO 的投加量定在 2～20g/L,测定絮凝出水的水质,结果如图 3.25 所示。

结果表明,随着 CaO 投加量的增加,色度、COD、SO_4^{2-} 和正磷酸盐的去除率也随之提高,但达到一定投加量后,去除率变化缓慢。CaO 去除正磷酸盐的原理是 Ca^{2+} 与正磷酸盐发生反应生成不溶物沉降下来。在沉降过程中形成大量絮体,具有很强的吸附功能,可以去除废水中的悬浮物质。正磷酸盐被去除到一定浓度后,Ca^{2+} 开始与 SO_4^{2-} 发生反应生成 $CaSO_4$ 不溶物,从而 SO_4^{2-} 也得到了去除。

实验所得最佳 CaO 投加量为 16g/L,此时 pH 达到 5.99,色度、COD、SO_4^{2-} 和正磷酸盐去除率分别为 54%、35.6%、91.3% 和 100%。

2) CaO 絮凝-臭氧氧化

CaO 投加量根据前部分实验结果选为 16g/L,此时 pH 达到 5.99,然后进行臭氧氧化,通入的臭氧浓度为 0.48mg/min,臭氧氧化时间为 0～120min,每 30min 监测一次,结果如图 3.26 所示。

结果表明,臭氧氧化对染料废水的脱色有明显的效果。臭氧氧化时间为 30min 时,色度去除率为 80.0%;臭氧氧化时间为 60min 时,色度去除率为 85.7%。氧化时间超过 30min 时色度去除率变化较小,故选最佳氧化时间为 30min,即臭氧通入量为 29mg/L,色度去除率可以达到 80.0%。

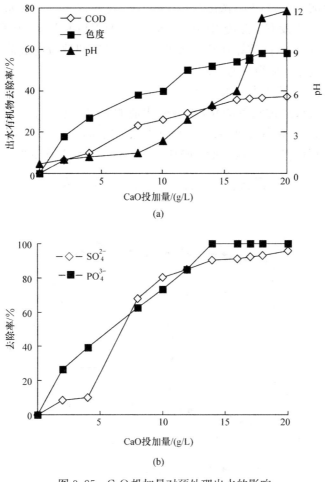

图 3.25　CaO 投加量对预处理出水的影响

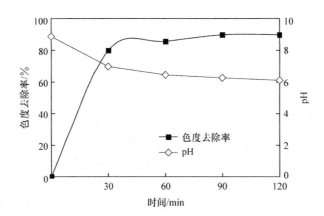

图 3.26　臭氧氧化时间对脱色效果的影响

臭氧氧化前废水的 COD 浓度为 3040mg/L,氧化 120min 后废水的 COD 浓度为 3010mg/L,基本没有去除废水中的 COD,主要原因是本实验所用臭氧发生器产生的臭氧浓度较低,只能破坏其发色基团,将复杂的有机物分解成简单的有机物,并不能将其直接分解成简单的无机物。

3) CaO 絮凝沉淀出水的水解氧化

絮凝沉淀出水经过水解酸化,水解酸化池的 COD 负荷为 0.16gCOD/(gMLVSS·d),TOC 去除率达到 57.0%,色度去除率达到 81.7%。再经过好氧处理,曝气池的 COD 负荷为 0.09gCOD/(gMLVSS·d)。出水水质如图 3.27 所示。

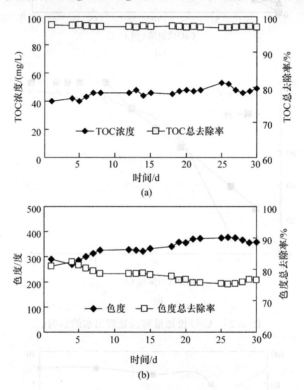

图 3.27　CaO 絮凝沉淀后生化处理出水水质

由图 3.27 可知,生化处理后出水 TOC 去除率能达到 97.1%,色度去除率能达到 76.8%。结果表明,在生化处理阶段,色度的去除主要由水解酸化阶段完成,好氧阶段不但不能去除色度,还会引起色度小幅度回升,这主要是已经被破坏的发色基团并不稳定,与氧气充分接触后,又重新合成,引起色度的回升。

4) CaO 絮凝沉淀—水解酸化—好氧

臭氧氧化出水的 TOC 浓度为 1160mg/L,色度为 141 度,pH 约为 5.7。将它进入水解酸化池和曝气池进行生化处理,出水水质如图 3.28 所示。

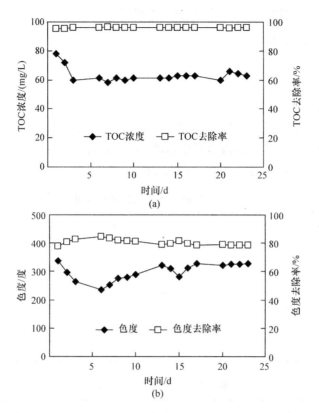

图 3.28　流程 2(CaO 絮凝沉淀—水解酸化—好氧)出水水质

由图 3.28 可知,流程 2(CaO 絮凝沉淀—水解酸化—好氧)出水 TOC 去除率达到 96%,色度去除率达 78.5%,其结果与流程 1(CaO 絮凝沉淀出水的水解氧化)相差不多。原因主要是经过臭氧氧化后生成的有机物更加不稳定,长时间接触空气或经过曝气后,其色度和 TOC 都有所回升,特别是色度回升的比较明显。将臭氧氧化后的废水放置一星期后,同样能明显看到其色度有所提高。

综合考虑处理效果和经济因素,采用 CaO 絮凝沉淀—水解酸化—好氧处理强酸性混合染料废水比较合适,TOC 和色度去除率能分别达到 97.1% 和 76.8%。预处理采用臭氧氧化时,在臭氧浓度较低的条件下,就可以对染料废水的色度有较高的去除率,但对 COD 影响较小。生化处理阶段色度的去除主要由水解酸化阶段完成,好氧阶段因为要进行曝气,会引起色度的小幅度回升。

3.4　精细化工园区工业废水生物强化处理技术

以两种新型专利反应器高效生物流动床、间歇式曝气生物颗粒床(HUSB)为研究对象,重点研究影响废水运行效能的工程因素。

3.4.1 高效生物流动床

1. 实验设计

1) 废水水质

废水源自张家港扬子江国际精细化工园区某化工废水,水质情况见表 3.6。COD 浓度为 10.2~361g/L,混合后废水的 BOD_5 浓度仅为 1600mg/L。表 3.7 为混合化工废水水质,pH 为 10.4、磷酸盐浓度为 0.24mg/L、碱度为 778mg/L。

表 3.6 实验用点源化工废水水质

废水种类	COD/(mg/L)	BOD_5/(mg/L)	总磷/(mg/L)	总氮/(mg/L)	总溶解固体/(mg/L)
铜盐废水	23 930	—	9.5	25.99	55.53
酯化母液	361 200	171 600	0.5	239.8	158.2
酯化废水	56 889	26 240	0.3	48.85	25.65
拆分母液	176 085	111 000	0.01	227.5	60.66
拆分洗涤水	23 478	8 960	0.55	19.67	6.24
氟洛芬	10 204	1 860	0.23	11.46	12.65

表 3.7 混合化工废水水质

COD /(mg/L)	氨氮 /(mg/L)	pH	碱度 /(mg/L)	SS /(mg/L)	正磷酸盐 /(mg/L)	外观
53 300	164.8	10.4	778	288	0.24	透明澄清

2) 接种污泥

接种污泥源自南京市化工园区污水处理厂。污泥为黄褐色絮状,SVI 值为 100~150。生化处理过程中所用的好氧活性污泥均采用实验所用染料废水进行驯化。曝气池的污泥浓度控制在 3800mg/L 左右,MVLSS/MLSS 值为 0.67~0.86。

3) 反应器系统

采用高效生物流化床反应器,有机玻璃制成,有效容积 2.5L。填料采用高密度聚乙烯改良型拉西环,该填料孔隙率大、强度高、易于挂膜,在实验反应器中分两层装填,底层装填较大规格的填料,顶层装填较小规格的填料,具体参数见表 3.8。

表 3.8 填料参数

高度/mm	直径/mm	表面棱高/mm	密度/(kg/m³)	比表面积/(m²/m³)	填充体积/L
10	12	2	0.97	400	5

2. 反应器挂膜及启动

反应器挂膜过程中测定反应器进、出水 COD 浓度并计算去除率,如图 3.29 所示。由图 3.29 可以看出,第 3d 时反应器内原水比例为 20%,进水 COD 浓度为 246mg/L,COD 去除率为 48%;观察到前者反应器内营养液变得浑浊,表明有大量悬浮态微生物与固定于填料上的微生物竞争营养,于是降低了反应器内营养物浓

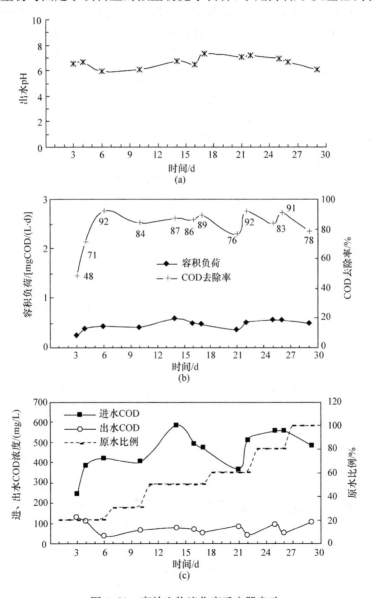

图 3.29　高效生物流化床反应器启动

度。第 6d 时 COD 去除率明显升高到 92%,出水 COD 浓度为 35mg/L,此时反应器中明显见到斑点状黄色生物膜形成。第 7d 开始增加进水中原水比例到 30%,进水 COD 浓度升高到 405mg/L,COD 去除率稳定在 84%~87%,出水 COD 浓度为 45mg/L。第 9d 时,填料表面可见到已形成均匀的生物膜,膜呈土黄色,COD 去除率保持稳定,此时反应器结束挂膜。第 10d,增加原水比例到 50%,COD 去除率稳定在 84%。第 14d,容积负荷从初始的 0.2kgCOD/(m³·d)已经逐渐升高到 0.5kgCOD/(m³·d),COD 去除率为 87%。第 27d,反应器进水中原水配比增加到 100%,进水 COD 浓度为 557mg/L,COD 去除率为 87%,但随着反应器运行时间的推进,由于未在配水中添加磷等营养物质,第 29d 时,COD 去除率下降至 78%。在反应器挂膜和启动过程中,pH 基本维持在 6.0~7.5。生物膜的生长过程一般认为由微生物向载体表面的运送(接种)、可逆附着、不可逆附着、固定微生物的增长这几个过程组成。对于实验设计的挂膜方法在接种后的生物膜培养过程中,在培养开始时可逆附着和不可逆附着同时发生,虽然悬浮相与固定相之间的浓度梯度有利于可逆附着的发生,但是当不可逆附着已经发生时(填料表面观察到斑点状生物膜),大量悬浮于液相中的微生物与固定于填料上的不可逆附着微生物竞争营养,不利于生物膜的生长,事实上适时排出反应器内悬浮态微生物对生物膜的迅速生长至关重要。

3. 反应器运行

反应器启动结束后进行了 50d 提高负荷的运行,运行结果如图 3.30 所示。进水 COD 浓度由初始浓度 517mg/L 升高到 1123mg/L,负荷由 0.6kgCOD/(m³·d)升高到 1.2kgCOD/(m³·d)。运行到第 50d 时,COD 去除率基本稳定在 90%~95%。

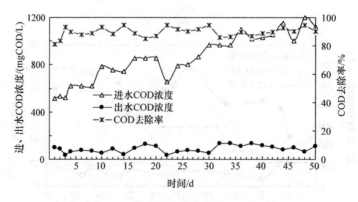

图 3.30　高效生物流化床反应器运行

由于生物膜上的微生物没有受到强烈的曝气搅拌冲击,生物膜为微生物的繁衍、增殖创造了良好的条件。其污泥浓度为普通活性污泥法的污泥浓度的 5~8 倍,曝气池污泥质量浓度可高达 30g/L。又由于在生物膜处理法中生物固体平均停留时间与水力停留时间无关,在填料上可以形成从细菌至原生动物再至后生动物的食物链,生物的食物链长,能存活世代周期较长的微生物,因而处理水量大,处理效果显著。

3.4.2　间歇式曝气生物颗粒床

1. 实验设计

实验设计参照 3.4.1 节。

2. 反应器启动

污泥在驯化完成后,初始采用 20％化工废水的配水进入反应器,同时测定反应器进、出水 COD 浓度并计算去除率,如图 3.31 所示。由图 3.31 可以看出,第

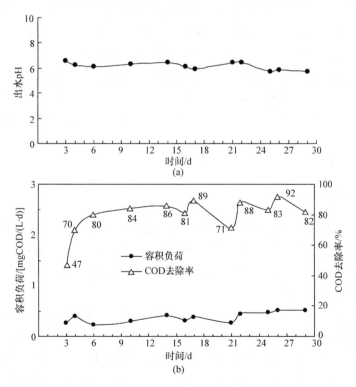

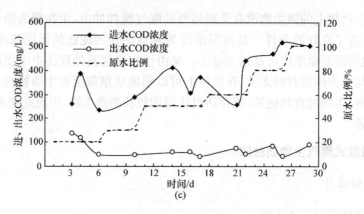

图 3.31　间歇式曝气生物颗粒床启动情况

3d 时,进水 COD 浓度为 261mg/L,COD 去除率为 47%。第 6d 时 COD 去除率明显升高到 80%,出水 COD 浓度为 47mg/L。第 7d 开始增加进水中原水比例到 30%,进水 COD 浓度升高到 260mg/L,COD 去除率稳定在 80%～84%,出水 COD 浓度为 57mg/L。第 9d 时,投加已经挂膜的颗粒填料,填料表面可见到均匀的生物膜。第 10d,增加原水比例到 50%,COD 去除率稳定在 84%。第 14d,容积负荷从初始的 0.2kgCOD/(m³·d)已经逐渐升高到 0.5kgCOD/(m³·d),COD 去除率为 86%。第 27d,反应器进水中原水配比增加到 100%,进水 COD 浓度为 516mg/L,COD 去除率为 90%,但随着反应器运行时间的推进,由于未在配水中添加磷等营养物质,第 26d 时,COD 去除率开始下降;第 39d,反应器 COD 去除率恢复到 82%。在反应器启动过程中,pH 基本维持在 5.7～6.4,比生物流化床反应器中的 pH 略低。

3. 反应器运行

反应器启动结束后进行了 50d 提高负荷的运行,运行结果如图 3.32 所示。进水 COD 浓度由初始浓度 502mg/L 升高到 1103mg/L,负荷由 0.6kgCOD/(m³·d)升高到 1.2kgCOD/(m³·d)。运行到第 50d 时,COD 去除率基本稳定在 89%～93%,比生物流化床略低。

HUSB 系统是一种封闭系统,反应器中基质和微生物浓度是随时间变化的,在废水和生物污泥接触混合及曝气反应过程中,废水中基质的去除应由反应时间来决定,因此 HUSB 对于时间来说类似于理想的推流式反应器,而在反应过程中任一时刻其基质处于完全混合状态,故也兼有完全混合式反应器的特点。

根据活性污泥动力学理论,生物反应速率与基质浓度成正比,在理想的推流装置中,不存在返混作用,因此该工艺单位容积处理效率高、反应速率快、底物去除率

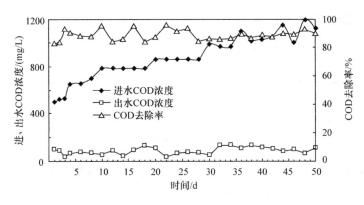

图 3.32　间歇式曝气生物颗粒床运行情况

高。而完全混合式曝气池耐冲击负荷且处理有毒或高浓度有机废水的能力强。间歇式进水和排水有调节缓和冲击负荷的作用,使 HUSB 系统运行稳定。

　　HUSB 由于运行的序列性而能为共代谢提供条件,保证废水得以有效处理。HUSB 有机物去除率主要与该系统中生长率高、适应性强的微生物生长有关,在 HUSB 系统运行周期内微生物生存环境变化剧烈,包括氧利用范围从厌氧经缺氧到高溶解氧状态,基质利用从饥饿到充足,有利于需要的微生物优先生长(刘通等,2011)。

3.5　精细化工园区工业废水尾水处理技术

　　由于土地渗滤系统设备简单,操作管理方便,能耗低,费用低,而且净化效果良好,目前,作为一种运行费用低廉的低负荷污水处理技术正在受到越来越多国家的重视并得到快速的推广。例如,在美国现在共有 1000 多个土地处理场在正常运行。在以色列,几乎所有经二级或一级处理后的污水都进入土地处理系统,经一定距离后去除再用。这种水除做饮用水水源要进一步处理外,可广泛用于各种工农业用水。澳大利亚维多利亚州大力倡导污水的资源化,它们把具有 90 多年历史的 Weribe 牧场污水土地处理系统建设成一个超大型的污水复合处理系统,被公认为是一个成功的典型。

　　目前我国在许多地区都在积极推行土地快速渗滤系统,作为城市污水和受污染河流的最佳处理技术选择之一。本章采用的土地渗滤处理系统是一种污水快速渗滤处理的改良型,采用渗透性能较好的天然砂等代替天然土层营建污水处理系统,改变土壤的组成和土壤本身的环境条件,从而强化土壤的净化功能。

3.5.1 工艺流程及尾水水质

1. 工艺流程如图 3.33 所示。

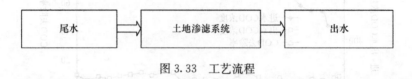

| 尾水 | → | 土地渗滤系统 | → | 出水 |

图 3.33　工艺流程

工艺采用 3 个面积大小一致的土地渗滤池,尺寸分别为长 10m、宽 1m、深 1.5m,采用单独的布水系统和集水系统,独立和交替运行。

2. 尾水水质

尾水源自张家港扬子江化工园区经过强化预处理后的排放废水,进水 COD 浓度一般在 100mg/L 左右,初期实验经过一定程度的稀释作用。

3.5.2 土地渗滤系统处理化工园区工业尾水

从图 3.34 中可以看出,滤床对污水 COD 的去除是生物与非生物共同作用的结果。在布水期,非生物作用对 COD 的总去除率平均值为 55.1%。这些非生物作用包括过滤作用、物理和物理化学吸附作用,以及土壤化学氧化和挥发作用等。其中因 SS 截留去除的 COD 平均值为 48.9%,并且污水的浊度越大,因 SS 截留去除的 COD 也越高。而生物降解作用可除去 34% 的污水 COD,占 COD 总去除的42.3%。其中土壤微生物的作用优于污水微生物的作用。在落干期,被截留在表层土壤的有机物,有 85% 以上在落干过程中被氧化分解,有 10% 左右的有机物是通过非生物作用如光分解等去除的。在落干期,土壤微生物对有机质的分解远比

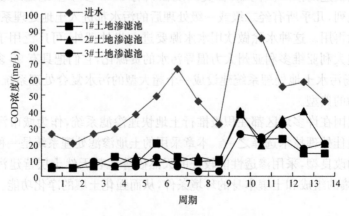

图 3.34　进水和出水的 COD 浓度曲线

污水微生物作用强。在整个运行周期中好氧菌和厌氧菌都参与了有机物的代谢，但厌氧菌数量远不及好氧菌多，因此认为人工土快滤系统是以好氧生物为主导的生物降解过程(徐华亭等,2011)。

3.6　工程运行及经济技术分析

3.6.1　张家港保税区废水处理系统的运行结果

2005 年 12 月开始进行对系统的改造与升级技术的实施工作，工程管道及具体内容改造完成后，在保证出水达标的前提下逐渐提高进水负荷，具体运行结果如图 3.35 所示。

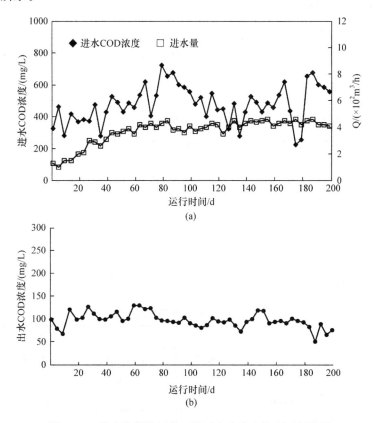

图 3.35　张家港保税区化工园区废水集中处理运行结果

图 3.35 为张家港保税区化工园区废水处理厂复合厌氧颗粒床生活污水处理的启动和运行图。由图可见，系统运行初期(<7d)，控制进水量为 165~180m³/h，出水 COD 浓度由 127mg/L 降低到 100mg/L 以下。此后，随着运行时间增加(>7d)，调整系统的进水负荷，具体控制措施为：当 COD 去除率大于 85%，且呈不断

上升的趋势时,开始提高负荷;负荷提高后,稳定运行 2～3d 再测定 COD 去除率,负荷提高幅度一般为 15%～20%。在此期间反应器出水 COD 去除率一直稳定维持在 85%以上。当反应器运行至第 16d,进水量达到 240m³/h 以上,其出水稳定在 100mg/L 以下。随后系统即进入稳定提高运行阶段,在此阶段到第 39d 系统达到了稳态,此时控制进水量在 260～325m³/h,出水 COD 浓度一直保持在 90mg/L以下,系统运行状态稳定。

　　2005 年 12 月 27 日、2006 年 2 月 10 日、2006 年 3 月 21 日,由张家港环保监测站对污水处理系统 3 次的现场随机取样监测,整体反应器的出水 COD 符合《污水综合排放标准》(GB 8978—1996)中的一级标准要求。

3.6.2　经济技术分析

　　目前张家港扬子江国际精细化工园区污水处理工程规模为 10 000m³/d,经过对 6 个多月的运行成本进行核算,其直接运行成本分析如下。

　　1. 基础数据

　　(1) 动力费:基本电价 0.8 元/度,功率因数 0.85。

　　(2) 药剂费:PAC(固体)1100 元/t,投加量 300mg/L,高分子絮凝剂(干粉)53 000元/t。

　　(3) 工资福利费:定员 20 人,工资福利费用 28 000 元/(人・年)。

　　(4) 大修理费:费率 2.2%。

　　(5) 日常检修维护费:费率 1.0%。

　　2. 成本费用计算表

　　成本费用估算见表 3.9。

表 3.9　成本费用估算

序号	费用名称		单位	单价	年用量	金额
1	动力费		万元/年	0.8 元/(kW・h)	364.94 万 kW・h	291.95
2	药剂费	PAC	万元/年	1 100 元/t	1 350t	148.50
		PAM	万元/年	53 000 元/t	4.20t	22.26
3	工资及福利费		万元/年	28 000 元/(人・年)	20 人	56.00
4	其他费用		万元/年	—	—	13.00
5	大修理费		万元/年	—	—	57.14
6	日常检修维护费		万元/年	—	—	26.88

续表

序号	费用名称	单位	单价	年用量	金额
7	成本费用小计(1~6)	万元/年	—	—	615.73
8	其中:经营成本(1~4)	万元/年	—	—	518.68
9	年处理水量	万 t	—	—	230~250
10	单位处理成本	元/t	—	—	2.65
11	其中:单位经营成本	元/t	—	—	2.23

注:装机容量920.34kW,运行容量602.74kW(其中19.3kW为16 h运行);年工作日以300d计。

参 考 文 献

李长海.1999.导流电凝聚法脱除印染废水色度的研究.化工环保,19(5):264-268.

李霞,王晓东,赵新华,等.2006.基于贝叶斯理论的城市供水管网泄露在线检测与定位.给水排水,32(12):96-99.

刘通,张旭,李广贺,等.2011.HUSB反应器提高以印染废水为主的城镇废水可生化性的研究.环境工程学报,5(8):1707-1712.

徐华亭,刘慧,张银新,等.2011.土地渗滤系统对造纸废水深度处理的研究.辽宁化工,40(5):464-465.

岳平,宋爽.2000.电絮凝法处理毛纺染色废水.环境保护,(8):19-20.

Dilks D W,Canale R P,Meier P G.1992.Development of Bayesian Monte-Carlo techniques for water-quality model uncertainty.Ecological Modelling,62(53):149-162.

Shing H L.1994.Treatment of textile wastewater by electro-chemical method.Water Research,28(2):277-282.

第 4 章 印染工业园区废水综合治理成套技术
与应用工程示范

本章以祝塘工业园区一期污水厂为研究对象,采用高效内回流厌氧反应预处理、缺氧-好氧生物强化处理、混凝沉淀深度处理,对祝塘工业园区内印染废水集中处理工程的生产性实验,并进行了技术经济分析,出水符合《污水综合排放标准》(GB 8978—1996)中的一级标准要求。

4.1 项目背景和方案选择

4.1.1 项目背景

江阴地处长江三角洲对外经济开放区的几何中心,北枕长江,南临太湖,是长江下游新兴的滨江港口城市和交通枢纽城市。祝塘镇位于江阴市东南部,是江阴"四大古镇"之一,以及江苏省综合实力百强乡镇,外向型经济蜚声海内外,被誉为"江南外贸第一镇"。祝塘工业园区(B区)目前有 60 多家企业,主要是纺织印染企业,在其生产过程中产生大量工业废水和生活污水,主要为染色污水,其中所含污染物主要为表面活性剂、聚乙烯醇(PVA)、淀粉浆料、染料等,这些废水如不处理达标后排放,将直接影响青祝运河的水质,最终影响太湖的水环境质量。

本章以祝塘工业园区一期污水处理厂为研究对象,废水主要来源于祝塘工业园区内印染企业的工业废水和生活污水,设计规模为 $1.5 \times 10^4 \, \text{m}^3/\text{d}$。处理后出水排放标准执行《污水综合排放标准》(GB 8978—1996)一级标准。

4.1.2 水质情况

祝塘工业园区一期污水处理厂主要接纳园区的纺织印染废水,主要污染物种类可以分为以下几种。

(1)纤维材料。其为生产过程中产生的纤维屑和布片,其种类和产生的数量由加工的坯布种类及质量决定。

(2)染料和涂料。染料来自于染色和活性印花生产,涂料来源于印花工艺,这些物质是引起废水发色的主要物质,废水的颜色由这些物质的种类、含量决定,由于生产随客户要求变化很快,所以废水中染料和涂料种类的变化也很快,使废水颜色变化迅速。

(3)表面活性剂。印花和染色工艺中,为起减磨、洗涤、乳化、分散、渗透、润湿、起泡、消泡、匀染、柔软和抗静电作用等使用大量的表面活性物质,常用的有阴离子型、阳离子型、非离子型和两性型表面活性剂。

(4) 无机化学物质。废水中无机化学物质较多,有 NaOH、Na_2S、NaCl、Na_2CO_3、K_2CrO_4、H_2O_2、防染盐 S、保险粉、磷酸盐等,NaOH 来自于退浆、煮练、漂白、丝光和染色车间,Na_2S、保险粉、K_2CrO_4 来自于染色车间使用硫化染料时产生,NaCl、$NaCO_3$、防染盐 S 是染色生产中必须使用的化学药剂,H_2O_2 是煮漂车间大量使用的原料,但在其排入废水之前,绝大部分已经分解。

(5) 浆料。主要有淀粉、羧甲基纤维素(CMC)和 PVA,它们来自于两个方面:一方面,在坯布织造过程中,为减少纱线起毛、减少断头、便于纺织,必须把经纱上浆,但在织物染色或印花之前必须将它去掉,即退浆工艺;另一方面,在织物染色和印花结束后进行整理时,又必须用浆料作为硬挺剂。淀粉和 CMC 是生产中主要使用的浆料,PVA 用量随坯布的种类而变化。

现将几种染料、表面活性剂和助剂简介如下。

分散染料。是一种水溶性能很低、疏水性能较好的非离子性染料,在水中呈分散微粒状态,包括偶氮型、蒽醌型及其他类型,如分散红 SD:

硫化染料。不溶于水,多以胶体状存在,染色时要用 Na_2S 还原成水溶性隐色体,如硫化黑含:

不溶性偶氮染料。不溶于水,其特点是发色基团在于—N=N—。

活性染料。其特点是水溶性能非常好,并且具有复杂结构,生物降解困难。由于活性染料色泽鲜艳、色谱齐全、价格低廉,这也使印染废水处理难度不断加大。

一些常用的助剂主要是表面活性剂和浆料。

使用表面活性剂是为了提高织物的渗透性能,改善染料与织物的结合性能。生产使用的表面活性剂包括阴荷性表面活性剂、阳荷性表面活性剂和非离子表面活性剂。

阴荷性表面活性剂。肥皂、太古油、拉开粉等。

阳荷性表面活性剂。固色剂 Y、1227 表面活性剂、1631 表面活性剂等,这些物质有些具有强烈的杀菌能力,因为它们具有很强的吸附性能,可以紧紧地吸附在细菌表面,阻碍细菌生长。

非离子表面活性剂。平平加 O、匀染剂，以及渗透剂 JFC、940 等，它们含有羟基、醚键。

其中渗透剂 940 和渗透剂 JFC(为环氧乙烷和高级脂肪醇的聚合物)，耐强酸、强碱、次氯酸盐、强氧化剂等。生产中的煮漂车间将其与 H_2O_2、NaOH 混用，大部分留在水中。

生产中常用的助剂有印花车间的黏合剂，常用的黏合剂有甲基丙烯酸甲酯、丙烯酸丁酯和丙烯酰胺共聚物

$$-\left(-\overset{\displaystyle |}{\underset{\displaystyle |}{CH}}-\right)_m-\left(-\overset{\displaystyle |}{\underset{\displaystyle |}{CH}}-\right)_n-\left(-\overset{\displaystyle |}{\underset{\displaystyle |}{CH}}-\right)_x-$$

$$\begin{matrix} CH_2 & CHCH_3 & CH_2 \\ | & | & | \\ COOC_4H_9 & COOCH_3 & CONH_2 \end{matrix}$$

和六羟甲基三聚氰胺树脂(HMM)

生产常用助剂还有上浆整理车间的 CMC、PVA。CMC 是一种纤维素类衍生物，为线型结构高分子，聚合度 n 大于 200，其结构式可表示为$[C_6H_7O_2(OH)_2O \cdot CH_2COONa]_n$：

易溶于水，有良好的分散力和结合力，可作为油/水型和水/油型乳化剂，是一种强力乳化剂，将其制成薄膜在紫外线照射下可稳定 100h 无变色、变脆情况，非常稳定，$BOD_5/COD < 0.06$。

PVA 为高分子聚合物，其生化性能极差，不能被淀粉酶水解，$BOD_5/COD < 0.01$，其结构式如下：

$$\cdots CH_2-\underset{\underset{OH}{|}}{CH}-CH_2-\underset{\underset{OH}{|}}{CH}-CH_2-\underset{\underset{OH}{|}}{CH}\cdots$$

表 4.1 是祝塘工业园区一期污水处理厂进水综合水质情况。

表 4.1　祝塘工业园区污水处理厂进水水质

水质指标	pH	COD /(mg/L)	BOD$_5$ /(mg/L)	色度 /倍	SS /(mg/L)
浓度	9～11	900～2000	250～600	400～500	200～400

由表 4.1 可见,该废水水质具有以下特点。

(1) 水质波动较大,COD 浓度和色度均较高,废水中溶解性有机物含量较高。

(2) 废水中残留的具有生物毒性的物质较多,再加上总含盐量较高,导致其生物降解性能较差,其 BOD/COD 值仅为 0.2～0.3,严重影响废水生物处理的有效性,可见该实验废水生物降解性能有较大的提升空间。

(3) 由于印染工艺方面的原因,废水 pH 较高,且随时间变化较大,对后续生物处理产生较大影响。

4.1.3　工艺特征和原理

祝塘工业园区一期污水处理厂采用多重循环协同强化(multi-recycle-coeffec-tive-technology,MRCT)工艺,如图 4.1 所示。该工艺的主要特征为:集提高厌氧预处理效果的内循环 UASB 反应器、好氧二沉池的多级回流、关键营养因子物质的内部多重循环利用于一体。

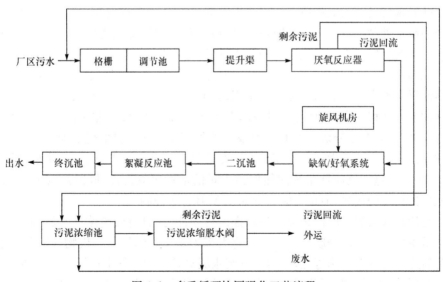

图 4.1　多重循环协同强化工艺流程

1. 内回流 UASB 厌氧反应器

印染过程各工序排出的废水组成印染废水。纺织印染废水水量大、色度高、成分复杂。染色加工过程中 10％～20％的染料进入废水中,是印染废水 COD、色度等的主要来源,此外,废水中还含有浆料、印染助剂、油剂、酸碱、纤维杂质及无机盐等。虽然印染废水 COD 中可生物降解部分所占的比例较高,但并不意味着通过常规的生物处理就能达到排放标准。这是因为印染废水所含的可生物降解 COD 中大部分是慢速生物降解 COD 和难降解 COD,BOD/COD 值低,一般为 0.1～0.35,可生化性差。同时,由于园区内企业生产周期不同,以及染料、油剂、颜料、化学助剂、浆料的种类和含量多变,使废水瞬间变化幅度较大,采用生物处理系统为主的处理工艺会由于水质及环境条件大幅度变化导致系统出现不稳定性现象。常规的污水生物处理组合工艺不能适应这种高度变化的环境条件,难以完成驯化和适应过程,微生物生态系统难以达到动态的生态平衡,处理效果不稳定。

厌氧-好氧联合技术是近年来发展起来的处理难降解有机工业废水十分有效的工艺。难降解有机物经过厌氧水解酸化预处理后可以改变化学结构,使生物降解性能提高,为后续的好氧生物降解创造良好的条件。近年来有关厌氧微生物代谢的研究表明,厌氧微生物具有某些脱毒和利用难降解有机物的性能,而且还可以进行某些在好氧条件下较难发生的生物化学反应,如芳香烃及杂环化合物的开环裂解等,而杂环化合物和多环芳烃化合物在好氧条件下环的裂解是其整个生化反应的限制步骤。已有很多研究证明厌氧-好氧工艺在处理难降解有机废水方面的有效性,通过利用厌氧微生物和好氧微生物之间的互补作用,达到去除难降解有机物的目的。

随着现代高速厌氧反应器的出现以及对厌氧技术原理的深入了解,厌氧技术已经为废水处理提供了重要手段,它以低成本和回收能源成为极具吸引力的处理技术。厌氧反应器中最具代表性的是 UASB,它在反应区内能形成沉降性能良好的颗粒污泥,而设计合理的气、液、固三相分离装置又能很好地截留这些颗粒污泥,从而使反应器内的厌氧污泥可以维持很高的浓度,处理能力非常大;同时,它利用产气的上升迁移来完成对污泥的搅拌,节省了搅拌装置,效率非常高。20 世纪 80 年代以来,人们在充分认识到 UASB 反应器处理工艺所独具的优点及所存在的不足的基础上,研制开发了一些新型高效厌氧反应器,如厌氧颗粒污泥膨胀床(EGSB)等。这类反应器系统内能保留大量的活性厌氧污泥,同时反应器进水与污泥保持良好的接触,但是反应器不如 UASB 易于控制。

现代高效厌氧反应器必须具备较强的传质能力、具有较高浓度和较强生物活性的微生物。由于印染废水中的有机物大都为难生物降解的有机物,甚至有机物分解后终产物具有生物毒性,使得印染废水厌氧处理的产气率较低,反应器内利用沼气的搅拌能力较弱,因此提高废水与活性污泥的传质接触成为限制厌氧微生物用于印染废水处理过程高效性的关键因素。内回流 UASB 反应器利用出水循环,解决 UASB 反应器在运行过程中出现的短流、死角和堵塞等问题,进一步增强厌氧微生物与废水的混合和接触,提高负荷及处理效率,扩大适用范围。反应器采用的是在三相分离器前的回流水方式,即出水回流位置在反应器三相分离器下面。该反应器主体部分可分为 3 个区域,即内循环反应区、缓冲稳定区,以及气、液、固三相分离区。内循环反应区采用射流混合方式,强化了泥水间的混合传质。与常规 UASB 相比,其主要特征就是增加并强调内循环区的作用;与普通 EGSB 反应器相比,就是将循环回水管提到三相分离器前,从而减轻三相分离器的压力。通过内循环将 3 个区联系成集混合、厌氧反应与气、液、固三相分离为一体的高效厌氧处理系统。

2. 好氧剩余污泥回流与染料物质的共代谢作用

生物共代谢作用是生物强化技术之一,在微生物共代谢去除污染物的研究中,大量研究集中于氯代芳香族化合物的共代谢氧化过程,国内外已就氯酚类化合物对微生物的驯化影响、第二基质存在时的诱导、氯苯类有机物对微生物的抑制、诱导酶系的特性、同类有机物的共代谢生物降解性能以及氯代芳香族化合物的共代谢氧化过程机制等进行了大量深入的研究。而在染料化合物降解脱色菌的筛选、驯化研究中都是以染料为单一碳源和能源物质进行,共代谢作用在染料脱色菌研究中还未引起足够的重视,大多数的研究只是定性地提到添加营养物可能提高染料化合物的生物脱色率。

在各种污水处理系统中都将产生大量的污泥,对剩余污泥的处理和处置也是污染治理中的重点和难点。污水处理厂的全部基建费用中,污泥处理和污水处理基本相当。污泥处理与处置的目的就是实现污泥的减量、稳定、无害化和综合利用。将好氧剩余污泥回流至厌氧系统中,污泥中的均衡营养类有机物质很容易被水解酸化为 VFA,利于脱色菌分解难生物降解的有机物质,同时较好地实现了污水、污泥的同步处理,由于水解污泥的产率较低,大大降低了系统的污泥产量,且外排水解酸化污泥已经相当稳定,经浓缩脱水后即可进行安全填埋处置,从而为目前好氧污泥处理的窘境带来了良好的前景。

3. 厌氧-好氧工艺的高效衔接技术

目前,无论物理化学处理技术还是厌氧、好氧及其集成技术,人们都局限于对其各自的最佳工艺条件的研究,没有考察研究物化处理尤其高级氧化处理产生的组分和结构对后续生化处理的影响,没有对多种污染物在高级氧化-生化处理过程中的交互作用、转化途径及其模型框架与处理效率间的关系进行定量研究。而只把这一过程作为黑箱处理,主要靠经验或半理论半经验来宏观设计、优化与集成。

新型生物处理技术应该深入研究这一过程中微观流动、传质、反应器性能对废水降解规律的影响,不仅要考察进出口处水质参数的去除率及规律,还要对构成这些参数的各个组分及结构、反应与代谢途径及其调控、多种污染物质在气-液-固多相体系中复杂流动、传质、反应特性及其结构变化、交互作用与协同效应等方面进行深入研究。

针对上述问题开发了 MRCT 工艺,并在江阴祝塘工业园区等污水处理厂得到应用,本实验研究即为该工艺在祝塘工业园区污水处理厂的生产性实验。

4.2　多重循环协同强化工艺

生产实验工程为江阴市祝塘工业园区一期污水处理厂,该厂采用 MRCT 工艺处理印染废水,主要构筑物包括调节池、厌氧池、缺氧池、好氧池、二沉池、折板絮凝池、物化沉淀池、污泥池等(表 4.2)。

表 4.2　MRCT 工艺的设计参数

序号	构筑物名称	设计参数
1	调节池	$L \times B \times H = 40m \times 21m \times 4.5m$,有效深度 $H = 3.0m$,HRT=2h(其中一期 HRT=4h)
		① 机械格栅:HF800,2 台,1 用 1 备。技术参数:栅宽 800mm,栅条间隙 10mm,过栅流速 0.6m/s,栅条倾角 $\alpha = 70°$,电机功率 1.1kW;
		② 提升泵:200WQ400-18-37,3 台,2 用 1 备。技术参数:$Q = 400m^3/h$,$H = 18m$,$N = 37kW$
2	厌氧池	$L \times B \times H = 35m \times 28m \times 11m$,分 2 池,单池尺寸 $L \times B \times H = 17.5m \times 28m \times 11m$,有效深度 $H = 10m$,HRT=16h,$v_{up} = 0.5m/h$,$N_V = 1.5 \sim 2.5kgCOD/(m^3 \cdot d)$
		三相分离器:8 套;布水器:8 套
3	缺氧池	$L \times B \times H = 47m \times 18m \times 5m$,有效深度 $H = 4.5m$,HRT=6h,容积负荷 $N_V = 2.0 \sim 3.0kgCOD/(m^3 \cdot d)$,设计气水比=5:1
4	好氧池	$L \times B \times H = 47m \times 30m \times 5m$,有效深度 $H = 4.5m$,HRT=10h,容积负荷 $N_V = 1.0 \sim 2.0kgCOD/(m^3 \cdot d)$,设计气水比=20:1
5	二沉池	$\varphi \times H = 30m \times 3m$,有效水深 $H = 2.5m$,停留时间 $t = 3h$,表面负荷 $q = 0.8m^3/(m^2 \cdot h)$
		周边传动刮泥机 2 台,周边线速度=1.61m/min,电机功率 $N = 0.37kW$
6	折板絮凝池	混合时间 $t = 2min$,折板絮凝池反应时间=20min,折板内流速分为 0.6m/s、0.5m/s、0.4m/s、0.3m/s、0.2m/s 5 级,搅拌机 2 台,电机功率 $N = 1.1kW$
		周边传动刮泥机 2 台,周边线速度=1.61m/min,电机功率 $N = 0.37kW$
7	物化沉淀池	$\varphi \times H = 30m \times 3m$,有效水深 $H = 2.5m$,停留时间 $t = 3h$,表面负荷 $q = 0.8m^3/(m^2 \cdot h)$
		周边传动刮泥机 2 台,周边线速度=1.61m/min,电机功率 $N = 0.37kW$

4.2.1　调节池

调节池对于系统稳定运行十分重要,调节池起调节水质、水量的作用。实验研究工程项目中调节池采用曝气调节池。

调节池为地下钢筋混凝土结构,祝塘工业园区一期污水处理厂的处理规模较大,排放废水企业多,且废水水质变化大,鉴于上述情况确定调节池的主要尺寸为 $40m \times 21m \times 4.5m$;有效深度 $3.0m$;$V_{有效} = 2500m^3$;有效停留时间 $4h$。

4.2.2　厌氧池

调节池内的废水由提升泵送入高效厌氧反应器。经过调节后的混合废水进入厌氧反应器中与下部污泥床层的厌氧污泥混合,依靠厌氧微生物的作用使染料物质脱色和有机污染物降解,改善废水可生化性,并去除部分难生物降解有机物。厌氧反应器上部设三相分离器,废水、沼气及污泥升流到三相分离器完成固、液、气分离,将沼气送出;污泥回流到下部污泥床层。

厌氧池采用半地上式钢筋混凝土结构,$V = 35m \times 28m \times 11m = 10780m^3$;分 2 池,单池尺寸为 $17.5m \times 28m \times 11m$;有效深度 $10m$;$V_{有效} = 10\,000m^3$;有效停留时间 $16h$;上升流速 $0.5m/h$;容积负荷 $1.5 \sim 2.5kgCOD/(m^3 \cdot d)$。

4.2.3　缺氧池

由于厌氧生物处理和好氧生物处理是两种不同的微生物代谢过程,设置缺氧反应区可以控制不同的动力学条件,选择培养出不同种类的微生物,使其分别发挥出最佳功能;最大限度地消除厌氧代谢产物对后续好氧微生物活性的影响,通过对缺氧系统的动力学控制达到优势集成的效果;全系统均采用高浓度污泥运行,池内生物保有量高,净化效果得到强化,将生化反应过程的各单元有机地集约组合。

缺氧池采用地上式钢筋混凝土结构,主要功能是对厌氧出水进行预曝气,并脱除水中的硫化物,采用穿孔管曝气。$V = 47m \times 18m \times 5m = 4230m^3$;有效深度 $4.5m$;$V_{有效} = 3750m^3$;有效停留时间 $6h$;容积负荷 $2.0 \sim 3.0kgCOD/(m^3 \cdot d)$;气水比 $5:1$。

4.2.4　好氧池

印染废水经过厌氧、缺氧预处理后,进入好氧生物反应池,好氧微生物将废水中的有机物分解为 CO_2 和 H_2O,同时合成自身生物体。好氧反应池采用微孔鼓风曝气方式。

好氧池采用地上式钢筋混凝土结构,主要功能是进一步去除污水中的大部分有机物,采用传统的活性污泥法。$V = 47m \times 30m \times 5m = 7050m^3$;有效深度 $4.5m$;

$V_{有效}=6250m^3$；有效停留时间 10h；容积负荷 $1.0\sim2.0kgCOD/(m^3 \cdot d)$；气水比 20：1。

4.2.5　二沉池

二沉池采用半地上式钢筋混凝土结构，对好氧池出水进行泥水分离，二沉池污泥进行污泥回流，回流比采用 50%。二沉池采用辐流式沉淀池，池内设周边传动刮泥机，沉淀池直径 $\phi30m$，有效水深 2.5m，停留时间 3h，表面负荷 $0.8m^3/(m^2 \cdot h)$。

4.2.6　折板絮凝池

为了满足出水的一级排放标准需要，二级出水进入混凝沉淀系统中需去掉悬浮物和部分有机物。

折板絮凝池为地上式钢筋混凝土结构，为使污水与药剂很好地混合絮凝，在絮凝池前设反应池，反应池采用机械搅拌混合，混合时间 $t=2min$，折板絮凝池反应时间 20min，折板内流速分为 0.6m/s、0.5m/s、0.4m/s、0.3m/s、0.2m/s 五级，$V=20m\times6m\times2.5m=300m^3$。

4.2.7　物化沉淀池

物化沉淀池为半地下式钢筋混凝土结构，采用辐流式沉淀池，池内设周边传动刮泥机。直径 $D=30m$，有效水深 2.5m，停留时间 3h，表面负荷 $0.8m^3/(m^2 \cdot h)$。

4.2.8　污泥池

系统产生的污泥送入污泥浓缩池，污泥经浓缩后进行机械脱水处理，脱水设备机械脱水，处理后污泥可焚烧或外运填埋。地下式钢筋混凝土结构，$15m\times10m\times4m=600m^3$。

4.3　集中处理的调节作用

印染废水中主要为有机污染物，处理手段多数为生物处理。对于生物处理而言，印染废水处理的难点主要为水质水量的不稳定、可生化性差、营养盐缺乏、有毒有害物质含量高等。对于单个印染企业来说，企业规模小，技术含量不高，废水处理难度大。表 4.3 为园区印染企业和污水处理厂的 COD 和流量的平均变化系数。

表 4.3　印染工业园区水质和流量的平均变化系数

COD_{max}/COD_{min}		Q_{max}/Q_{min}	
企业	污水处理厂	企业	污水处理厂
5.60	1.80	8.40	3.10

从表 4.3 可以看出,印染企业废水的水质和水量变化波动大,给废水的处理带来如下主要问题。

(1) 稳定性问题。影响工业废水处理的最大因素是生产的不稳定性:①产量的变化。产量的变化直接影响废水水量,这是工业废水水量变化较大的主要原因。②产品的变化。由于产品种类的变化,废水水质也将发生变化。由于分散工厂自身的调节能力有限,因此对废水处理系统造成不利影响。③采用集中处理的方式,不会因单独工厂产品和产量的变化而明显影响集中废水处理厂进水水质和水量,因此集中处理具有稳定水质水量的优点。

(2) 水量问题。集中处理不但可以稳定水质水量,而且可以消除分散处理时经常遇到的峰值问题,甚至可以适当降低处理规模、节约建设投资,分散处理的设计规模是根据最大处理量来确定的,而在实际运行过程中,废水处理量不总是保持最大量,可能会因下列情况而避免峰值的出现:①受市场的影响,所有的企业不可能同时处于生产高峰;②不同企业设备检修的时间不同;③许多产品具有明显的季节性。由此可见集中处理可缓冲处理峰值,使废水处理实施运行更加稳定有效。

(3) 水质改良问题。集中处理可以明显地改变废水的水质,特别是对一些自身生物处理有缺陷的废水。一般而言工业废水或多或少都有一定的缺陷,集中处理往往可以利用其互补的特性改善废水水质,并可进一步降低处理费用。水质改良的方面主要有:①COD 浓度。各类废水混合后可能会因为自凝作用降低废水中有机物的浓度。因为有机物特别是呈胶体、微胶体状态有机物的稳定性与介质(水)的各种参数有关,如酸碱度、电负性、温度、含盐量、表面活性剂浓度等。废水混合后改变了原来的介质特性,部分溶解性差的有机物在水中失稳发生自凝而沉淀。另外,各类氧化还原反应、复分解反应、络合反应、阴阳离子反应均可能造成有机物的自然削减。②营养盐。工业废水可能缺少某种营养盐(主要指氮、磷),在处理时需要添加,废水集中处理可以使营养盐相互补充。③有毒有害物质。印染废水中经常含有一些对生物有抑制作用的物质,分散处理时矛盾会更加突出。由于生物处理对有毒有害物质的反应与后者的浓度有关,因此集中处理可使废水相互稀释、弱化或消除该类物质对生物处理的影响。④pH。废水集中处理后有可能大幅度降低用于酸碱调节的费用,最好的情况是酸碱废水相互中和,但至少含有稀释的作用。例如,加工涤纶和真丝产品的印染废水呈微酸性,加工纯棉产品的印染废水呈碱性,废水混合后呈微碱性,减少废水投加酸碱的用量。另外,对于一些生产经常处于停顿状态的废水而言,集中处理提供了一个非常好的解决办法。此外,由于缓冲容量大,集中处理还可解决分散的(中小型)工业废水生化处理装置经常遇到的因水温过高而难以生物处理的困难。

园区内印染废水集中处理可稳定水质、水量,可改善废水的水质,使复杂的问题简单化,有利于废水的净化以及处理装置正常、高效的运转。废水集中处理可选择的工艺流程范围更广,因此应选用技术经济指标更好的成熟技术,制定细致可靠的预处理原则,以保证处理设施的正常运行。

4.4　厌氧反应器的处理性能研究

4.4.1　厌氧反应器处理废水性能的研究

1. 厌氧反应器对 COD 和 BOD 去除的效果

祝塘污水处理厂日处理污水量达到 16 000m³,自 2005 年 1～12 月,对厌氧反应器进行生产性实验,考察厌氧反应器处理有机物的能力,见表 4.4。印染废水的月平均 COD 在 1400～1600mg/L,原水的 BOD/COD 值为 0.26～0.29,可生化性一般。从图 4.2、图 4.3 可以看出,厌氧反应器对 COD 的去除率为 40% 左右,BOD_5 的去除率在 20% 左右。厌氧工艺的重点在于污染物质化学结构和性质上的改变,将难生物降解大分子物质转变为小分子的 VFA,改善废水的生物降解性能,以利于后续好氧生物处理,而不在于其量的去除,且 COD 的去除主要依靠污泥层的截留作用和大颗粒有机物质的沉淀作用而完成的,去除的主要是悬浮性 COD 和污泥吸附的胶体性 COD。首先,水解酸化污泥床实现进水中有机颗粒物质和胶体物质的迅速截留、网捕和吸附,这是一个物化反应过程,可在几秒或几十秒内实现,继而被截留在厌氧反应器内的有机物质被水解酸化为 VFA 而释放到系统中,在较大的水力负荷条件下,随水流出。

表 4.4　2005 年 1～12 月厌氧反应器处理效果

月份	进水水质			出水水质		
	COD /(mg/L)	BOD /(mg/L)	pH	COD /(mg/L)	BOD /(mg/L)	pH
1	1451	377	9.75	857	312	8.05
2	1422	365	9.29	833	300	7.95
3	1582	413	9.65	897	331	7.60
4	1459	377	9.26	824	322	7.85
5	1366	356	9.16	764	303	7.67

月份	进水水质			出水水质		
	COD /(mg/L)	BOD /(mg/L)	pH	COD /(mg/L)	BOD /(mg/L)	pH
6	1527	397	9.58	790	309	7.98
7	1566	422	9.80	963	363	7.92
8	1493	416	9.50	875	343	7.38
9	1573	436	9.45	854	362	7.84
10	1628	458	9.57	925	371	7.74
11	1553	446	9.56	917	349	7.55
12	1544	434	9.04	952	364	7.56

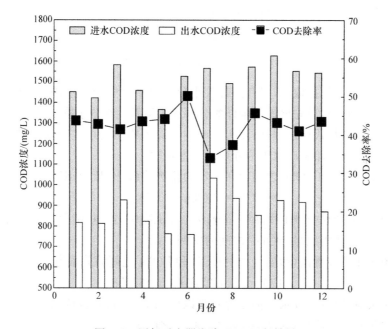

图 4.2　厌氧反应器去除 COD 运行效果

2. 厌氧反应器改善废水生物降解性能情况

废水中可生物降解物质是生物处理的物质基础，是决定系统运行效果及处理水质好坏的关键。一般认为，当废水的 $BOD_5/COD < 0.3$ 时，不宜采用生物法进行处理，而废水的生物降解性能的好坏又直接影响废水生物处理的有效性。众所周

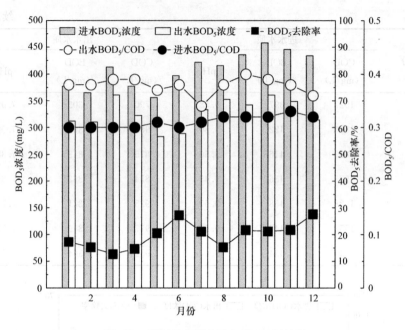

图 4.3　厌氧反应器去除 BOD_5 运行效果

知,微生物对有机物摄取时,只有溶解性小分子物质才可以直接进入细胞体内;而不溶性大分子物质,首先要通过胞外酶分解成为溶解性小分子物质,然后才得以进入微生物体内进行代谢过程,因而实现难生物降解物质向可生物降解物质的转化就成为难生物降解印染废水生物处理的关键步骤。

废水中 COD 和 BOD_5 之间存在一定的比例关系,根据 McKinny 理论:

$$COD = b BOD_5 + COD_{NB} \tag{4.1}$$

式中,COD_{NB} 为废水中难生物降解部分;b 为有机物中可生物降解部分的化学需氧量(COD_B)与生化需氧量(BOD_5)之间的比例关系。

从图 4.4 可以看出,印染废水中 COD 和 BOD_5 之间的关系为

$$COD = 2.0905 BOD_5 + 660.58 \tag{4.2}$$

经过厌氧处理后,废水中仍然含有难以生物降解的物质,从图 4.4 可以看出,印染废水厌氧处理后废水中的 COD 和 BOD_5 之间关系为

$$COD = 2.31 BOD_5 + 112.92 \tag{4.3}$$

图 4.5 所示为印染废水在经过厌氧反应器处理后,废水可生物降解性能变化的情况。从图中可以看出,印染废水的生化性并不好,BOD_5/COD 值仅在 0.26 左右,通过厌氧处理后出水的 BOD_5/COD 值上升至 0.38 左右,废水的 BOD_5/COD 值大大提高,从而说明厌氧反应器改善了废水的可生化性,废水中难降解有机物经过厌氧预处理后改变了化学结构,使生物降解性能提高,为后续的好氧生物降解创

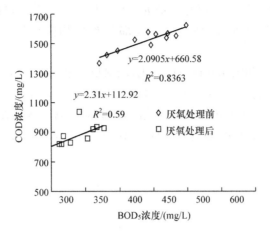

图 4.4　印染废水 COD 与 BOD$_5$ 之间的关系

造了良好的条件。从中可以看出,厌氧微生物具有脱毒和利用难降解有机物的性能,而且还可以进行某些在好氧条件下较难发生的化学反应。这主要是因为在好氧条件下,由于好氧微生物的开环酶体系脆弱和不发达,环的断裂成为环状化合物生化反应的限制步骤,而厌氧微生物对环的裂解具有不同于好氧菌的代谢过程,其裂解可分为还原性裂解(加氢还原使环裂解)和非还原性裂解(通过加水而羟基化,引入羟基打开双键使之裂解),而且厌氧微生物体内具有易于诱导、较为多样化的键全开环酶体系,这就为多环和杂环类的有机物厌氧降解提供了客观保证,使它们易于开环裂解,顺利通过生物化学反应的限速步骤而得到有效降解。

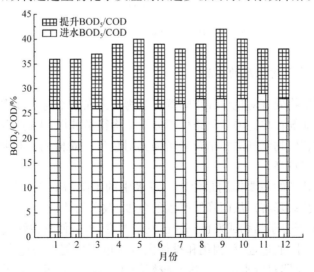

图 4.5　厌氧反应器改善废水生物降解性能运行效果

　　从印染废水经过厌氧处理前后 COD 和 BOD 之间的关系可以看出,废水中难生物降解物质大大减少,但是仍然存在部分难生物降解物质,COD 浓度约为 115mg/L。

　　此外,从图 4.5 和图 4.6 还可以看出,厌氧反应器对印染废水生物降解性能的改善受到水温的影响,在一年中的七八月,由于处于夏季,外界温度较高,废水中热量无法散发出去而造成生物处理温度较高,因此对于含有大量难降解有机物的印染废水来说,在工程设计时必须注意原水温度的情况,防止在夏季时水温过高影响处理效果。

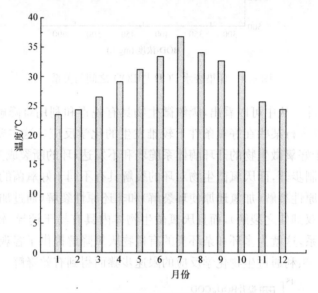

图 4.6　厌氧反应器月平均进水温度

3. 厌氧反应器对色度的去除

　　一般好氧生物处理对色度和难降解有机物的去除率不高,这是因为某些染料、中间产物和添加剂在单纯的好氧条件下分子结构很难破坏,生物降解半衰期很长;投加化学药剂和生物曝气法相结合能增强其对色度和难降解有机物的去除能力,但运行费用依然较高。

　　厌氧生物处理的主要作用是使印染废水中的难降解有机物及其发色基团解体、被取代或裂解(降解),从而降低废水的色度,改善可生化处理性。即使不能直接降低色度,由于分子结构或发色基团已发生改变,也可使其在好氧条件下容易被降解、脱色。另外,通过选育、驯化和投加优良脱色菌也能提高色度的去除率。实验表明,厌氧反应器对废水中的色度有较好的处理效果,如图 4.7 所示。从图中可以看出,原水色度从 400～500 倍下降至 100～150 倍,色度去除率达到

70%~75%。

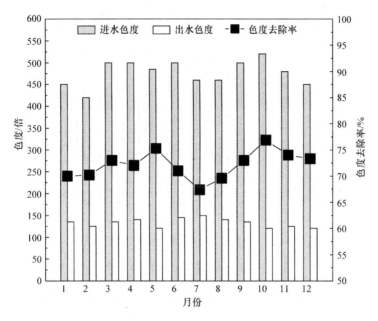

图 4.7　厌氧反应器去除色度的运行效果

4. 水解池对 pH 的调节

厌氧水解的作用:①促进大分子有机物向小分子有机物的转化,使不溶性有机物转化为可溶性有机物,为后续生物处理提供条件;②削减一定数量的 COD 和色度,降低 pH,减轻后续处理负荷。

复杂有机物在厌氧条件下完全降解一般要经过水解、酸化和产甲烷等阶段。在厌氧水解工艺中,通常只进行到部分酸化为止。废水进入厌氧反应器后,废水在其中发生厌氧生化反应,必然引起环境 pH 的变化,如图 4.8 所示。

由图 4.8 可见,废水经过水解池后 pH 约下降了 1.5 左右,主要是由于厌氧微生物降解水中有机物,产生挥发性有机酸所致。废水经过厌氧预处理,较高的 pH 得到了调节,出水更有利于后续生物处理的需要。

4.4.2　厌氧反应器处理性能影响因素

1. 温度

温度对厌氧反应器 COD 去除率的影响如图 4.9 所示。从图中可以看出,温度从 22.5℃上升至 33.5℃,COD 去除率升高,从 39.5% 增加至 49.1%。超过 33.5℃后,COD 去除率急剧下降。温度为 38.4℃时,COD 去除率为 36.2%,而温

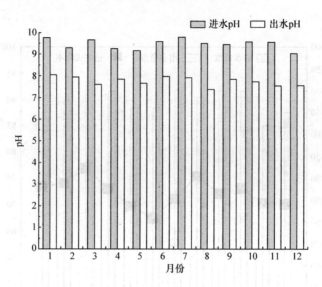

图 4.8　厌氧反应器降低 pH 的运行效果

度为 43.4℃时,COD 去除率为 23.4%。考虑到原水温度和运行成本,维持反应器内温度在 28~33℃比较合适。

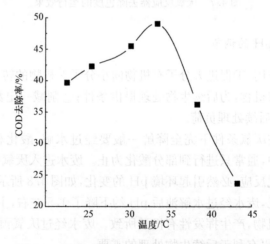

图 4.9　温度对厌氧反应器 COD 去除率的影响

2. pH

对厌氧池在高 pH 时的运行效果以及 pH 冲击对水解的影响进行了分析,水解的效果是通过水解池的 COD 去除率和脱色率直接反映的,将它们与进水 pH 进行比较,得到图 4.10。

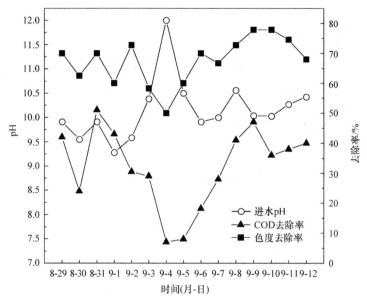

图 4.10　pH 与处理效果的关系

从图 4.10 可以看出,原水 pH 平均值为 10~11,此时的 COD 去除率为 30%~40%,色度去除率为 70% 左右,说明水解池在高 pH 时可以正常运行。另外,pH 的变化对水解池 COD 和色度去除率都有明显影响,在 pH<11 时,厌氧池对 COD 和色度的去除率均在 30%~40% 和 70% 左右,而在 9 月 4 日发生 pH 冲击,进水 pH 达到 12,造成厌氧池 COD 去除率急剧下降,从原来的 30% 陡然降到小于 5%;色度去除率也由于 pH 的剧烈变化产生较大波动,但较 COD 去除率冲击小,色度去除率由原来的 70% 下降到低于 50%。经过调整进水 pH 后,经过 3~4d 逐渐恢复,COD 去除率回升到 40%,但是色度去除率恢复的速率高于 COD 去除率恢复的速率。从厌氧水解的机理分析,由于厌氧条件下有机物的降解是非常不完全的,尤其对于印染废水而言,有机物大部分为含有偶氮基团的芳香类化合物,这些物质在厌氧条件下生物降解的第一步是偶氮双键的还原断裂,从而破坏发色基团,再进一步酸化。水解对水中 pH 的影响是非常有限的,而在酸化阶段则不同,酸化细菌利用水解菌产生的小分子有机物和水中本来存在的溶解性小分子,将其降解产生有机酸从而使水中 pH 减小。当 pH 产生冲击时,说明酸化菌在此时受到强烈抑制,而此时的脱色率变化较小,说明微生物对发色基团双键的降解仍在进行,即水解菌仍然活跃。

通过以上分析可知,对于印染废水而言,在 pH 较高情况下水解仍然可以顺利进行,但强烈的 pH 冲击会对水解产生较大影响,同时还可以推测,印染废水中的发色基团主要是通过水解菌进行降解的,并且水解菌要比酸化菌更能忍受 pH

冲击。

3. COD 有机负荷

厌氧生物处理的另外一个重要影响因素是有机负荷。通过对厌氧池在不同负荷运行时的 COD 去除率进行分析,如图 4.11 所示。从图中可以看出,有机负荷小于 2.0kgCOD/(m³·d)时,COD 的去除率随负荷的增加略有下降;超过 2.0kgCOD/(m³·d)时,COD 去除率快速下降。

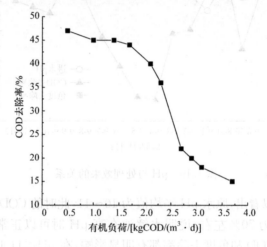

图 4.11　有机负荷对厌氧 COD 去除率的影响

印染废水中含有的有机物大部分是人工合成的,如大部分染料是带有氨基或硝基的芳香族化合物及表面活性剂等,其中的有些有机物本身或生物降解中间产物在低浓度时对微生物活性没有影响,但当浓度升高到一定值时就会对微生物活性产生抑制。当有机负荷提高到废水中有机物浓度达到抑制浓度后,再增加负荷,水中的有机物就会对微生物活性产生抑制,COD 去除率下降。

4. 染料结构

染料结构对其生物降解性能的影响主要包括以下三个方面。

(1) 对微生物吸附性能的影响。活性污泥对染料的去除,主要先依靠生物的吸附作用将其吸附,然后再将其生物降解。一般来讲,疏水性染料(分散、直接、还原染料)和碱性染料有较高的吸附量,而水溶性染料(活性、酸性染料)的吸附量较小。实验证明,染料被活性污泥吸附的顺序是:阳离子染料＞分散染料＞直接染料＞活性染料＞酸性染料。

影响吸附的因素有:低 pH 时,有利于吸附(碱性染料除外)。在 pH＝3 时,染料的吸附量最大。染料分子引入—OH、—NO₂、—N═N—基有利于吸附。微生物对染料的吸附量与染料的浓度成正比,在 $20\sim60min$ 就可吸附完毕,接触时间影响不大。

(2)对微生物呼吸的影响。不同种类和结构的染料对微生物呼吸的抑制程度不同,一般规律为:碱性和酸性染料对活性污泥的呼吸阻碍较大,而直接染料和活性染料相对较小;在苯和萘环中引入—CH_3、—OCH_3、—NO_2、—$COOH$、—SO_3H 基阻碍程度减弱,而引入—Cl、—Br 基后阻碍程度显著增强;染料浓度为 $250mg/L$ 时,大部分染料对微生物生物降解几乎没有影响,对呼吸阻碍作用较小。

(3)对生物降解性的影响。在适宜的环境条件下,某些菌种可以破坏染料的发色基团进而降解染料,其降解机理有待于进一步研究。

一般来讲,染料结构对生物降解性的影响如下:生物降解性难易顺序为偶氮染料＞三苯甲烷染料＞蒽醌型和稠环芳烃型染料。分散染料易被生物降解,而阳离子染料和酸性染料不易被生物降解。染料母体结构上的取代基种类、个数和位置对生物降解性也有一定的影响,—OH、—SO_3H 基位于偶氮基邻位时比对位更难以被生物降解。

如果芳香环上带有羟基或氨基、胺基,对于生物降解作用表现出较强的促进作用。如果芳香环上带有甲基氧、磺酸基、硝基、甲基或者带有羧基的染料对生物降解作用有强烈的抑制作用。如果芳香环上同时带有以上的促进和抑制基团,其生物降解性则要看促进基团和抑制基团协同影响的效果。

国内外研究者根据细菌对不同染料脱色效果的测定结果,也得出结论,认为染料芳香环上的取代基种类对其生物降解性有较大的影响,染料中带有甲基、甲氧基、磺酸基、羧基和硝基时,则不宜被细菌降解,染料结构中有羟基、氨基和胺基时,染料就容易被细菌降解。

表 4.5 为染料芳香环上的取代基团种类对其脱色率的影响,其中脱色率用以表示生物降解程度。

表 4.5　染料芳环上的取代基团种类对其脱色率的影响

染料编号	染料名称	染料结构	脱色率/%
1	偶氮苯	4-OH	45.5
2	对羟基偶氮苯	3-OH	63.3
3	苏丹黄	4-NH$_2$	76.2
4	α-萘红	4-NH$_2$	82.5
5	对氨基偶氮苯	4-(NH$_2$)$_2$	59.1
6	油性黄	4-OH,4'-SO$_3$Na	58.1
7	对甲氧基偶氮苯	4-NH$_2$,4'-SO$_3$Na	28.3
8	橙黄 1	4-NH$_2$,4'-SO$_3$Na	34.6

染料编号	染料名称	染料结构	脱色率/%
9	萘胺偶氮苯磺酸盐	4-OH,4′-NO₂	74.3
10	4-氨基偶氮苯-4′-磺酸盐	2-OH,2′,4′-SO₃Na	11.5
11	镁试Ⅱ	4-OH,4′-NO₂	34.5
12	苏丹红	2-OH,2′,4′-(CH₂)₂	42.3
13	碱性媒介深黄 GG	2-COOH,4-OH,4′-SO₃Na	12.5
14	铬黑 T	2,2′-(OH)₂,4-SO₃Na,6-NO₂	93.6
15	铬蓝 SF	2,2′-(OH)₂,5′,8′-(SO₃Na)₂,5-Cl	76.5
16	直接耐晒蓝 B2RL	8,6″,7″,3″-(SO₃Na)₄,2-OH,5-NH₂	93.6
17	直接耐晒大红 4BS	(2-SONₐ,8′-OH,5-NH₂)₂CO	76.9
18	直接深棕 NM	4,2″-(OH)₂,3-COONa,4″-NH₂,8″-SO₃Na	78.4
19	铬黑 PV	2,2,6′-(OH)₃,4-SO₃Na	90.1
20	直接橙 S	(2′-OH,8′-SO₃Na,5-NH₂)₂CO	78.4

染料物质大都是含有芳香环或稠芳环的化合物,从微生物学角度来看,它们是可生化降解的,只是加入氯代(Cl—)、溴代(Br—)、氨基(—NH₃)、硝基(—NO₂)、烷氧基(OCH₃、OC₂H₅)等取代基后,增加了生物降解难度,采用单纯的好氧处理很难将这些物质降解。只有首先将大分子物质开环,并在微生物作用下降解为易好氧处理的小分子有机酸醇才能实现这一目的。

很多种微生物可以将芳香族化合物转变为原儿茶酸、儿茶酚,然后再生成乙酰CoA、琥珀酰 CoA,这些产物进入三羧酸循环(tricarboxylic acid cycle,TCA)循环最终生成 H₂O 和 CO₂。大分子的开环水解酸化作用必须在厌氧条件下运行,在此过程中也有部分 CO₂ 释放,但较少,因此,水解酸化作用对 COD 的去除率很低,一般为 5%~15%,其原因也就基于此。

印染废水中的有机污染物作为微生物的唯一碳源和能源,不能进入细胞内,而要想被微生物利用,只能靠胞外水解酶将其转化为可被利用的小分子化合物,但在此过程中需要消耗能量,一旦进入细胞内部,厌氧降解过程产生的能量很低。因此厌氧微生物增长很慢。当这些小分子进入曝气池中,就会被好氧微生物通过三羧酸途径(TCA 循环)而降解,最终生成 H₂O 和 CO₂。在好氧过程中,产生大量的ATP 用于生物合成,因此好氧过程生物增长,即活性污泥增长很快,在保证正常生物量的同时,要排出剩余污泥。

4.4.3　内回流对厌氧反应器污泥性状的影响

1. 厌氧污泥性状

正常运行中的厌氧反应器内的污泥占有效容积的 50%，外观呈黑色，结构密实，在高倍显微镜下观察，细菌以长短杆菌为主。

图 4.12 和图 4.13 分别为反应器上部和下部污泥的显微照片。研究表明，采用多种回流改善了工艺水力条件，强化了水力分级作用，促进了活性较强的颗粒污泥的形成。当水力分级作用较低时，传质阻力较小的絮状污泥能优先捕获营养物质而得到大量繁殖，并抑制传质阻力较大的颗粒污泥的形成，此时系统内絮状污泥占主导地位，反应器处理能力较低。当水力分级作用稍大时，处于分散态的密度较轻的絮状污泥被迫上升至反应器上部，而附着性能和结团性能较好的微生物菌群会在反应器底部大量孳生，此时系统内颗粒污泥占主导地位，反应器处理能力较强。然而当水力分级作用继续增加，将会导致反应器内絮状和颗粒污泥大量流失，降低反应器的处理效能，因而需控制反应器的水力分级作用在合适的范围内。

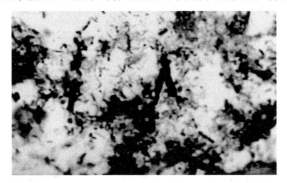

图 4.12　反应器上部厌氧絮状污泥（光学照片×252 倍）

图 4.13　反应器下部厌氧颗粒污泥（SEM×20 000 倍）

　　虽然基质传质阻力和浓度梯度都随污泥颗粒粒径的增大而增大,但浓度梯度增大对系统效率的促进作用远小于因颗粒粒径增大产生的传质阻力对系统效率的抑制作用,因此小颗粒污泥的活性要高于大颗粒污泥的活性。van Lier(2008)采用破碎颗粒污泥的方式,将颗粒污泥产甲烷的活性提高了 2～3 倍,充分表明了传质阻力是降低污泥活性的主要原因。同时小颗粒污泥表面积较大,孔隙率较小,增加了污泥与有机物质的碰撞机会和污泥床的网捕能力,增强了废水中悬浮性和胶体性 COD 的去除能力,提高了系统耐冲击负荷和污泥耐毒性的能力。

2. 污泥浓度随反应器高度的分布情况

　　实验对比分析了有回流及无回流系统内(反应器内上升流速分别为 1.0m/s 和 0.5m/s)污泥浓度随反应器高度的分布情况,两系统对应 HRT 都为 12h,如图 4.14 所示。

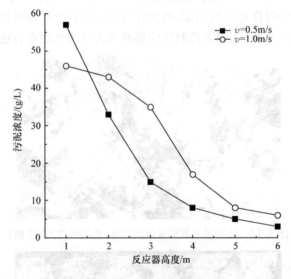

图 4.14　污泥随反应器高度分布

　　由图 4.14 可见,系统有无回流,反应器中污泥均表现为随反应器高度而逐渐降低的趋势。反应器底部 4m 以下区域内的污泥浓度较高,是实现废水水解酸化和有机物去除的主要场所,同时细胞合成作用也会消耗一部分废水水解酸化生成的 VFA。反应器内的流态对于实现反应器内生物反应和泥水分离都是十分有利的,底部污泥浓度较高而实现完全混合,避免死区和短流现象的发生,有利于水解酸化反应的进行,而上部的推流则有利于污泥的沉降作用。同时,从图 4.14 可以看出,反应器有回流时,系统内的污泥浓度要远远高于没有回流系统内的污泥浓度,在反应器底部 3m 处的污泥浓度为 35g/L,明显高于没有回流时该处污泥的浓度(15g/L),表明有回流系统内的污泥分布均匀度明显好于没有回流系统的,在没有回流系统内的污泥床底部明显产生一个污泥高浓度区域,没有实现污泥床内水解酸化污泥的较好分布,这主要是由于在升流速率较高的情况下水力搅拌的结果,由此表明废水进入内回流厌氧反应器后,能够立刻实现泥水的良好均匀混合,降低其生物毒性抑制作用。

印染废水的厌氧降解过程中,水解酸化是其限制性步骤。而水解酸化是由细菌体的内酶和外酶与底物进行的接触反应,因此实现两者的充分混合接触是获得高效水解酸化效果的重要保证。当进水从反应器底部升流穿越污泥床时,实现了水流对活性污泥的搅拌作用。尤其当反应器水流负荷较大时,这种搅拌作用更明显。它使污泥床处于膨胀状态,并携带有机颗粒物质进入污泥床内,从而实现溶解性 COD 和悬浮性颗粒物质与水解酸化菌群的良好接触和传质作用。然而由于工程应用中较难实现反应器进水的均匀分配,导致单一水力搅拌不够充分,难以达到理想的污泥与有机底物之间的接触状态。内回流厌氧反应器由于采用较高的回流比,使反应器内液流速率较高,而较高的上升流速可以使污泥颗粒及有机颗粒物质处于不断上升与下降状态,与上升水流发生强烈剪切作用,导致反应器内生成大量不同尺度的涡流群,造成反应器内局部范围内的对流扩散,即涡流扩散。这种强烈的涡流扩散作用有助于实现反应器内有机物质的均匀分布,达到较好地稀释解毒和降低冲击负荷的作用,并使系统内各处环境的氧化还原电位(oxidation-reduction potential,ORP)同步提高。虽然系统内涡旋尺寸远远大于分子直径,但是大大增加了分子扩散面积,同时大大降低了扩散距离,提高整个反应系统的传质效率。

传统理论认为,有机基质与活性污泥间的传质可分为液相传质、污泥附液膜传质(滞流液膜传质)和固相传质三个部分,其中滞流液膜传质的传质阻力最大,成为生化反应速率的限制因素。反应器内存在的这种强烈的水力剪切作用和涡流运动会明显降低滞流液膜厚度,增大有机基质向污泥中的扩散强度,提高有机基质浓度梯度,同时也可将水解酸化生成的 VFA 迅速疏散到液相中去,降低生成产物的反馈抑制作用,提高生化反应速率。

另外,多种回流促进厌氧反应器内微生物种群的生态位分离,有利于不同微生物种群的生长和代谢。在稳定环境中,不同微生物种群在同一生境中长期存在时,必须有各自不同的实际生态位,从而避免种群间长期而激烈的斗争,并有利于种群在生境中进行有序且有效的生存。在一个稳定的生境中,不同种群占据着一定的生态位,当某一种群生态位处于所在环境各因子集合时,此种群将成为优势种群,而当生态位远离其所在环境时,此种群的代谢活性将受到抑制,让位于优势种群,因此,可以在实际应用中,利用微生物适宜的环境条件,人为创造一定微生物生存发育所需的有利环境,促使所需种群处于优势地位,达到预期目的。

3. 污泥 MLVSS/MLSS 变化情况

污泥中水解酸化菌量的多少是决定污泥活性的重要因素,可以用 MLVSS/MLSS 来表示。由图 4.15 可见,当 HRT 从 24h 缩短到 18h 期间,两系统内污泥 MLVSS/MLSS 和 MLSS 都有较大增长,且回流系统增长速率要大于无回流系统,从 41% 分别增加到 50% 和 47%,而此阶段回流系统所经历的时间要短于无回流系统,在此时间段内水解酸化形成的 VFA 被用于生物体合成。而直到 HRT 从 18h 缩短到 10h 期间,无回流系统污泥 MLVSS/MLSS 提升的速率才略高于回流系统提升的速率,表明回流系统对水质水力条件的适应速率要远快于无回流系统。

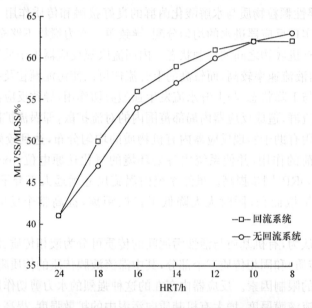

图 4.15　污泥 MLVSS/MLSS 随 HRT 时段变化

图 4.16 所示为两系统内污泥 MLVSS/MLSS 随反应器高度的变化情况。由图可见,两系统内污泥 MLVSS/MLSS 均随反应器高度的升高而呈现下降的趋势。由于水力淘洗作用,虽然反应器底部污泥床处会产生部分无机物质的积累,然而该区域内污泥的 MLVSS/MLSS 仍然要高于反应器上部的污泥悬浮层,尤其是在回流系统中,这主要是由于厌氧反应器的升流流态造成的。在水力冲刷作用下,该处污泥以小颗粒污泥为主,活性较强,是 VFA 的主产区,而上层污泥悬浮层处的污泥以絮状污泥为主,活性较差。

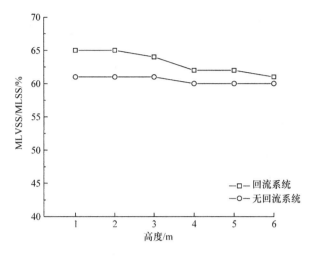

图 4.16 污泥 MLVSS/MLSS 随反应器高度的变化

分别比较两系统内下部污泥床和上部污泥悬浮层处的污泥 MLVSS/MLSS 可见,回流系统两者之差明显要大于无回流系统两者之差,有回流系统底部取样口 1m 和上部取样口 6m 处的 MLVSS/MLSS 分别为 65% 和 61%,而无回流水解酸化系统此两取样口处的 MLVSS/MLSS 分别为 60% 和 61%,表明水力搅拌较好地改善了水力条件,导致该系统内污泥颗粒的水力分级作用要明显高于无回流系统,且其污泥活性更强。

4. VFA 随反应器高度的分布情况

正常情况下,测定厌氧反应器内沿高度方向 VFA 的分布情况,结果如图 4.17 所示。从图中可以看出,厌氧反应器进、出水 VFA 浓度为 97mg/L 和 28mg/L,出水 VFA 浓度增加了 2.5 倍,表明厌氧系统对于改善有机物的结构、形态,提高废水的可生化性有很大的作用。另外从图中还可以发现,反应器底部 3m 以下区域 VFA 浓度较低,超过 3m 以上区域 VFA 浓度快速升高,可以认为,反应器底部污泥主要起水解作用,而上部污泥起产酸作用。

反应器中的微生物以水解酸化菌为主,难生物降解的染料物质在水解酸化菌的作用下发生下列转变。①形态变化。芳香族化合物从一种化合物形态转化为另一种化合物形态,结果提高了其生物降解性能。例如,芳香族硝基化合物(硝基苯)是难以进行好氧生物处理的,而经水解酸化后可转化为较易进行好氧生物处理的苯胺,从而实现其彻底生物降解。②苯环裂解。水解酸化可通过微生物的开环酶破坏多环化合物的环,而实现其对高分子物质的分解。环的开裂是多环物质水解过程的速率控制步骤,主要有两种途径:还原性代谢途径,即通过苯环加氢还原使

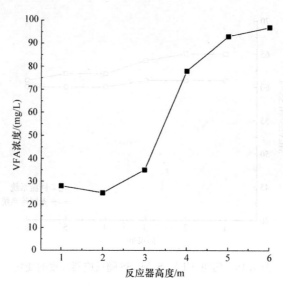

图 4.17　VFA 随反应器高度的分布

环裂解;非还原性代谢途径,即通过苯环加水而羟基化。苯甲酸的还原开环途径如图 4.18 所示。厌氧微生物具有较为多样化的开环酶系统,它们是通过水解酸化实现苯环裂解的物质条件和客观保证,从而实现该类物质的有效生物处理。③长链分子断裂。印染废水色度高的主要原因是废水中的偶氮发色基团引起的。兼性水解酸化菌可致长链染料分子偶氮键断裂,形成苯胺类化合物,不但可以达到较好的去除色度的效果,而且极大提高废水的生物降解性能。

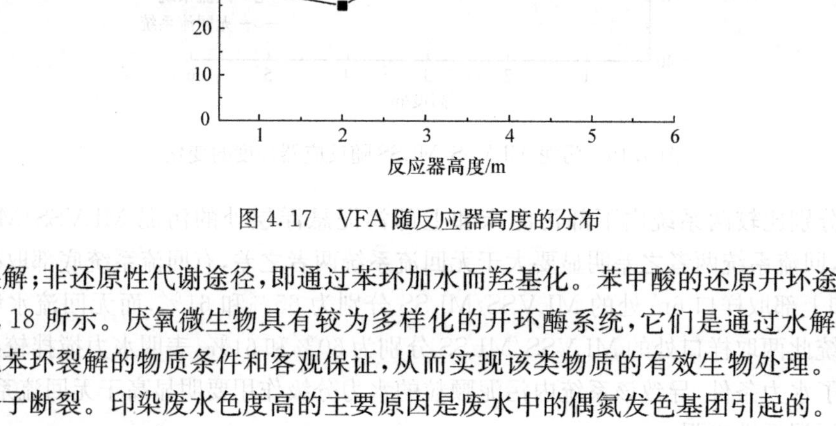

图 4.18　苯甲酸还原开环途径

4.5　缺氧/好氧反应器的处理性能研究

4.5.1　缺氧/好氧反应器处理有机物性能的研究

当仅以产甲烷为目的时,厌氧生物处理的缺点严重阻碍了其在废水生物处理中的推广应用。水解酸化是厌氧消化的第一阶段,不进入产甲烷阶段,其结果是生成大量的 VFA。印染废水生物处理工艺中的厌氧工艺,以后续好氧生物处理为目的,通过改善难生物降解废水的生物降解性能,为后续好氧生物处理提供良好基质准备,有效避开厌氧生物处理过程中可能遇到的各种问题,实验研究结果充分证明了这一点。

厌氧工艺仅是一种预处理工艺,只是实现了废水中有机污染物质化学结构和性质上的改变,而有机物去除能力较差,其出水中有机物浓度仍然较高。实验中厌氧系统出水 COD 浓度为 800～1000mg/L,必须进一步进行好氧生物处理。表 4.6 和图 4.19 分别表示 2005 年 1～12 月缺氧-好氧反应器处理有机物的月平均情况和缺氧-好氧反应器在进水 COD 变化的情况下降解有机物的能力。

表 4.6　2005 年 1～12 月缺氧-好氧反应器处理效果

月份	进水水质			出水水质			去除率	
	COD /(mg/L)	BOD$_5$ /(mg/L)	pH	COD /(mg/L)	BOD$_5$ /(mg/L)	pH	COD /%	BOD$_5$ /%
1	857	312	8.05	145	12	7.50	83.08	96.15
2	833	300	7.95	137	10	7.00	83.55	96.67
3	897	331	7.60	153	14	6.90	82.94	95.77
4	824	322	7.85	142	13	7.20	82.77	95.96
5	764	303	7.67	133	10	7.00	82.59	96.70
6	790	309	7.98	146	17	7.30	81.52	94.50
7	963	363	7.92	177	13	7.20	81.62	96.42
8	875	343	7.38	155	15	6.70	82.29	95.63
9	854	362	7.84	134	13	7.10	84.31	96.41
10	925	371	7.74	128	12	7.00	86.16	96.77
11	917	349	7.55	125	14	7.00	86.37	95.99
12	952	364	7.56	127	13	6.90	86.66	96.43

由表 4.6 和图 4.19 可见,高浓度印染废水厌氧出水经好氧处理后取得了良好的效果。系统出水水质稳定,COD 浓度和 BOD$_5$ 浓度分别为 125～177mg/L 和 10～17mg/L,COD 和 BOD$_5$ 的去除率分别高达 80% 和 90% 以上。

缺氧-好氧处理后出水 COD 浓度随好氧生物反应器 HRT 变化情况如图 4.20 所示。在经历了一个运行周期之后,微生物处于"饥饿"状态的内源呼吸期,能量水平较低,活性较强。此时,在稀释后的废水进入好氧反应器的瞬间,由于完全混合的稀释作用和活性污泥的强烈吸附作用,废水中的有机物大幅度降低,而被吸附在微生物的表面,即为初期吸附去除,然后在好氧曝气作用下逐渐被降解代谢。由图 4.20 可见,在 HRT 为 12h 之前,废水中的有机物降解速率较高,而在 HRT 超

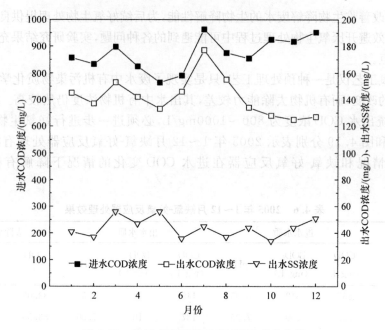

图 4.19　缺氧-好氧生物处理 COD 变化曲线

过 12h 之后,系统出水 COD 降低趋势趋于平缓。HRT 为 12h 时的出水 COD 浓度为 133mg/L,即使将 HRT 延长至 24h,其出水 COD 浓度仍为 97mg/L。由此表明,废水的延时曝气处理只是在微生物的内源呼吸期降低了活性污泥的产量,而对

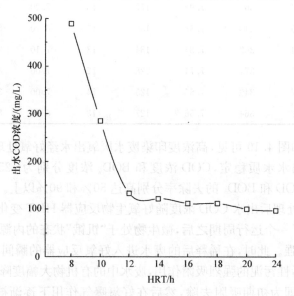

图 4.20　缺氧-好氧处理后出水 COD 浓度随 HRT 变化的曲线

提高出水水质的贡献不大。另外,在 HRT 为 12h 时,系统内 ORP 和溶解氧(DO)均大幅度升高,表明其内残留的有机物质均已达到难生物降解的程度。从而表明,在 HRT 达到 12h 后,通过延长 HRT 来进一步去除其内残留有机物以提高出水水质的做法是不可取的,若需要进一步去除有机物,需要进行深度处理。同时也说明,即使是水解酸化后,系统内仍残留生物处理无法去除的物质,使出水保持在一定的 COD 水平。

高浓度印染废水中含有大量的生物降解性能较差的大分子物质,这些物质只有被胞外酶酶解为溶解性小分子物质后才能进入微生物的代谢过程。好氧微生物的开环酶体系不够发达,实现大分子物质的开环裂解就需要足够长的 HRT,且其中有些物质在好氧条件下是无法实现其开环和小分子转化的,所以开环过程往往成为好氧生化反应过程的速率限速步骤。

厌氧工艺有效实现了印染废水中难生物降解大分子物质的 VFA 转化,极大地提高了废水的生物降解性能,改变了好氧后处理过程中大分子物质的代谢途径,从而极大地提高了有机物的代谢速率。水解酸化出水和原水的耗氧速率曲线明显不同,前者开始很高,然后很快趋于平缓,而后者趋于平缓所需时间要比前者长得多。

4.5.2　好氧生物处理过程控制及污泥性能

好氧生物处理的影响因素较多,如基质性质、水温、pH、毒物、冲击负荷等,从操作控制分析主要影响因素有 DO 控制、污泥浓度、污泥龄、营养物质控制等。

1. 溶解氧

溶解氧是好氧生物处理中的一个重要控制参数,它直接影响好氧生物的活性、优势菌种和污泥的沉降性能。多数研究认为,曝气池 DO 浓度维持在 1mg/L 比较妥当。

对污泥的两个重要指标,即污泥活性和污泥沉降性能进行了考察。污泥活性以 COD 去除率作为参考,污泥的沉降性能以 SV(%)作为量化指标,结果如图 4.21 所示。

从图 4.21 可以看出,DO 浓度为 1~4mg/L 时,COD 去除率没有明显变化,基本为 60%~70%,超过 4mg/L 后,COD 去除率略有下降。从结果看 COD 去除率受 DO 影响较小,即污泥活性一直较高。

DO 对污泥沉降性能影响较大,浓度为 1~4mg/L 时,30min 沉降比在 40%左右,污泥沉淀后较为密实;DO 浓度大于 4mg/L 后,沉降性能迅速下降,30min 沉降比升高到 60%~70%,污泥沉淀后污泥层松散。从镜检看,污泥絮体大小同 DO 呈正相关,但絮体越大结构越松散,颜色越浅,估计是由于污泥中结合水过多导致。

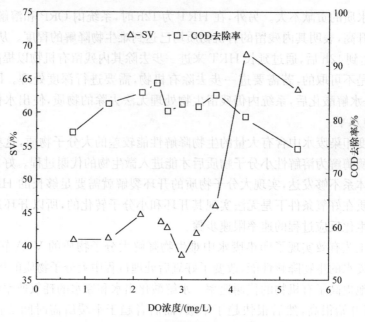

图 4.21　DO 对 COD 去除率及污泥沉降性能的影响

资料也阐述到污泥絮体粒径同 DO 间并没有明确的相关性,只是在高溶解氧时污泥絮体粒径趋于增大,观测结果也与此相吻合。

从结果分析,DO 浓度控制在 1～3mg/L,可以获得较为稳定的 COD 去除率和 SV,即污泥有较好的活性和沉降性能。

对于在高溶解氧时污泥沉降性能变差可以这样解释:高溶解氧必然是强曝气的结果,强曝气必然会造成对污泥的过度搅拌,使污泥过度与液相接触,从而导致结合水过多。另外,在印染废水中含有数量较多的表面活性剂,由于表面活性剂含有亲水和憎水基团,憎水基团容易与污泥表面结合,其亲水基团深入水中,对污泥造成一定的浊化作用。而过度的搅拌必然会增加表面活性剂同污泥的接触概率,使更多的表面活性剂结合到污泥絮体表面,使其沉降性能变差。另外,过度曝气时,大量表面活性剂被气泡带到曝气池水面,产生大量泡沫,并且泡沫往往黏附大量活性污泥浮到水面,不利于处理设施的正常运行。

在对溶解氧的控制中,还需注意由于首端和末端有机基质浓度不同而造成前后微生物需氧量不同的特点,通过调整曝气量,呈阶段曝气运行以达到均衡。

2. 污泥浓度

在好氧设施内保持高的生物量对提高有机物去除率有很大作用,如图 4.22 所示。

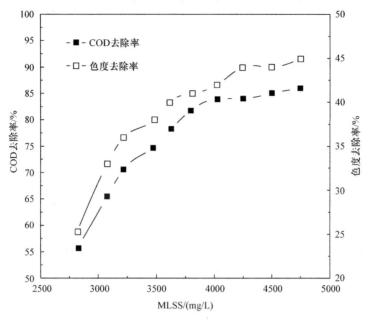

图 4.22　MLSS 与处理效果关系

从图 4.22 可以看出,在 MLSS 小于 4000mg/L 时,随着污泥浓度的增加,好氧处理的 COD 和色度去除率都呈上升趋势,但超过 4000mg/L 后,污泥浓度的增加对 COD 和色度影响不大。而过高的污泥浓度又会引起耗氧速率过大,致使曝气量不足,DO 下降,丝状菌过度增长导致污泥膨胀。

在生产性实验中将曝气池的 MLSS 控制在 4000mg/L 左右,取得很好的处理效果,COD 和色度去除率分别在 80% 和 40% 以上。

4.6　混凝沉淀处理生化出水

采用混凝沉淀法处理生化出水,可以进一步去除废水中的污染物质,特别是生化处理无法降解的惰性有机污染物和残存色度,确保最终出水可以达到排放标准。另外,由于生化处理后废水的污染物质浓度已经大幅度降低,所以产生的物化污泥也很少,这也减少了后续污泥处置的大量费用。

考虑到混凝剂的经济性、可行性及实践经验,生产性实验采用氯化铁($FeCl_3$)和碱式氯化铝(PAC)进行比较。实验以 COD 的去除效果来确定混凝剂的种类、用量。

从表 4.7 可以看出,在相同条件下,投加 PAC 的处理效果要比投加 $FeCl_3$ 的处理效果好,因此,生产性实验采用 PAC 作为混凝药剂。

表 4.7 不同进水 COD 投加絮凝剂的处理效果

编号	混凝剂	投加量 /(mg/L)	进水 COD 浓度 /(mg/L)	出水 COD 浓度 /(mg/L)	COD 去除率 /%
1	FeCl$_3$	150	150.6	122.7	22.5
		200		117.9	25.7
	PAC	150		103.2	35.5
		200		93.5	41.9
2	FeCl$_3$	150	170.5	144.1	25.5
		200		126.9	30.6
	PAC	150		113.4	40.5
		200		103.3	43.4

印染废水经多种回流厌氧、好氧工艺处理后 COD 浓度一般为 100～150mg/L，仍然不能满足排放标准的要求，实际运行过程中投加部分 PAC，使出水 COD 浓度低于 100mg/L，色度低于 50 倍。具体 COD 去除情况如图 4.23 所示。

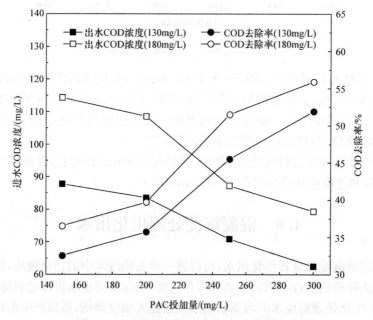

图 4.23 PAC 投加量对 COD 去除率的影响

从图 4.23 可以看出，当生化处理出水 COD 浓度低于 130mg/L，投加的 PAC 浓度为 150mg/L 时，即可以满足排放要求（COD 浓度小于 100mg/L）。当生化处理出水 COD 浓度较高，达到 180mg/L，投加的 PAC 量为 250mg/L 时，也可以满足排放要求（COD 浓度小于 100mg/L）。实际运行结果表明，生化出水经过混凝沉淀处理后，出水达到《污水综合排放标准》（GB 8978—1996）中的一级标准。主要水质指标见表 4.8。

表 4.8　物化处理出水水质指标

项目	pH	COD /(mg/L)	BOD₅ /(mg/L)	色度 /倍	SS /(mg/L)	氨氮 /(mg/L)	总磷 /(mg/L)
水质	6.9~7.3	50~70	2~10	<30	<50	1.5~3.0	0.05~0.20

4.7　工程运行及经济技术分析

4.7.1　生产运行情况

祝塘工业园区一期污水处理厂 2005 年 1~12 月整体运行情况见表 4.9。

表 4.9　2005 年 1~12 月污水处理厂运行情况

采样点	月份	监测项目						
		pH	COD /(mg/L)	BOD₅ /(mg/L)	色度 /倍	SS /(mg/L)	氨氮 /(mg/L)	总磷 /(mg/L)
进水	1	9.75	1451	377	450	256	98.5	8.63
	2	9.29	1422	365	420	344	97.2	4.22
	3	9.65	1582	413	490	404	95.9	2.55
	4	9.26	1459	377	490	389	93.2	2.55
	5	9.16	1366	356	480	277	95.8	3.41
	6	9.58	1527	397	490	293	90.5	3.35
	7	9.80	1566	422	440	324	85.1	2.94
	8	9.50	1493	416	440	376	57.3	1.96
	9	9.45	1573	436	490	404	89.2	3.70
	10	9.57	1628	458	500	329	78.4	5.35
	11	9.56	1553	446	460	238	75.9	5.56
	12	9.04	1544	434	440	307	77.6	6.22
出水	1	6.99	69	2.2	16	44	1.54	0.05
	2	7.16	63	2.4	16	26	1.67	0.05
	3	7.16	51	3.3	16	30	1.88	0.06
	4	7.14	61	2.8	16	25	1.84	0.09
	5	7.23	67	2.2	16	31	1.72	0.14
	6	7.26	61	4.8	16	38	1.56	0.12
	7	7.23	89	7.6	16	66	1.93	0.13
	8	7.21	92	9.6	16	78	2.02	0.14
	9	7.11	88	10.4	16	82	2.23	0.10
	10	6.98	69	7.6	16	21	1.78	0.11
	11	6.95	56	5.9	16	26	1.45	0.07
	12	7.12	62	6.6	16	30	1.37	0.06

祝塘工业园区一期污水处理厂运用 MRCT 工艺处理园区印染废水,废水通过厌氧-好氧-混凝处理后稳定达到《污水综合排放标准》(GB 8978—1996)中的一级标准后进行排放。

4.7.2　经济技术分析

祝塘工业园区一期污水处理厂规模 $1.5 \times 10^4 \mathrm{m}^3/\mathrm{d}$,一期工程总投资为 1758.09 万元,固定资产投资为 1748.09 万元,其中第一部分工程费用 1668.04 万元、第二部分其他费用 60.05 万元;基本预备费 20.00 万元;铺底流动资金 10.00 万元。其主要设施及设备见表 4.10～表 4.13。

表 4.10　主要构筑物

序号	名称	尺寸	数量	结构形式	备注
1	格栅渠	$0.88 \times 3 \times 3.5 = 9.24 \mathrm{m}^3$	3	钢筋混凝土	地下,深 3.5m
2	调节池	$40 \times 21 \times 4.5 = 3780 \mathrm{m}^3$	1	钢筋混凝土	地下,深 4.5m
3	提升泵房	$10 \times 6 = 60 \mathrm{m}^2$	1	砖混	地上
4	厌氧池	$17.5 \times 28 \times 11 = 5390 \mathrm{m}^3$	2	钢筋混凝土	半地上,地下 1.0m,地上 10.0m
5	缺氧池	$47 \times 18 \times 5 = 4230 \mathrm{m}^3$	1	钢筋混凝土	半地上,地下 0.5m,地上 4.5m
6	好氧池	$47 \times 36 \times 5 = 8460 \mathrm{m}^3$	1	钢筋混凝土	半地上,地下 0.5m,地上 4.5m
7	二沉池	$\phi 30 \mathrm{m}$,总深度 6.5m	1	钢筋混凝土	半地上,地下 3.0m,地上 3.5m
8	折板絮凝池	$20 \times 6 \times 2.5 = 300 \mathrm{m}^3$	1	钢筋混凝土	地上,$H=2.5\mathrm{m}$
9	物化沉淀池	$\phi 30 \mathrm{m}$,总深度 6.5m	1	钢筋混凝土	半地下,地下 4.5m,地上 2.0m
10	污泥池	$15 \times 10 \times 4 = 600 \mathrm{m}^3$	1	钢筋混凝土	地下
11	污泥脱水机房	$15 \times 8 = 120 \mathrm{m}^2$	1	砖混	—
12	风机房	$15 \times 10 = 150 \mathrm{m}^2$	1	砖混	—
13	厌氧污泥池	$10 \times 10 \times 3.5 = 350 \mathrm{m}^3$	1	钢筋混凝土	地下,深 3.5m
14	厌氧污泥回流泵房	$10 \times 4 = 40 \mathrm{m}^2$	1	砖混	地上
15	好氧污泥池	$10 \times 10 \times 3.5 = 350 \mathrm{m}^3$	1	钢筋混凝土	地下,深 3.5m
16	好氧污泥回流泵房	$10 \times 4 = 40 \mathrm{m}^2$	1	砖混	地上
17	溶药池	$6 \times 1.5 \times 2 = 18 \mathrm{m}^3$	1	钢筋混凝土	半地下,防腐
18	储药池	$7 \times 6 \times 3 = 126 \mathrm{m}^3$	1	钢筋混凝土	地下,防腐
19	加药间	$10 \times 6 = 60 \mathrm{m}^2$	1	砖混	地上
20	综合楼	二层,$30 \times 10 = 300 \mathrm{m}^2$	1	砖混	地上
21	变配电室	$23 \times 9 = 207 \mathrm{m}^2$	1	砖混	地上

续表

序号	名称	尺寸	数量	结构形式	备注
22	分控室	$10 \times 3 = 30 \text{m}^2$	1	砖混	地上
23	仓库、机修	$10 \times 8 = 80 \text{m}^2$	1	砖混	地上
24	车库	$8 \times 5 = 40 \text{m}^2$	1	砖混	地上
25	门卫间	$5 \times 2 = 10 \text{m}^2$	1	砖混	地上
26	配水井	$4 \times 4 \times 3.5 = 56 \text{m}^3$	3	钢筋砼	地上

表 4.11　主要设备

序号	名称	主要技术参数	单位	数量	生产厂家
1	机械格栅 HF800	$HF800, B = 800 \text{mm}, N = 1.1 \text{kW}$	台	1	金禾环保设备厂
2	提升泵 200WQ400-18-37	$Q = 400 \text{m}^3/\text{h}, H = 18 \text{m}$	台	3	上海申宝实业
3	自动耦合装置 200GAK	$N = 37 \text{kW}$	套	3	浙江丰球集团
4	硫酸储槽	$V = 10 \text{m}^3$	只	2	
5	计量泵	$N = 0.2 \text{kW}$	台	2	日本易威奇
6	厌氧池布水系统	—	套	4	自制
7	三相分离器	—	套	8	自制
8	周边传动刮泥机 ZG30	$D = 30 \text{m}, N = 2 \times 0.37 \text{kW}$	台	1	金禾环保设备厂
9	微孔曝气器	$\phi 240 \text{mm}$	只	4200	浙江玉环海通
10	搅拌机	$N = 1.1 \text{kW}$	台	2	自制
11	周边传动刮泥机 ZG30	$D = 30 \text{m}, N = 2 \times 0.37 \text{kW}$	台	1	金禾环保设备厂
12	带式压滤机 DNY2000	带宽 $2 \text{m}, N = (1.1 + 2.2) \text{kW}$	台	1	—
	附属设备： 清洗泵 50DL-6	$N = 5.5 \text{kW}$	台	1	— 金禾环保设备厂
	螺杆泵 G60-1	$N = 5.0 \text{kW}$	台	2	—
	空压机 ZV-0.3/10-B	$N = 5.5 \text{kW}$	台	1	—
	污泥箱	—	只	1	
13	罗茨风机 ARMG-350	$Q = 203 \text{m}^3/\text{min}$ $\Delta p = 49.0 \text{kPa}, N = 220 \text{kW}$	台	3	长沙鼓风机厂
14	污泥回流泵 200WQ360-16-30	$Q = 360 \text{m}^3/\text{h}, H = 16 \text{m}$ $N = 30 \text{kW}$	台	4	浙江丰球集团
15	自动耦合装置 200GAK	—	套	4	浙江丰球集团
16	加药计量泵	$N = 0.4 \text{kW}$	台	2	日本易威奇

表 4.12　主要电气设备

序号	设备名称	规格型号	单位	数量	单台功率 /kW	装机容量 /kW	运行功率 /kW	运行时间 /h
1	机械格栅	HF800	台	1	1.1	2.2	2.2	24
2	提升泵	200WQ-400-18-37	台	3	37	111	74	24
3	计量泵	—	台	2	0.2	0.4	0.2	24
4	周边传动刮泥机	ZG30	台	1	0.74	2.96	2.96	24
5	搅拌机	N=1.1kW	台	2	1.1	2.2	2.2	24
6	周边传动刮泥机	ZG30	台	1	0.74	1.48	1.48	24
7	带式压滤机	DNY2000	台	1	3.3	3.3	3.3	16
8	清洗泵	50DL-6	台	1	5.5	5.5	5.5	16
9	螺杆泵 G60-1	N=5.0kW	套	1	5	5	5	16
10	空压机	ZV-0.3/10-B	台	1	5.5	5.5	5.5	16
11	罗茨风机	ARMG-350	台	3	220	660	440	24
12	污泥回流泵	200WQ360-16-30	台	4	30	120	60	24
13	加药计量泵	N=0.4kW	台	2	0.4	0.8	0.4	24
	合计					920.34	602.74	

表 4.13　仪表及自控设备

序号	设备名称	规格型号	单位	数量	安装位置
1	液位控制仪	L=4.5m	套	1	调节池
2	电磁流量计	Q=625m³/h	套	1.	调节池-厌氧池
3	pH 显示仪	—	套	1	调节池
4	溶解氧仪	—	套	1	好氧池
5	液位控制仪	L=3.5m	套	2	厌氧、好氧污泥井
6	电磁流量计	Q=312.5m³/h	套	2	厌氧污泥井-厌氧池 好氧污泥井-好氧池
7	变频装置	132kW	套	3	罗茨风机
8	超声波明渠流量计	Q=625m³/h	套	1	出水
	合计		套	12	

1) 基础数据

(1) 动力费:基本电价 0.8 元/度,功率因数 0.85。

(2) 药剂费:PAC(固体)1100 元/t,投加量 300mg/L,高分子絮凝剂(干粉)53 000元/t。

（3）工资福利费：定员 20 人，工资福利费用 8000 元/（人·年）。

（4）折旧费：综合折旧率 5.0%。

（5）大修理费：费率 2.2%。

（6）日常检修维护费：费率 1.0%。

2）成本费用计算表

成本费用计算表见表 4.14。

表 4.14　成本费用估算

序号	费用名称		单位	单价	年用量	成本费用
1	动力费		万元/年	0.8 元/（kW·h）	364.94 万 kW·h	291.95
2	药剂费	PAC	万元/年	1100 元/t	1350t	148.50
		PAM	万元/年	53 000 元/t	4.20t	22.26
3	工资及福利费		万元/年	8 000 元/（人·年）	20 人	16.00
4	其他费用		万元/年	—	—	3.00
5	折旧费		万元/年	—	—	84.40
6	大修理费		万元/年	—	—	37.14
7	日常检修维护费		万元/年	—	—	16.88
8	成本费用小计（1～7）		万元/年	—	—	620.13
9	其中，经营成本（1～4）		万元/年	—	—	481.71
10	年处理水量		万 t	—	—	450
11	单位处理成本		元/t	—	—	1.38
12	其中，单位经营成本		元/t	—	—	1.07

注：1. 装机容量 920.34kW，运行容量 602.74kW（其中 19.3kW 为 16h 运行）；2. 年工作日以 300 日计。

祝塘工业园区一期污水处理厂以年工作日 300 日计，年处理水量 450 万 t，单位处理成本 1.38 元/t，单位经营成本 1.07 元/t，处理费用属于中等。MRCT 工艺有效地对印染园区废水进行了处理，处理后尾水达到一级排放标准。

参 考 文 献

黄江丽，赵文生，施汉昌. 2004. 加压生物氧化法处理印染废水的动力学研究. 环境污染与防治，26(6)：430—433.

Guerrero L，Omil F，Mendez R，et al. 1999. Anaerobic hydrolysis and acidogenesis of wastewater from food industries with high content of organic solids and protein. Water Research, 33(15)：3281—3290.

Kalyuzhnyi S，Sklyar V. 2000. Biomineralization of azo dyes and their break down products in anaerobic-aerobic hybrid and UASB reactors. Water Science and Technology,41(12):23—30.

Milner M G,Curtis T P,Davenport R J. 2008. Presence and activity of ammonia-oxidising bacteria detected amongst the overall bacterial diversity along a physico-chemical gradient of a nitrifying wastewater treatment plant. Water Research,42(12):2863—2872.

Miron Y,Zeeman G,van Lier J B,et al. 2000. The role of sludge retention time in the hydrolysis and acidification of lipids carbohydrates and proteins during digestion of primary sludge in CSTR systems. Water Research,34(5):1705—1713.

van Lier J B. 2008. High-rate anaerobic wastewater treatment:Diversifying from end-of-the-pipe treatment to resource-oriented conversion techniques. Water Science and Technology,57(8): 1137-1148.

第 5 章　制药工业园区废水综合治理成套技术与应用工程示范

本章通过对石家庄制药工业园区混合废水的调查和监测,采用水解酸化预处理,移动床生物膜反应器(MBBR)＋氧化沟组合生物强化处理技术处理制药工业园区废水,重点考察 MBBR 组合工艺深度处理制药工业园区混合废水时,对废水中 COD、氨氮的去除效能,以及 MBBR 工艺在组合工艺中的重要性。同时采用分子生物学手段对 MBBR 工艺中生物膜的群菌演变进行评价,并对该工艺进行技术经济分析。

5.1　项目背景和方案选择

5.1.1　项目背景

本案例是以石家庄经济开发区污水处理厂升级改造工程为依托的实际工程化应用研究。污水处理厂所在工业园区为混合工业园区(Geng et al.,2009),原始设计处理规模为 $5×10^4 m^3/d$,目前处理容量 $2×10^4～3×10^4 m^3/d$。污水处理厂原有工艺主体为延时曝气氧化沟工艺,设计目的是为了处理园区内以生活污水为主的废水。如今,该厂进水主要为工业尾水,并且园区内废水的排放量和排放浓度均有所提高,导致现有的氧化沟污水处理系统已不能适应该厂进水水质,出水不能达标排放。此外,氧化沟工艺曝气设备陈旧,氧化沟内耗氧曝气区溶解氧不足,造成沟内活性污泥呈兼氧状态,所以需要对现有氧化沟工艺进行升级改造。通过采用先进污水处理工艺,提高污水处理效率,降低单位污水处理成本。

本案例以水解酸化＋MBBR＋氧化沟组合工艺升级改造石家庄经济开发区污水处理厂,深度处理制药工业园区混合废水。

5.1.2　水质情况

经过对污水处理厂服务范围内主要废水来源企业进行调研,确定以下行业为主要排污源,主要排污行业日排放水量见表 5.1。

采用 MBBR 工艺为主的组合工艺升级改造工程设计进、出水水质要求见表 5.2。

表 5.1　主要排污行业的用水量情况分析

序号	排污行业类型	废水水量/(m³/d)
1	制药行业	9 915
2	化工行业	1 469
3	轧钢行业	726
4	食品行业	559
5	其他	518
	总水量	13 187

表 5.2　设计进、出水水质要求

设计进水水质	设计出水水质
COD≤1000mg/L	COD≤100mg/L,氨氮≤100mg/L
BOD₅≤450mg/L	BOD₅≤30mg/L,总磷≤25mg/L
固体悬浮物≤100mg/L	固体悬浮物≤30mg/L
氨氮≤25mg/L	—
总磷≤3mg/L	—
pH=6～9	pH=6～9

5.1.3　工艺流程

MBBR 前置工艺为水解酸化工艺。在本组合工艺中,水解酸化反应的作用为:利用水解酸化细菌分解大分子难降解有机物,并将其转化为易于后续好氧工艺降解的小分子物质,提高废水的可生化性。

该污水处理厂的氧化沟工艺在升级改造前已经运行 6 年。氧化沟工艺作为集缺氧和好氧处理工艺于一身的水处理工艺,与其他好氧水处理工艺相比具有较长的水力停留时间、耐冲击负荷能力强、产泥率低、能耗低等优点。在本组合工艺中的作用为:利用其较长的水力停留时间和缺氧段、好氧段的组合去除废水中的氮源。

以 MBBR 为主的水解酸化＋MBBR＋氧化沟组合工艺中所有池体均为混凝土浇筑,工艺流程如图 5.1 所示。

以 MBBR 为主的水解酸化＋MBBR＋氧化沟组合工艺进水由市政管道流入,经管道泵提升至粗、细隔栅去除大块固体杂质;再由旋流式沉砂池去除其他小颗粒固体杂质;通过调节池均衡水量、水质和 pH 后溢流入水解酸化池内;水解酸化池出水经水解酸化沉淀池将泥水分离后,污水溢流至 MBBR 池,水解酸化污泥通过回流管道回流至水解酸化池配水廊道内;MBBR 池出水由收集井收集并通过提升泵向氧化沟内均匀进水。

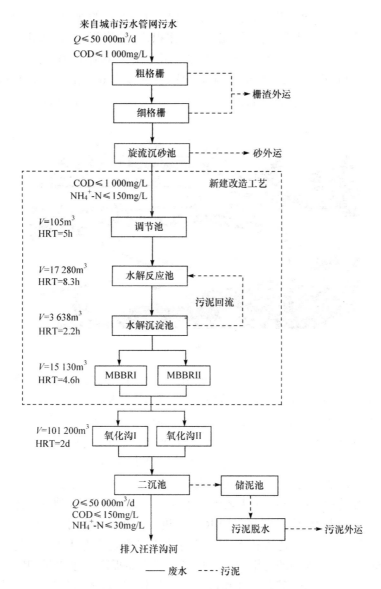

图 5.1　污水处理厂改造后工艺流程

MBBR 组合工艺中调节池、水解酸化池、MBBR 池和氧化沟容积分别为 10 512m³、17 280m³、15 136m³ 和 10 120m³。调节池为折流式设计,4 个折流板将调节池分为 4 个调节区域,每个调节区域池体底部安装 2 台潜水搅拌机,以确保组合工艺进水的稳定性;水解酸化池由 10 个容积为 1728m³ 的池体组成,池体为并联进水,并由中心配水廊道平均为每个池体进水,每个池体内部均安装 800m³ A-S 组合生物填料,为保证水解污泥与待处理废水的充分接触,分别在每个池内安装了

2 台倒伞式水力搅拌机；MBBR 池由 8 个容积为 1892m³ 的池分为两组并联组成，每组由 4 个池体串联组成，内部填充 30%（体积比）的聚氯乙烯 Kaldnes 填料（密度 0.98g/cm³，直径 10mm，高 8mm），下部采用 ABS 材料穿孔曝气管，出水由栅距为 6mm 的隔栅拦截填料；氧化沟为两沟并联式，共设有 6 台倒伞式表面曝气机和 14 台沟内表面曝气推进器。组合工艺升级改造后照片如图 5.2 所示。

图 5.2　污水处理厂改造工艺

　　为了考察 MBBR 组合工艺深度处理制药工业园区混合废水工程化应用的可行性和可靠性，实验研究分为两个阶段。第一阶段为水解酸化、MBBR 工艺的启动；第二阶段为组合工艺的稳定运行。第一阶段的具体工作为：水解酸化池、MBBR 池的污泥接种，并对其连续进水，进行水解酸化接种污泥活性激活和 MBBR 池内载体填料挂膜；通过逐步提高水解酸化、MBBR 工艺进水水量增加负荷率以完成接种污泥活性的激活，同时逐步提高接种污泥对现有进水的适应能力。由于在实验研究进行之前 MBBR 工艺已经运行近 3 个月，MBBR 池内载体填料表面已经形成较薄的泥膜，故不再对 MBBR 工艺进行闷曝。增加水量分两阶段完成。首先，使总进水量的 1/3 进入新建工艺，其余 2/3 和新建工艺出水一同进入氧化沟工艺，当新建工艺出水中的污染物浓度达稳态后方能提高进水水量；其次，使总进水量的 2/3 进入新工艺，其余 1/3 和新建工艺出水一同进入氧化沟工艺，待新工艺出水中的污染物浓度达稳态后方能提高进水水量。第二阶段具体工作为组合工艺串联连续进水。

5.2　废水水质的不确定性研究

　　2007 年 7～11 月对石家庄开发区污水处理厂废水水质进行监测采样。监测的指标有 COD、氨氮、总氮、总磷和 pH。本章选择 COD 指标数据为原始序列，废水水质数据统计分析结果见表 5.3。

表 5.3 实测数据统计

月份	数量	平均值	中位数	方差	百分位数(P5)	百分位数(P95)
8	31	1 121.6	1 089	68 490	713.2	1 706.4
9	30	1 075.4	1 064	42 480	757.7	1 431.4
10	31	1 108.4	1 162	89 460	598.3	1 665.5

5.2.1 确定原始序列的概率分布

概率分布假设:首先画出 COD 指标数据的频率直方图如图 5.3 所示。

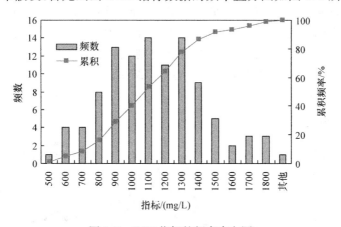

图 5.3 COD 指标的频率直方图

由图 5.3 可以看出,COD 指标数据的频率分布符合正态分布的特征,故假设其符合正态分布的规律,分布函数为

$$F(x) = \frac{1}{\sqrt{2\pi}\sigma} \int_{-\infty}^{x} \exp\left[-\frac{(y-\mu)^2}{2\sigma^2}\right]\mathrm{d}y \tag{5.1}$$

采用极大似然估计法估算正态分布的参数平均值为 1121.6,方差为 68 490。柯尔莫哥洛夫检验法能够以实测样本经验分布和推论总体分布之间的最大差异作为检验统计量。因此本章采用柯尔莫哥洛夫检验法,给定显著水平 $\alpha = 0.01$,经检验 $D_{COD} < D_{31}(0.01)$,因此接受原假设,即确定该原始序列的总体分布为正态分布。

5.2.2 马氏链的模拟

采用平行于时间轴且等间距直线的方法将其分成 5 个状态。统计其初始概率、转移概率矩阵、累积概率矩阵分别为

$$a = |0.087, 0.279, 0.317, 0.25, 0.067|$$

$$P = \begin{bmatrix} 0.444 & 0.444 & 0 & 0.111 & 0 \\ 0.103 & 0.379 & 0.379 & 0.138 & 0 \\ 0.062 & 0.281 & 0.312 & 0.281 & 0.062 \\ 0 & 0.154 & 0.423 & 0.346 & 0.077 \\ 0 & 0 & 0.143 & 0.429 & 0.429 \end{bmatrix}, \quad CP = \begin{bmatrix} 0.444 & 0.889 & 0.889 & 1 & 1 \\ 0.103 & 0.483 & 0.862 & 1 & 1 \\ 0.062 & 0.344 & 0.656 & 0.938 & 1 \\ 0 & 0.154 & 0.577 & 0.923 & 1 \\ 0 & 0 & 0.143 & 0.571 & 1 \end{bmatrix}$$

根据其累积概率采用蒙特卡洛法随机抽样获得马氏链的一条轨道,再根据概率分布获得每个状态序列的数值,重复多次即可获得模拟序列的集合。

5.2.3　模拟序列的确定

设定关联度阈值为 0.75,平均绝对百分误差(mean absolute percentage error,MAPE)阈值为 0.2,即模拟序列与原始序列的关联度系数大于 0.75 且 MAPE 小于 0.2 判定为有效。根据检验规则,确定一条关联度系数为 0.754、MAPE 为 0.172 的模拟序列作为最终的模拟结果。模拟序列与特征序列的对比结果如图 5.4 所示。

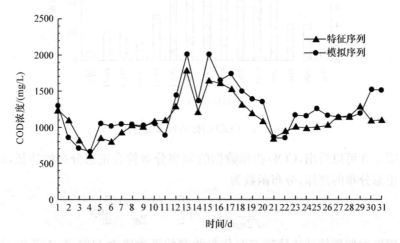

图 5.4　模拟序列与特征序列的对比(2007 年 8 月实测数据)

由图 5.4 模拟序列与原始序列的对比图可知,该方法获得的模拟序列能够较好地反映原始序列的变化规律,满足废水水质、水量预测的需要。

5.3　水解酸化预处理技术

水解酸化工艺的启动可分为两个阶段:第一阶段是接种污泥在适宜的驯化过程中获得一个合理分布的微生物群体;第二阶段是这种合理分布群体的大量生长

与繁殖。水解酸化工艺不同阶段的运行情况见表 5.4。

表 5.4　水解酸化工艺不同阶段的运行情况

阶段	启动阶段		稳定运行阶段
	第一阶段	第二阶段	
运行时间/d	113	43	32
平均进水 COD/(mg/L)	322	230	233
平均进水 BOD_5/(mg/L)	71	56	60
平均出水 BOD_5/(mg/L)	77	64	71
平均进水 C∶N	2	2.4	3.8
平均进水水量/(m³/d)	16 492	21 975	31 891
平均容积负荷 /[kgCOD/(m³·d)]	0.54	0.47	0.73
HRT/h	24.9	16.6	8.3

从表 5.4 可以看出,水解酸化工艺启动阶段运行时间与 MBBR 工艺相同;其运行各阶段进水 C∶N 平均值较 MBBR 工艺进水低;水解酸化工艺出水 BOD_5 浓度较其进水 BOD_5 浓度有所提升;水解酸化工艺进水水量的提高使其平均容积负荷分三个阶段提升。伴随水解酸化工艺中污泥活性的提高,其转化废水中大分子难降解有机物为小分子物质的能力逐步升高,使得其出水 C∶N 平均值与出水 BOD_5 值均较进水有所提升。

为了考察 MBBR 前置工艺出水 COD、氨氮浓度对 MBBR 工艺运行特性的影响以及该工艺设置于 MBBR 之前的重要性,对 MBBR 前置工艺进、出水 COD、氨氮变化情况进行监测,结果如图 5.5 所示。

从图 5.5 可以看出,MBBR 前置水解酸化工艺对 COD 的去除呈逐渐升高趋势,稳定运行阶段水解酸化工艺对 COD 的平均去除率为 13.4%;而其对氨氮的去除呈先升高后降低趋势。水解酸化工艺运行至第 19d 时,出水 COD 和氨氮的浓度分别为 238mg/L 和 71.7mg/L,COD 去除率为 16.8%,平均负荷率为 0.35kgCOD/(m³·d)、0.11kg 氨氮/(m³·d);运行至第 125d 时,出水 COD 和氨氮的浓度分别为 306mg/L 和 86.4mg/L,COD 去除率为 30%,平均负荷率为 0.53kgCOD/(m³·d)、0.15 kg 氨氮/(m³·d)。造成水解酸化工艺对 COD 和氨氮的去除变化不同的主要原因是水解酸化工艺进水总氮高于氨氮近 30mg/L,并且水解酸化污泥对污水中大分子污染物的分解,造成大量有机氮发生氨化反应,使氨化速率高于脱氮速率。水解酸化工艺出水 COD 和氨氮浓度时常高于进水,其对 COD 和氨氮的去除率时常呈现负增长。分析出现这种现象的可能原因是接种污泥在之前的 6 年高负荷运行中吸附了大量难降解的有机物质,目前正处于释放难降解有机污染物的过程中。

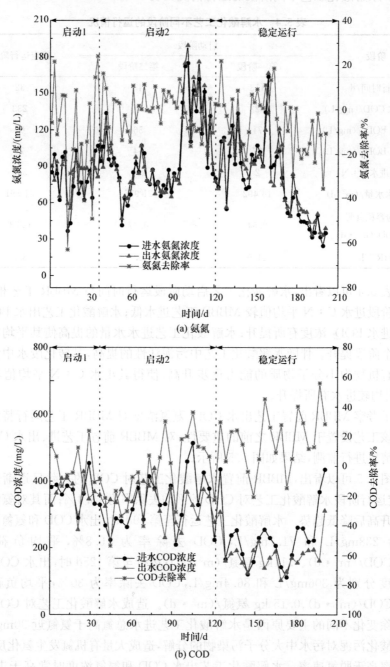

(a) 氨氮

(b) COD

图 5.5　MBBR 前置工艺进、出水 COD、氨氮变化情况

水解酸化污泥释放有机物情况如图 5.6 所示。

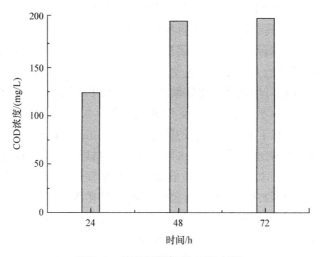

图 5.6　接种污泥释放 COD 情况

从图 5.6 可以看出,24h 后测得上清液 COD 浓度为 125mg/L,48h 后测得 COD 浓度为 198mg/L,72h 后测得 COD 浓度为 201mg/L。虽然没有对污泥进行灭活,水中的部分有机物仍然能被污泥代谢,但这也能充分说明污泥解吸释放大量的有机物。

水解酸化工艺产生 VFA 的效能是反映水解酸化工艺性能的主要参数之一。水解酸化工艺产生 VFA 的效能如图 5.7 所示。

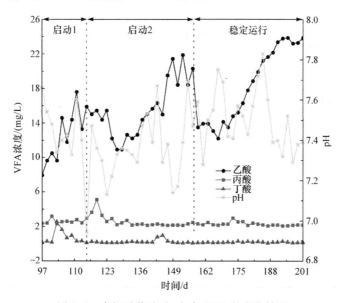

图 5.7　水解酸化池进、出水 VFA 的变化情况

　　从图 5.7 可以看出，当提升水解酸化工艺进水负荷时，出水中 VFA 浓度有明显下降，但随着运行时间的推移，出水中 VFA 浓度呈上升趋势，说明水解酸化工艺在受到冲击负荷后具有快速、高效自我修复的能力(Chen et al. ,2007)。水解酸化工艺进水中没有检测到 VFA。说明没有甲烷气体产生的水解酸化工艺将废水中的有机污染物降解为 VFA 和其他发酵产物。VFA 的大量出现可以说明水解酸化工艺提高了废水可生化性。水解酸化工艺出水中 VFA 的产生量为出水 COD 值的 3.7%～16.3%，平均值为出水 COD 总量的 9.57%。总 VFA 中平均有84.4%为乙酸，丙酸和丁酸的产生平均值分别为 2.5mg/L COD、0.29mg/L COD。水解液的 pH 主要影响水解的速率、水解酸化的产物以及污泥的形态和结构。水解过程可在 pH 3.5～10.0 顺利进行，但最佳 pH 为 5.5～6.5。水解液 pH 同时还影响水解产物的种类和含量。有学者曾经提出当基质为碳水化合物时，水解酸化细菌所产生的主要产物分别为甲酸、乙酸、丙酸和丁酸，4 种物质所产生的量取决于基质物质的 pH(Dytczak et al. ,2008；Kumar et al. ,2008)。同时也有报道，当废水 pH 为 4.3～4.5 或高于 6.5 时，VFA 中的主要产物为乙酸(Chen et al. ,2007)。同时有机酸产物也会影响出水 pH(Kumar et al. ,2008)。实验中水解酸化工艺进水的 pH 为 6.94～7.83，其 VFA 主要产物也是乙酸。

5.4　MBBR 生物强化处理

　　MBBR 工艺为组合工艺中的重点考察对象。MBBR 工艺共运行 188d，其不同阶段的运行参数见表 5.5。

表 5.5　MBBR 池各阶段运行参数

阶段	启动阶段		稳定运行阶段
	第一阶段	第二阶段	
运行时间/d	113	43	32
平均进水 COD/(mg/L)	346	226	241
平均进水 TOC/(mg/L)	77.1	52.7	39.4
平均进水 C∶N	2.2	2.3	3.5
平均进水水量/(m³/d)	16 492	35 308	51 891
DO/(mg/L)	5	3	3
平均容积负荷/[kgCOD/(m³·d)]	0.38	0.53	0.83
HRT/h	10.8	7.2	3.6

　　从表5.5可以看出,MBBR工艺启动第一阶段的运行时间长于启动第二阶段和稳定运行阶段的运行时间。其主要原因是在 MBBR工艺运行至第55d时,MBBR池底 ABS穿孔曝气管损坏,维修穿孔曝气管时停止对 MBBR工艺进水,致使 MBBR工艺中载体填料表面生物膜脱落,延长了载体填料的挂膜时间。MBBR工艺进水 C∶N平均值总体呈上升趋势。MBBR工艺稳定运行阶段 C∶N平均值为3.5,而启动阶段 C∶N平均值为2.25。伴随 MBBR工艺进水水量的增加,其平均容积负荷呈上升趋势。MBBR工艺 HRT的变化分别为10.8h、7.2h和3.6h。一般认为,MBBR工艺 DO为2.0mg/L以上时足以满足有机物的去除。但在实验中,为了保证启动阶段载体填料在 MBBR池中的完全流化状态需增加曝气量,故启动运行第一阶段 MBBR池中 DO的平均值为5mg/L。较低的 DO不利于氨氮的去除,故启动运行第二阶段和稳定运行阶段 MBBR池中 DO控制在3mg/L。MBBR前置工艺为水解酸化工艺,其出水溶解氧为零,为保证 MBBR两段1、2级反应池内 DO为3mg/L,前1、2级反应池内曝气量相对较大。

　　MBBR工艺进、出水 COD及氨氮浓度变化如图5.8、图5.9所示。

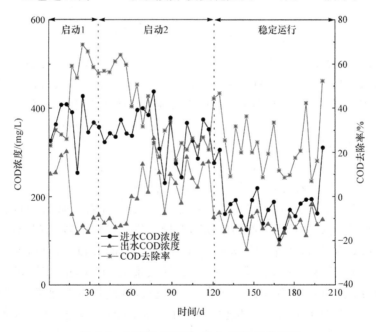

图5.8　MBBR工艺进、出水 COD变化情况

　　从图5.8和图5.9可以看出,进水 COD浓度为103~507mg/L、氨氮浓度为33~189mg/L,COD与氨氮浓度平均值分别为288mg/L和94mg/L。由于启动运行期的前44d,MBBR池内有二沉池接种污泥,故 COD去除率相对较高,平均值为41%。运行至第7d时,MBBR两段1级水处理池内载体填料内部均出现黄色生

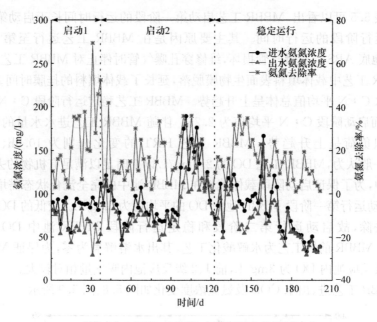

图 5.9　MBBR 工艺进、出水氨氮变化情况

物泥膜,第 32d 肉眼均可见生物膜富集于填料内壁,且富集量很小。第 44d 时 MBBR 池底曝气管线损坏,维修期间(第 45～94d)采用分段式维修。将待维修 MBBR 池中全部载体填料移至另一工段平行池内连续进水,因此导致在同一工段 中载体填料所占体积比增加至 60%,相对进水中可利用有机碳源降低,且填料移 池过程中泥浆泵叶轮与填料发生碰撞,因此载体填料表面生物膜大量损失。第 95d 时 MBBR 池重新启动,二次挂膜无需接种污泥,由于载体填料表面仍有少量 附集结实的生物膜存在,因此挂膜时间比初次启动挂膜用时短,第 115d 时载体填 料内部出现少量生物膜,且 COD 去除率能稳定在 25%左右。第 116d 时提升新建 工艺进水水量,使载体填料内部的生物膜大量富集。运行至第 127d,MBBR 水处 理工艺进水 COD 浓度由平均值 300mg/L 降至 200mg/L 以下,且氨氮浓度升至 100mg/L 左右,进水 C∶N 值维持在 1～2,导致系统 COD 去除率下降。第 156d 时,MBBR 出水 COD 去除率能稳定在 25%左右,因此提升新建工艺进水水量。 MBBR 工艺运行至第 172d 时,其进水氨氮开始呈下降趋势,进水 C∶N 值开始升 高,COD 去除率升至平均值 36.6%。运行至最后 20d 时,系统进水 COD 浓度忽 然升高,但是 MBBR 水处理工艺出水 COD 浓度没有受其影响,充分说明 MBBR 水处理工艺有较高耐冲击负荷能力。

5.5 水解酸化-MBBR-氧化沟组合工艺

5.5.1 工艺运行情况

水解酸化-MBBR-氧化沟组合工艺最终出水 COD 变化情况如图 5.10 所示。

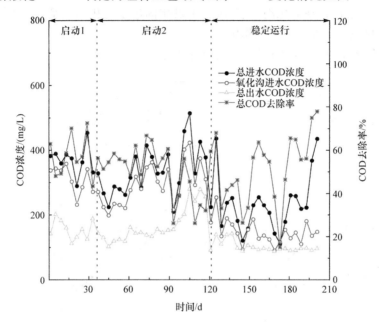

图 5.10 最终出水 COD 变化情况

从图 5.10 可以看出,大部分 COD 在氧化沟中被去除。在该组合工艺启动阶段,由于新建工艺调试,所以总水量的 2/3 进入氧化沟系统,其平均 COD 去除率大于 47%,高于稳定运行期的 COD 平均去除率 23%。尤其是 MBBR 工艺维修期间,所有污水均由氧化沟处理时,其 COD 去除率平均值高达 51%,且最高去除率为 67%。但是第 145d、第 169d,COD 去除率小于 10%,究其原因主要是进水 COD 浓度小于 100mg/L,污水中的可生物降解污染物均被新建工艺消耗殆尽所致。进入稳定阶段后,出水 COD 浓度接近 100mg/L 共有 18d,其中 12d 小于 100mg/L,占稳定运行阶段总天数的 46%。从整体 COD 去除率情况来看,COD 去除率呈下降再上升趋势,由于对新建工艺的调试所需,导致氧化沟进水污染物浓度变化所带来的影响是最主要的,但运行至第 10d 时,污水处理厂总进水 COD 浓度突增,致使污水中可被微生物利用的有机碳源增高,且进水氨氮浓度反而下降,C:N 值升高;沟内污泥经过近 7 个月的驯化后,对水中有机污染物的去除率逐渐呈现高于有机物的污泥释放率,故氧化沟工艺的 COD 去除率呈上升趋势。废水经过组合工艺的处理后,COD 浓度保持在 100mg/L 左右,且不能再由生物系统降解,也充分说明此种制药园区尾水中绝大部分有机物为溶解性的胞外聚合物和溶解性微生物代谢产物。通过对比可以看出,各运行阶段 MBBR 工艺对 COD 的去除率平均值分别为 40.8%、37.3%、33.7%;氧化沟工艺对 COD 的去除率平均值分别为47.2%、36.7%、35.9%。虽然 MBBR 工艺对 COD 的去除效能小于氧化沟工艺,但 MBBR 工艺设置在氧化沟之前,减轻了氧化沟进水有机物负荷,对整个工艺出水能达标排放起到至关重要的作用。

　　MBBR 组合工艺最终出水氨氮变化情况如图 5.11 所示。

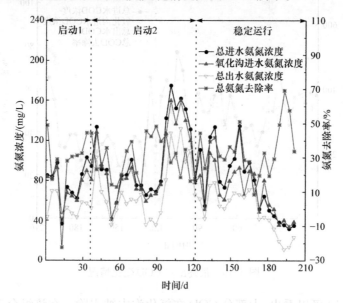

图 5.11　最终出水氨氮变化情况

　　从图 5.11 可以看出,氧化沟工艺对氨氮的去除率可占整个组合工艺氨氮总去除率的 60.7%,而 MBBR 工艺氨氮去除率为整个组合工艺氨氮去除率的 35.4%。通常氨氮的降解作用主要是在二级好氧生化段完成。这是由于一级好氧生化进水中有机物含量高,有机物含量高的污水使异养菌得到充足的营养,刺激其大量生长繁殖,在异养菌、自养菌同时生存的污水中,硝化细菌作为化能自养菌,其生长活性受到一定的抑制。它们竞争生存的结果是氨氮的去除率大大低于有机物的去除率。进入二级好氧生化后,有机物负荷降低,异养菌生长受到抑制,硝化菌则得到充足的营养,在长期的硝化菌生长强劲繁殖的过程中,其大量生长繁殖,大大提高硝化菌对污水中氨氮的降解能力。研究发现,MBBR 作为该污水处理厂的一级好氧生化段,平均氨氮去除率达 15.7%,最高去除率为 35.9%,这也充分说明此种制药化工园区尾水中可降解有机碳源含量之少。MBBR 水处理工艺的脱氮效果主要来自载体填料内部生物膜的硝化作用,亚硝酸盐未检出。

　　MBBR 组合工艺对氨氮的去除与硝态氮生成量的变化如图 5.12、图 5.13 所示。

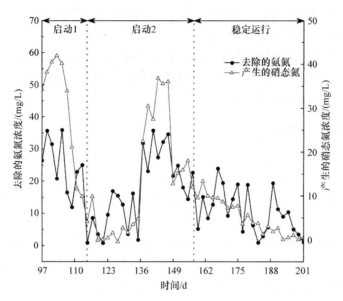

图 5.12　MBBR 去除氨氮与生成硝态氮的变化情况

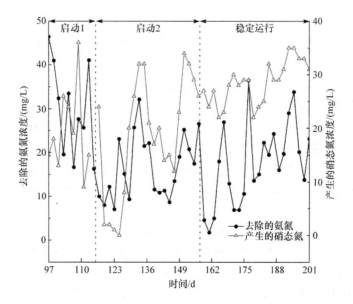

图 5.13　氧化沟去除氨氮与生成硝态氮的变化情况

从图 5.12、图 5.13 可以看出,MBBR 工艺中所去除的氨氮浓度大于所生成的硝态氮浓度,这说明剩余没有生成硝态氮的氨氮之所以被去除可能是由于氨氧化细菌的反硝化作用。同时,所去除的氨氮与所产生的硝态氮成正比,表明氨氮的起始浓度相比脱氮细菌的活性更能对氨氮的去除起到限速作用。氧化沟工艺中所产生的硝态氮浓度大于所去除的氨氮浓度。无论氨氮起始浓度如何变化,氧化沟在稳定运行阶段所产生的硝态氮均能保持在 0.43mg 硝态氮/gVSS。这恰恰与 MBBR 工艺中的氨氮去除机理相反,氨氧化细菌的活性相比氨氮的起始浓度起着更关键的作用(Ren et al.,1997)。

5.5.2 种群多样性分析

将不同样品扩增后的 DNA 经过变性梯度凝胶电泳(denaturing gradient gel electrophoresis,DGGE)分离后呈现不同的指纹图谱,分离出的电泳条带数目不等,并且各个条带的光密度不同。每个独立分离的条带通常代表一个优势种属,在反应器运行过程中,处理不同废水厌氧颗粒污泥的微生物群落结构和优势种群数量也不同。根据处理不同厌氧活性污泥样品的 DGGE 图谱,通过对比其种群 Shannon 多样性指数、Margalef 丰富度指数和 Berger-Parker 优势度指数比较不同污泥样品种群结构的异同,并分析了造成这些差异的原因。

1. 污泥样品种群分析指标计算

为分析和比较各污泥样品种群多样性,采用 Bio-Rad Quantity One 软件对所有污泥样品 DGGE 图谱进行条带分析,测定条带数量和条带光密度,以条带数量表示污泥样品的优势种群数量,以条带的光密度表示种群细胞密度的数量关系。实验对 MBBR 填料表面生物膜和氧化沟内活性污泥进行总 DNA 提取、PCR-DGGE 实验,所得结果如下所述。

部分污泥样品(MBBR 填料生物膜和氧化沟内活性污泥,分别取自第 100d、第 150d 和第 180d)总 DNA 的 PCR 产物结果如图 5.14 所示。

从图 5.14 可以看出,污泥样品 PCR 电泳图谱显示 8 个样品均成功扩增,PCR 产物长度为 196bp,且 PCR 过程中没有引物二聚体生成,可以进行 DGGE 实验。

所有污泥样品的 DGGE 图谱如图 5.15 所示。从图 5.15 可以看出,条带清晰、无重叠,可以根据图谱分析种群多样性。采用图 5.15 中 DGGE 条带数量和条带光密度计算各污泥样品种群 Shannon 多样性指数、Margalef 丰富度指数和 Berger-Parker 优势度指数(Geng et al.,2007;Liang et al.,2007;Jarusutthirak et al.,2006;Rosenberger et al.,2006)的数学计算公式见表 5.6。

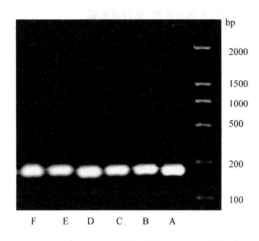

图 5.14　所有污泥样品 PCR 产物图

A. 氧化沟内活性污泥(运行第 100d)；B. 氧化沟内活性污泥(运行第 150d)；C. 氧化沟内活性污泥(运行第 180d)；D. MBBR 载体填料表面生物膜(运行第 100d)；E. MBBR 载体填料表面生物膜(运行第 150d)；F. MBBR 载体填料表面生物膜(运行第 180d)

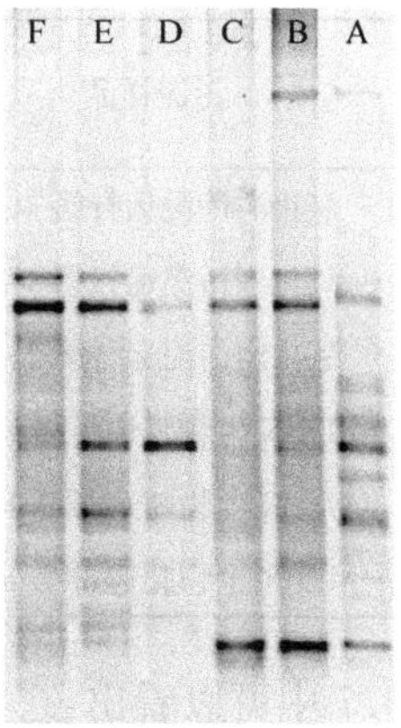

图 5.15　所有污泥样品的 DGGE 图谱

A. 氧化沟内活性污泥(运行第 100d)；B. 氧化沟内活性污泥(运行第 150d)；C. 氧化沟内活性污泥(运行第 180d)；D. MBBR 载体填料表面生物膜(运行第 100d)；E. MBBR 载体填料表面生物膜(运行第 150d)；F. MBBR 载体填料表面生物膜(运行第 180d)

表 5.6　分析指标及计算公式

分析指标	计算公式
Shannon 多样性指数(H')	$H'_e = -\sum\limits_{i=1}^{S} P_i/\ln P_i, P_i = N_i/N$
Margalef 丰富度指数(d_{Ma})	$d_{Ma} = (S-1)/\ln N$
Berger-Parker 优势度指数(d)	$d = N_{max}/N$

注：N_i 为 DGGE 图谱中条带 i 的光强度；N_{max} 为光强度最大的条带光强度；N 为所有条带的光强度之和；S 为条带数目。

2. 污泥样品种群结构分析

采用表 5.6 中对污泥样品种群分析指标的数学计算公式进行分析和比较，研究 MBBR 载体填料表面生物膜与氧化沟内活性污泥种群多样性的差异，由 DGGE 图谱条带分离计算所得的种群多样性指数见表 5.7。

表 5.7　污泥样品的种群多样性指数、丰富度指数、优势度指数

样品	污泥样品	条带数	Shannon 多样性指数	Margalef 丰富度指数	Berger-Parker 优势度指数
A	氧化沟污泥运行第 100d	18	2.991	1.962	0.181
B	氧化沟污泥运行第 150d	14	2.693	1.559	0.204
C	氧化沟污泥运行第 180d	11	2.454	1.183	0.242
D	MBBR 生物膜运行第 100d	18	3.036	2.003	0.372
E	MBBR 生物膜运行第 150d	20	3.138	2.081	0.241
F	MBBR 生物膜运行第 180d	21	3.176	2.290	0.192

从表 5.7 中可以看出：

（1）由数据趋势可知 Shannon 多样性指数和 Margalef 丰富度指数随污泥样品的变化具有一致性，而 Berger-Parker 优势度指数随污泥样品的变化与上述两者相反，说明污泥样品种群 Shannon 多样性和 Margalef 丰富度的降低伴随着某些种群优势地位的加强。

（2）处理废水水质对污泥样品种群多样性也具有一定影响。研究中氧化沟污泥种群多样性水平和丰富度排序为：氧化沟污泥运行第 100d＞氧化沟污泥运行第 150d＞氧化沟污泥运行第 180d；种群优势度排序与上述顺序相反。由于调试要求，将氧化沟进水进行调节，因此污水相对营养、成分由多至少的变化为 100d＞150d＞180d，而污水中营养丰富、成分复杂、环境选择压力小时，有助于保持种群多样性；相反，MBBR 工艺中进水量变化情况正与氧化沟内进水量变化情况相反：污水相对营养、成分由多至少的变化为 180d＞150d＞100d，故导致 MBBR 载体填料表面生物膜种群多样性水平和丰富度排序为：MBBR 生物膜运行第 180d＞MBBR 生物膜运行第 150d＞MBBR 生物膜运行第 100d。

（3）MBBR 工艺运行至第 180d 时，全部废水通过 MBBR 工艺，其出水流入氧化沟内。这时 MBBR 载体填料表面生物膜种群多样性和丰富度明显高于氧化沟污泥，而优势度相对较低。这说明 MBBR 载体填料表面生物膜比氧化沟污泥具有更强的抵抗环境筛选效应的能力，其原因可能在于 MBBR 载体填料表面生物膜结构能形成更好的微环境，有助于菌群抵抗环境选择压力，保持较高的多样性水平。

（4）MBBR 载体填料表面生物膜和氧化沟污泥样品的 DGGE 图谱中存在着处于相同位置的条带，其代表了在不同处理环境中皆存在的微生物种属，这些种属在制药园区混合尾水处理中起着稳定污泥结构和对特征污染物去除的作用。对比不同时期 MBBR 载体填料表面生物膜和氧化沟污泥样品的 DGGE 图谱，伴随着进水量的变化，MBBR 载体填料表面生物膜的 DGGE 图谱上的某些优势条带在氧化沟污泥 DGGE 图谱上是弱势条带。这说明这些种属在制药工业园区混合尾水处理过程中具有生存优势,它们也是降解特征污染物的种属,这些种属是污泥降解活性的主要组成部分,决定特征污染物的去除率。

5.6　经济技术分析

采用水解酸化-MBBR-氧化沟组合工艺深度处理制药工业园区混合废水成本主要包括电费、人工费用、药剂费用、折旧和设备维护费用以及其他费用。动力费用支出是废水处理成本的一个重要组成部分,工艺中动力费用主要产生于鼓风机、水泵、水解搅拌机及氧化沟曝气装置耗电。

具体成本核算如下所述。

(1) 动力费 E_1。MBBR 组合工艺最大运行功率为 1034kW;日用电量为:$1034 \times 24 = 24\ 816 (kW \cdot h)$。每 $kW \cdot h$ 电按 0.5 元计,则每天电费为:$E_1 = 24\ 816 \times 0.5 = 12\ 408 (元)$。

(2) 药剂费 E_2。最终出水投加聚合氯化铝(PAC)(150mg/L)。每天药剂消耗量分别为:PAC 药剂 $0.15 \times 50\ 000 = 7500 (kg)$;污泥处理系统消耗阳离子 PAM(30mg/L)$0.03 \times 865 = 25.95 (kg)$。每天固定药剂费为:$E_2 = 2400 \times 7.5 + 40000 \times 0.026 = 19040 (元)$。

(3) 工资福利费 E_3。全站共有职工 50 人,每人每年工资按 15 000 元计,则每日工资福利费为:$E_3 = 50 \times 15\ 000/365 = 2055 (元)$。

(4) 固定资产折旧费 E_4。固定资产折旧费按固定资产原值 5% 计,每年固定资产折旧费为:$E_4 = 8428 \times 5\% = 421.4 (万元)$。

(5) 检修维护费 E_5。检修维护费按设备原值 2.0% 计,每年检修维护费为:$E_5 = 2512 \times 2.0\% = 50.24 (万元)$。

(6) 日运行成本 E_c。$E_c = E_1 + E_2 + E_3 = 12\ 408 + 19\ 040 + 2055 = 33\ 503 (元)$。

(7) 日总成本 Y_C。$Y_C = E_1 + E_2 + E_3 + E_4/300 + E_5/300 = 49\ 173$ 元。

(8) 单位运行成本 T_1。$T_1 = E_C/$年处理污水量,单位运行成本 $T_1 = 33\ 503/50\ 000 = 0.67 (元/m^3)$。

(9) 单位总处理成本 T_2。$T_2 = Y_C/$年处理污水量,单位总处理成本 $T_2 = 49\ 173/50\ 000 = 0.98 (元/m^3)$。

综上所述,采用水解酸化＋MBBR＋氧化沟组合工艺深度处理制药工业园区混合尾水的处理成本为 0.98 元/m^3。

参 考 文 献

邢德峰,任南琪,宫曼丽. 2005. PCR-DGGE 技术解析生物制氢反应器微生物多样性. 环境科学,26(2):172—177.

Beltran F J,Garcia J F,Alvarez P M. 2000. Sodium dodecylbenzenesulfonate removal from water and wastewater. 1. Kinetics of decomposition by ozonation. Industrial and Engineering Chemistry Research,39(7):2214—2220.

Chen Y,Jiang S,Yuan H,et al. 2007. Hydrolysis and acidification of waste activated sludge at different pHs. Water Research,41(3):683—689.

Chen Z B,Ren N Q,Wang A J,et al. 2008. A novel application of tpad-mbr system to the pilot treatment of chemical synthesis-based pharmaceutical wastewater. Water Research,42(13):3385—3392.

Dytczak M A,Londry K L,Oleszkiewicz J A. 2008. Activated sludge operational regime has significant impact on the type of nitrifying community and its nitrification rates. Water Research,42(8-9):2320—2328.

Geng Y,Zhao H X. 2009. Industrial park management in the Chinese environment. Journal of Cleaner Production,17(14):1289—1294.

Geng Z H,et al. 2007. A comparative study of fouling-related properties of sludge from conventional and membrane enhanced biological phosphorus removal processes. Water Research,41(19):4329—4338.

Jarusutthirak C,et al. 2006. Role of soluble microbial products(SMP)in membrane fouling and flux decline. Environment Science and Technology,40(3):969—974.

Kumar A,Yadav A K,Sreekrishnan T R,et al. 2008. Treatment of low strength industrial cluster wastewater by anaerobic hybrid reactor. Bioresource Technology,99(8):3123—3129.

Liang S,et al. 2007. Soluble microbial products in membrane bioreactor operation:Behaviors,characteristics,and fouling potential. Water Research,41(1):95—101.

Milner M G,Curtis T P,Davenport R J. 2008. Presence and activity of ammonia-oxidising bacteria detected amongst the overall bacterial diversity along a physico-chemical gradient of a nitrifying wastewater treatment plant. Water Research,42(12):2863—2872.

Narkis N,Schneider-Rotel M. 1980. Evaluation of ozone induced biodegradability of wastewater-treatment plant effluent. Water Research,14(8):929—939.

Ren N Q,et al. 1997. Ethanol-type fermentation from carbohydrate in high rate acidogenic reactor. Biotechnology and Bioengineering,54(5):428—433.

Rosenberger S,et al. 2006. Impact of colloidal and soluble organic material on membrane performance in membrane bioreactors for municipal wastewater treatment. Water Research,40(4):710—720.

Samir K K,Li L,Sung S. 2002. Effect of pH on hydrogen production from glucose by a mixed culture. Bioresource Technology,82(1):87—93.

Tsuyoshi I,Masao U,Jun L. 1997. Advanced startup of UASB reactors by adding of water absorbing polymer. Water Science and Technology,36(6-7):399—406.

Zhang Z P,Tay J H,Show K Y,et al.,2007. Biohydrogen production in a granular activated carbon anaerobic fluidized bed reactor. International Journal of Hydrogen Energy,32(2):185—191.

第6章 维生素 C 废水深度处理关键技术
与应用工程示范

本章通过对河北省某维生素 C 生产企业废水的调查和监测,采用电解氧化技术对废水进行预处理研究,然后采用上流式厌氧生物滤池-移动床生物膜反应器(UBF-MBBR)生物强化一体化反应器进行废水深度处理研究,并进行工业化示范研究,获取稳定运行工艺参数,出水水质基本满足《发酵类制药工业水污染物排放标准》(GB 21903—2008)的要求,实现了二级生化出水降碳、脱色、脱氮的目标。

6.1 项目背景和方案选择

6.1.1 项目背景

维生素 C(又称为 L-抗坏血酸,VC)是一种人类需求的营养强化剂和功能性抗氧化剂,是目前全球应用范围最广泛、产销量最大的维生素品种,广泛应用于医药、食品饮料、饲料等行业,同时也是中国医药企业年产量、出口量最大的品种之一(İpek et al.,2005;戴伟国,2003)。从 1998 年起,维生素 C 出口量逐年提高,2010年出口量达 11.4 万 t,占全球需求量的 90% 以上,而其中大半的产量来自国内 5家制药企业,我国成为名副其实的维生素 C 生产大国。

国内对维生素 C 生产废水的处理主要采用厌氧-好氧生物处理工艺,再配合混凝和化学氧化等物理化学处理工艺,以满足《污水综合排放标准》(GB 8978—1996)二级标准的要求(李伟民等,2010;汪善全等,2007a;2007b;柳丹等,2007;李晓娜,2006;蒋展鹏等,2004;杨景亮等,1994)。2008 年 8 月,随着对污染物排放要求更为严格的新标准——《发酵类制药工业水污染物排放标准》(GB 21903—2008)的实施,国内维生素 C 生产企业面临着技术升级的严峻考验,水污染问题成为制约维生素 C 产业可持续发展的瓶颈问题,传统的生化工艺在面对维生素 C 废水的高盐度、水质波动等特性时,往往难以发挥出理想的运行效率。因此,亟待开发基于新排放标准的维生素 C 废水深度处理技术。

6.1.2 水质情况

以取自河北某维生素 C 生产企业废水处理站的二沉池出水为研究对象,该废水已经过 UASB 厌氧处理及 MBBR 好氧生物处理。对该废水进行相应的出水指标分析,其各项水质指标见表6.1。

表6.1　二级生化出水水质指标

项目	二沉池出水	项目	二沉池出水
色度	200~330	Cl⁻/(mg/L)	4726~8216
pH	7~9	电导率/(mS/cm)	12.4~18.5
COD/(mg/L)	204~327	氨氮/(mg/L)	10.2~27.3
TOC/(mg/L)	109~142	总氮/(mg/L)	40.4~60.0
BOD₅/(mg/L)	15.6~30.1	总磷/(mg/L)	8.4~18.2

由表6.1可以看出,此废水的水质特征如下:

(1) 废水有机物浓度低,COD浓度在300mg/L左右,而$BOD_5/COD \leqslant 0.1$,可生化性较差。

(2) 含盐量高(Cl⁻高达5000~8000mg/L),不利于微生物降解。

(3) 废水色度高达300倍,通常呈棕黄色,不满足新的排放标准。

(4) 总氮和氨氮基本满足新标准的要求,但是总磷偏高,需要进一步处理处置。

从BOD_5/COD值来看,废水中存在大量的难以降解的复杂有机物,这些有机物可能是废水呈现高色度的根源。

为了进一步分析废水中所含有的各种离子浓度,为进一步的处理提供理论依据,对废水进行电感耦合等离子光谱测定,测定结果见表6.2。

表6.2　电感耦合等离子直读光谱仪　　　　　(单位:mg/L)

分析元素	Al	Ca	Cd	Co	Cr	Cu	Fe	K
含量	0.10	340	ND	ND	0.04	0.02	0.13	110

分析元素	Mg	Mn	Na	P	Si	Sr	Zn
含量	37.8	0.07	2500	7.77	4.75	0.56	0.15

由表6.2可见,维生素C废水生化出水中基本不含Zn、Cu、Cr、Cd等有害金属元素,其他有害金属如Fe含量也非常低(许保云等,2006)。水样中Na、K、Ca等离子含量较高,结合维生素C发酵生产工艺可推断,钠离子主要来源于中间产物古龙酸钠通过离子交换转化为维生素C这一过程。另外,废水中含有大量氯离子,所以该废水适合采用电解氧化工艺进行预处理。

为了研究废水中有机物发色基团的特性,对维生素C废水二级生化出水进行红外光谱扫描和紫外-可见光谱扫描,光谱图分别如图6.1和图6.2所示。

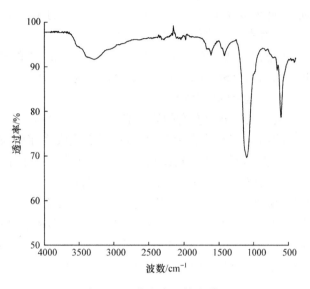

图 6.1　生化出水红外光谱图

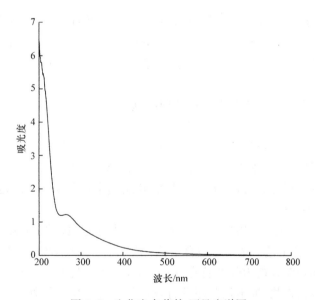

图 6.2　生化出水紫外-可见光谱图

综合考虑维生素 C 废水的有机成分、生物厌氧和好氧的处理过程及产物,并对比发色基团(乙烯基—C=C—、偶氮基—N=N—、氧化偶氮基—N=NO—、羰基—C=O—、硫羰基—CO—S、硝基—NO₂、亚硝基—N=O)的红外谱图,由图 6.1 可得到以下几个结论(郁建桥等,2005;杨姣兰,2001)。

(1) 3278~3280cm⁻¹处的峰为氨基,可能有羟基,因为羟基和氨基的峰很近,有可能二者叠加,因此形成这个大峰。氨基的存在也与氮的相关测定结果相符,大部分氮是以氨基形式存在于未降解的发色物质中。

(2) 发色基团可能为羰基—C=O—,即 $1635\sim1640cm^{-1}$ 处的吸收峰。

(3) 结合 ICP 的结果分析,$1424cm^{-1}$ 处的峰可能为—COOH 与溶液中阳离子(应为钠离子)形成羧酸盐后的偶合峰。

(4) $1103cm^{-1}$ 处和 $613cm^{-1}$ 左右的峰可能为 CO_3^{2-} 和 SO_4^{2-}。

由图 6.2 可知,维生素 C 废水在 $265\sim270nm$ 处有吸收峰,而已知羰基在 $250\sim300nm$ 有弱吸收。因此,紫外-可见光谱扫描结果也证明该废水中发色集团为羰基,该结果与傅里叶变换红外光谱检测得出的结果相符。

此外,废水经二级处理后出水中仍然含有烯键、羧基、酰胺基、磺酰胺基、羰基和硝基等生色团的有机物,并还含有—NH₂、—NHR、—NR₂、—OR、—OH 和—SH 等助色团,而且都是极性基团,使这些有机物易溶于水,并有可能使烷烃化合物发生乳化作用产生高度分散作用,从而生成高色度的水溶液(马前等,2005)。

6.1.3　方案选择

基于维生素 C 二级生化处理出水高色度、可生化性差的水质特征,综合比较各种废水深度处理工艺,拟采用好氧-厌氧生物强化一体化反应器作为深度处理的主体工艺,再配合电解氧化预处理工艺,以提高废水的可生化性,为后续的生物强化处理提供良好的条件。

近年来,电解氧化作为废水生物处理的预处理工艺的研究越来越引起人们的重视。废水中有毒、难降解的污染物质往往能够被电解过程中阳极氧化产生的诸如氯气、次氯酸根、羟基自由基等氧化剂破坏,从而达到提高可生化性的目的。电解氧化作为预处理工艺主要有以下优点:①从作用机理看,保证了处理效果的可靠性;②从该法的运行方式看,保证了管理操作的简便性;③从该法的运行成本看,具有一定的经济可靠性。

生物强化一体化反应器拟采用上流式厌氧生物滤池(UBF)-移动床生物膜反应器(MBBR)组合工艺。选择该组合工艺,主要是由于两者均属于生物膜法范畴,且有泥龄长、耐抑制物能力强的特点(Bortone,2009),其中填充的特性填料,对运行过程中的环境、毒物、冲击负荷还具有较好的缓冲作用。另外,一体化反应器还具有投资少、占地少、管理运行方便等特点(王钊等,2011)。

6.2　维生素 C 废水电解氧化预处理研究

6.2.1　实验材料和方法

实验用废水取自某维生素 C 生产企业污水处理设施的二沉池出水,该废水之前经过了 UASB 厌氧处理、MBBR 好氧生物处理,该废水 COD 浓度为 300mg/L 左右,虽然不高但仍未达到新标准《发酵类制药工业水污染物排放标准》(GB 21903—2008)的排放要求,而且其中氯离子浓度(5000~8000mg/L)较高,色度高(300 倍左右),$BOD_5/COD \leqslant 0.1$,具体水质见表 6.1。

实验所采用的电解氧化装置如图 6.3 和图 6.4 所示。电解槽(100mm × 200mm × 160mm)有效容积为 3.0L,共包含 3 对极板(100mm × 150mm),阴极材料为不锈钢,阳极材料为石墨。操作电压 3~7V,电流 0~10A。装置运行时,槽底放有磁力转子搅动以便反应均匀。

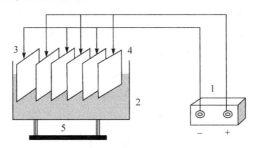

图 6.3　电解氧化反应器示意图

1. 直流电源;2. 电解槽;3. 不锈钢阴极;4. 石墨阳极;5. 磁力搅拌器

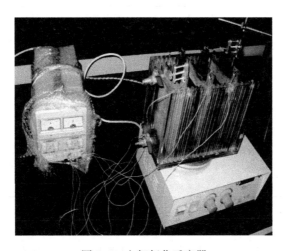

图 6.4　电解氧化反应器

结合工程应用的实际及废水电导率高无需加药调节的特点,选择影响电解过程的主要因素,即电解时间、电流密度、pH、极板间距为研究对象。预实验结果发现,在 6A 的电流下,15min 内,废水色度已有明显的脱除。

正交实验设计由于高效、快速、经济等优点,被广泛应用于实验设计,而且正交实验还保证了实验的全面性和精简性。采用四因素三水平的正交实验,按 $L_9(3^4)$

正交表设计,确定各因素及水平值如下:电解时间(5min、10min、15min),电流密度(30mA/cm²、40mA/cm²、50mA/cm²),pH(4、7、10),极板间距(15mm、25mm、35mm),考察不同操作条件下电解氧化对废水色度去除率的影响,并给出最佳的运行参数。

用傅里叶变换红外光谱与紫外-可见光图谱,初步分析脱色机理。

6.2.2 实验结果

预实验发现以石墨极板为阳极、不锈钢极板为阴极的电解氧化反应对该废水的色度去除效果较明显,而对总有机碳(total organic carbon,TOC)的脱除效果不明显,因此选择色度的降低量作为正交实验的检测指标。

以电解时间、电流密度、pH 和极板间距为影响因素,以处理后的色度下降量为检测指标,按 $L_9(3^4)$ 正交表进行正交实验。实验测得原水色度为 250 倍,COD 为 307.6mg/L,TOC 为 81.1mg/L,BOD_5 为 22.3mg/L,BOD_5/COD 为 0.072。正交实验结果和极差分析结果见表 6.3。

表 6.3　正交实验结果

序号	电解时间 /min	pH	电流密度 /(mA/cm²)	极板间距 /mm	色度 /倍
1	5	4	30	15	116
2	5	7	40	25	66
3	5	10	50	35	100
4	10	7	30	35	91
5	10	10	40	15	108
6	10	4	50	25	167
7	15	10	30	25	150
8	15	4	40	35	183
9	15	7	50	15	133
K_1	94	155.3	119	119	
K_2	122	96.7	119	127.7	1114
K_3	155.3	113.7	133.3	124.7	
R	61.3	58.6	14.3	8.7	

先将各个因素当中同水平的实验结果求和再计算平均值,得到各因素不同水平下的均值表,按照序号为 1、2、3 所对应的条件排列顺序,得到 K_1、K_2、K_3。通过比较可得出最接近最佳的数值。接下来再计算 K_1、K_2、K_3 的级差,级差越大则说明此对应因素对实验的影响越显著。

由正交实验结果(表6.3)可知,电解氧化脱色效果明显,15min内色度最高降低了183倍。同时,通过对正交实验结果计算发现,四个因素对处理效果的影响顺序依次如下:电解时间>pH>电流密度>极板间距。通过比较K_1、K_2、K_3值,得出优化后的运行条件为:电解时间15min,pH为4,电流密度50mA/cm^2,极板间距25mm。

由正交实验结果可知,随着反应时间的延长,电极对废水色度的去除率逐渐增加。这是因为在反应初始阶段,废水中有机物浓度高,反应速率较快,随着反应进行,如果反应时间过长,电解反应产物在电极表面堆积,而且副反应增多,对色度去除有抑制作用。另外,时间越长,能耗也越高。

正交实验结果显示,pH为4时脱色效果最好,说明酸性条件下更有利于有机物脱色,这是因为酸性条件有利于阴极生成$\cdot OH$和H_2O_2;但pH过低会发生析氢副反应,降低了H_2O_2生成的活性点位,减少H_2O_2生产量,从而降低羟基自由基的量,因此pH不能过低(于季红,2010;Wang et al.,2008)。

另外,从正交实验结果还可以得出,电流密度越大,电解氧化反应器脱色的效果越强,是由于随着电流的增大,所消耗的电能增大,反应推动力增强,反应器中离子电极复极化程度增强,工作电极的数量增多,电极表面直接氧化和间接氧化速率增加,有机物氧化降解速率也随之增加,从而使废水中的大分子物质变为小分子物质,色度得到脱除。

优化运行条件下,对出水进行水质分析,得出出水各项指标见表6.4。

表6.4　电解氧化预处理出水水质指标

项目	预处理出水	项目	预处理出水
色度	125~155	Cl^-/(mg/L)	4597~8080
pH	4~6	电导率/(mS/cm)	12~18
COD/(mg/L)	193~286	氨氮/(mg/L)	11.1~26.8
TOC/(mg/L)	98~123	总氮/(mg/L)	38.2~58.3
BOD$_5$/(mg/L)	30.4~51.2	总磷/(mg/L)	8.0~18.2

废水经电解氧化预处理后色度从300倍左右降至150倍,TOC未有明显降低,仍有100mg/L左右,不能满足新排放标准;但BOD$_5$/COD从不足0.1升高至0.24左右,可生化性有明显提升,为后续的生物强化处理创造了良好的条件。

为了初步分析废水中发色物质经电解后降解的情况,对维生素C废水电解前后分别进行红外光谱扫描和紫外-可见光谱扫描,电解氧化前后废水紫外-可见光谱图如图6.5所示。

由图6.5可知,谱图在265~270nm处显示低强度吸收,说明废水中含有羰基或共轭羰基存在的有机物;经电解后的废水与原水相比,该吸收峰强度变小,说

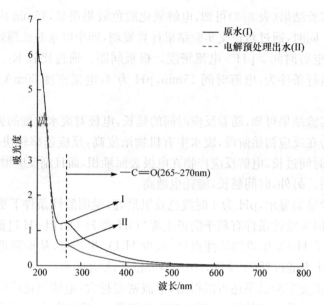

图 6.5　电解前后废水紫外-可见光谱图

明作为发色基团的羰基经电解氧化后浓度降低或转化成其他物质；同时，电解反应使得废水在整个可见光范围内的吸光度明显降低，这进一步解释了电解氧化对色度良好的脱除效果。

　　维生素 C 生产废水作为一种发酵类制药废水，具有含盐量高、导电性好等特点，适合采用电解氧化处理，但也容易导致反应装置结垢、腐蚀电极，从而影响电解装置的使用效果与寿命。因此，要求反应装置容易拆卸，便于清洗维护，电极便于更换。

　　常用的同心圆排列电极反应器电极面积小，电解效果差。平行板式废水电解装置的极板多用上部螺丝固定，容易生锈，不易更换；采用悬挂式，可方便取出，但悬挂部件影响进水与操作，且平行板式处理效果相对较低。针对这些情况，设计出一种新型、方便拆卸、适于高盐废水处理的电解氧化装置，如图 6.6 所示。

　　该高盐废水电解氧化处理装置包括顶盖、电解柱、进水管、电极板、中心支架和底座。电解柱固定在装置底座上；中心支座置于电解柱底部；进水管位于电解柱中间，置于中心支座上；电极板位于电解柱内，围绕进水管辐射状排列；顶盖位于电解柱顶部。电解柱上部为出水区，出水区以下到沉淀排泥区为电解工作区，此区电解柱内壁上固定有极板固定圈，等距间隔断开成小插槽，便于电极板安装。底部设有空气环管，外接曝气装置，以使电解反应混合均匀。倒圆锥体为沉淀排泥区。反应器中电极板、阳极板材质为石墨，阴极板材质为不锈钢，阳极板与阴极板数目相同，相间辐射状排列在电解柱内，相邻两块阳极板、阴极板都组成 1 对电极，电解柱内

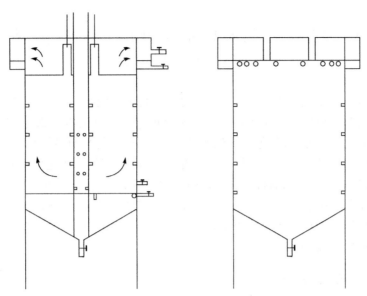

图 6.6　新型电解氧化反应器示意图

形成循环式的若干个电极对。所有电极板为并联方式,电极板数目可以根据待处理废水中盐浓度的高低与处理效果要求进行设定,可多可少,灵活机动。

该新型高盐废水电解氧化处理装置,结构简单、方便拆卸与组装,反应器内创造出良好的水力条件,使废水得到充分的处理,反应高效、节约电能、降低处理成本。装置很好地实现了三相(水、气与泡沫、泥)的分离,保证了出水效果。该装置可以高效地处理高盐废水,破坏其中有机污染物的分子结构,提高废水的可生化性,并具有很好的脱色效果。

6.2.3　小结

(1) 通过正交实验和主要因素分析,研究影响电解氧化法预处理维生素 C 生产废水二级生化出水的主要制约因素,对脱色效果的影响顺序依次为:电解时间>pH>电流密度>极板间距。优化后的运行条件为:电解时间 15min,pH 4,电流密度 $50mA/cm^2$,极板间距 25mm。

(2) 在(1)所述优化条件下,处理后的废水水质指标中,色度从 300 倍左右降至 150 倍,TOC 未有明显降低,仍有 100mg/L 左右,两者仍不能满足新排放标准;但 BOD_5/COD 从不足 0.1 升高至 0.24 左右,可生化性有明显提升,为后续的生物强化处理创造良好的条件。

(3) 紫外可见吸收光谱(UV-Vis)扫描分析表明,电解氧化使废水在可见光范围内的吸光度明显降低,且发色物质至少有一个特征吸收峰在 265~270nm;发色基团可能为羰基。

6.3　维生素 C 废水 UBF-MBBR 生物强化一体化反应器深度处理研究

维生素 C 废水是一类高色度、高盐度发酵类制药废水,该废水经二级生化处理后,色度和 COD 依然不能满足新排放标准的要求。维生素 C 废水二级生化出水经电解氧化预处理后,其色度得到明显降低,且可生化性明显提高,为后续生物强化深度处理提供了一定的可行性。随着厌氧/缺氧-好氧一体化生物膜反应器的发展,以及生物强化技术的日益成熟,其效果好、成本低、运行方便的特点使越来越多的学者将其应用在废水深度处理工艺中。研究拟尝试采用 UBF-MBBR 组合工艺深度处理维生素 C 二级生化出水,主要考察该一体化反应器的脱色、脱碳、脱氮效果,并对操作参数进行优化。

6.3.1　实验材料和方法

采用 UBF-MBBR 生物强化一体化反应器对维生素 C 废水进行深度处理,其进水是经电解氧化预处理的维生素 C 废水二级生化处理出水,对废水各水质指标进行相应分析,各项水质指标见表 6.5。

表 6.5　UBF-MBBR 一体化反应器进水水质指标

项目	预处理出水	项目	预处理出水
色度	125~155	Cl^-/(mg/L)	4597~8080
pH	4~6	电导率/(mS/cm)	12~18
COD/(mg/L)	193~286	氨氮/(mg/L)	11.1~26.8
TOC/(mg/L)	98~123	总氮/(mg/L)	38.2~58.3
BOD_5/(mg/L)	30.4~51.2	总磷/(mg/L)	8.0~18.2

UBF-MBBR 生物强化一体化反应器呈圆柱形,由直径 100mm、高 700mm 的有机玻璃制成,有效容积 4000mL,结构示意图如图 6.7 所示。反应器分为下、中、上三个部分,下部为上流式厌氧生物滤池,体积 1600mL,其中填充有特殊生物绳;中间为过渡区,由三相分离器和曝气装置构成,体积为 400mL;上部为移动床生物膜反应器,其中填充有聚乙烯悬浮填料,体积为 2000mL。

UBF-MBBR 一体化反应器下部厌氧生物滤池高 220mm,填充日本 TBR 株式会社研发的 PP+K-45 型生物绳,如图 6.8(a)所示,填充率 80%。该生物绳的特点是柔软绒毛状的细纤维中杂有硬质粗纤维,生物膜易于附着其上且可以避免由于水力冲刷而致其脱落,保证反应器内足够的生物量,增强反应器抗冲击负荷的能力,而且生物绳的这种特殊结构可以使水流平稳通过,增加系统的稳定性。

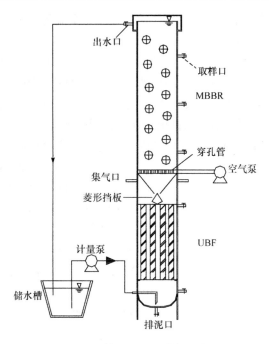

图 6.7　一体化反应器结构示意图

MBBR 高 400mm,有效水深 350mm,底部采用穿孔管曝气,顶部采用环形出水堰。MBBR 区投加聚乙烯轻质悬浮生物填料,如图 6.8(b)所示,其形状为中心十字支架外部有尾翅的空心圆柱形,基本技术参数为:外径为 10mm、高为 10mm、壁厚为 0.9mm,堆积密度为 120kg/m^2,孔隙率为 90%,总比表面积为 1028m^2/m^3,填料体积填充率为 50%。由于该种填料较大的内比表面积,保证了反应所需的足够微生物量,同时使反应器具有一定的抗冲击能力。水流进入 MBBR 反应器后,

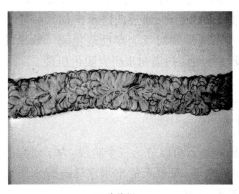

(a) 生物绳

(b) MBBR 填料

图 6.8　生物绳和 MBBR 填料

在上升水流和曝气气流的联合作用下,填料处于完全流化状态,生物膜与基质可以充分接触传质。

为了研究一体化反应器实际运行效果,将经电解预处理的出水泵入UBF-MBBR一体化反应器进行深度处理,实际运行照片如图6.9所示。废水由储水槽经蠕动泵泵入UBF区,沿反应器往上流动,经过三相分离器,接着进入MBBR区,充分反应后由顶部出水堰排出再次进入储水槽,形成循环。反应器沿器壁一定高程设有取样口,用于对不同位置的水样进行取样分析监测。

图6.9　一体化反应器实际运行图

一体化反应器UBF区内污泥取自该企业废水处理设施二沉池污泥,呈絮状、黑褐色,MLSS为3.0g/L,经重新驯化培养后污泥恢复良好的活性;一体化反应器MBBR区投加的填料取自该企业好氧生化处理段的MBBR池,填料表面已经挂有一层黄褐色的生物膜,由于该填料上的生物膜已经适应维生素C废水的高盐水质,便于反应器的启动驯化。

反应器采用全回流的进水方式,每天进水2L,每24h换水一次。控制反应器MBBR区pH为7.5～8.5,出水溶氧为4.0～5.0mg/L,室温(20～30℃)运行。

实验中,首先进行UBF区生物绳挂膜以及一体化反应器启动研究,待装置运行稳定后,考察反应器的脱色、脱碳、脱氮效果。反应器稳定运行后,分析不同水力停留时间、不同容积负荷、不同温度下反应器处理效果的变化;通过向进水中加入一定量的易降解碳源(葡萄糖、甲醇、乙酸钠),探索不同碳源对反应器反硝化脱氮效果的影响,确定反硝化最佳碳氮比;通过紫外及红外图谱扫描初步研究脱色机理。

6.3.2　结果与讨论

1. UBF-MBBR一体化反应器启动研究

UBF-MBBR一体化反应器从启动到稳定运行可以分为三个阶段,为了研究不同阶段的出水水质与反应器启动情况之间的联系,对每天的出水水质进行水质监测,TOC及色度的去除情况如图6.10和图6.11所示。

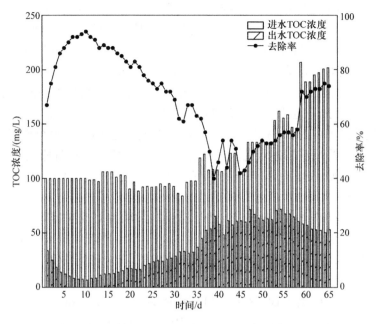

图 6.10　一体化反应器运行各阶段 TOC 的去除效果

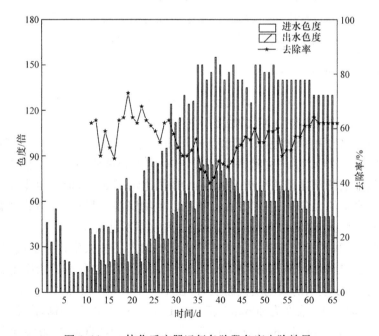

图 6.11　一体化反应器运行各阶段色度去除效果

（1）启动阶段（1～10d）。启动阶段的主要目的是使厌氧区生物绳挂膜，进水为葡萄糖和 NaCl 配制的混合液,控制进水 TOC 浓度为 100mg/L 左右,Cl⁻ 浓度为 5000mg/L。运行 3d 后,出水澄清,且夹带污泥量明显减少,TOC 去除率达到 75%;10d 后,TOC 去除率稳定在 90% 以上,UBF 区生物绳表面明显附着一层黑褐色生物膜,说明反应器启动成功,进入驯化培养阶段。

(2) 驯化阶段(11~46d)。驯化阶段进水由经电解氧化预处理的维生素 C 废水和葡萄糖溶液按一定比例配制而成,TOC 浓度仍维持在 100mg/L 左右,废水在进水比例中按 TOC 的 20%、40%、60%、80%、100% 逐步增大,每个梯度运行至出水 TOC 稳定。当反应器进水完全为电解预处理出水时,驯化阶段结束。46d 后,反应器出水 TOC 浓度为 57.18mg/L,容积负荷达 0.062kgTOC/(m³·d),TOC 去除率下降至 52%,出水色度为 60 倍。

(3) 负荷提升阶段(47~65d)。为了分析外加碳源对反应器降碳及反硝化效果的影响,按废水 TOC 浓度的 20%、50%、100% 三个比例向进水中添加葡萄糖。65d 后,反应器 TOC 负荷升高到 0.104kg/(m³·d),出水平均 TOC 为 53.72mg/L,平均色度为 50 倍,总氮去除率从 23% 升至 71%,反应器脱氮效果有明显提升。

稳定运行后,检测 UBF 区 DO 和氧化还原电位(oxidation-reduction potential,ORP),发现 DO 为 0.1~0.4mg/L,ORP 为 −4~40mV,并非严格厌氧状态。这是由于 MBBR 出水回流时,部分含氧水进入 UBF 区,这使得厌氧滤池处在水解酸化阶段,并未进入产甲烷阶段,缺氧状态可以有效地将废水中大分子有机物水解为小分子物质,有利于好氧 MBBR 区的进一步脱碳处理。

2. UBF-MBBR 一体化反应器处理效果

为了研究 UBF-MBBR 一体化反应器运行稳定后对废水中有机物的去除效果,经分析得到进、出水 TOC 浓度及 TOC 去除率如图 6.12 所示。当进水完全为经电解氧化预处理的维生素 C 废水且未外加易降解碳源时,出水平均 TOC 浓度为 57.18mg/L,TOC 平均去除率达 52%,有一定的处理效果但不是很理想。原因在于:虽然经电解预处理的废水 BOD₅/COD 值达到了 0.24,但可生化性仍不是很好,废水中剩余的大分子、杂环等有机物难以生物降解。另外,较高的含盐量对生物膜上微生物的代谢活性有所抑制,导致处理效率不是很高。

共基质代谢是指向难以生化降解的体系中加入易被微生物分解代谢的物质,使微生物获得足够的营养而提高活性,结果使原先不能被利用的物质得到分解代谢。为了分析该废水的共基质代谢能力,在 13~18d、19~24d、25~31d 分别向进水中逐步添加 TOC 浓度为 20mg/L、50mg/L、100mg/L 的葡萄糖,出水平均 TOC 浓度分别为 63.56mg/L、65.07mg/L、53.72mg/L,出水 TOC 和未添加葡萄糖时相差不多,说明外部碳源的加入对反应器有机物去除影响不大,共基质代谢作用不明显,剩余有机物可能是某些大分子、杂环有机物,不能或极难被微生物降解。

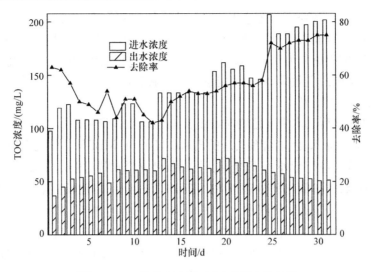

图 6.12　一体化反应器对 TOC 的去除效果

研究在上述条件(结果与讨论 1 中所述 35～65d)运行下 UBF-MBBR 一体化反应器运行稳定后进、出水色度和色度变化情况,得到其去除效果如图 6.13 所示,当进水完全为经电解氧化预处理的维生素 C 废水且未外加易降解碳源时,出水平均色度为 60 倍,色度平均去除率为 51%;当进水中添加 TOC 浓度为 100mg/L 的葡萄糖时,出水平均色度降至 50 倍,色度平均去除率从 51% 升至 62%。

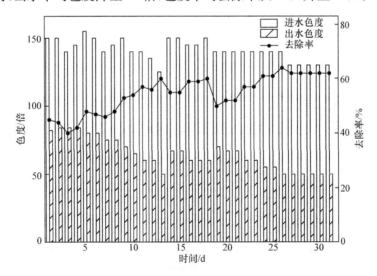

图 6.13　一体化反应器对色度的去除效果

比较图 6.12 和图 6.13 发现,TOC 与色度的降解规律、变化趋势基本一致,说明废水中有机物和色度存在一定的共生性,可能是由于某些发色物质在生化过程中被微生物降解,转变成为无色或色度较低的其他物质,使得出水 TOC 浓度在降低的同时色度也得到一定的脱除。最终稳定运行,反应器出水 TOC 浓度为 57.18mg/L,容积负荷为 0.062kgTOC/(m³·d)时,色度为 60 倍,一体化反应器获得了较好的降碳脱色效果,添加一定量的易降解碳源能进一步提高脱碳脱色的效果,但改善效果不明显。

　　为了初步分析废水中发色物质经组合工艺处理后降解的情况,对稳定运行时 (29d)维生素 C 原水、经电解预处理的出水和经 UBF-MBBR 一体化反应器深度处理后的出水分别进行紫外-可见光谱扫描和红外光谱扫描,图 6.14 及图 6.15 分别为 29d 时原水、电解氧化预处理出水及 UBF-MBBR 一体化反应器生化处理出水的紫外-可见光图谱及红外图谱。由图 6.14 可知,维生素 C 废水在 265~270nm 处有吸收峰,经分析得知此处为羰基产生的吸收峰。原水峰值最高,经电解氧化预处理后该峰有很大的下降,而生化处理后该峰基本消失,说明羰基为该废水中主要的发色基团,而且其浓度随着电解预处理和生化处理逐渐降低,宏观上则表现为废水的色度得到了较好的脱除。同时,图 6.15 所示的红外图谱 1635~1640cm⁻¹ 处羰基的吸收峰也随着该处理工艺的进行逐渐降低,与上述结论吻合,进一步印证了该废水中主要发色基团——羰基可以经过电解氧化—UBF-MBBR 一体化反应器生物强化处理得到良好的去除。

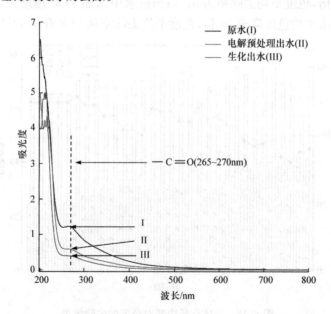

图 6.14　29d 时维生素 C 废水深度处理过程的紫外-可见光图谱

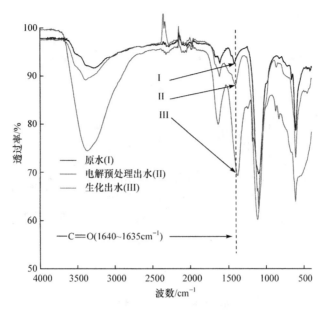

图 6.15　29d 时维生素 C 废水深度处理过程的红外光图谱

在上述条件(结果与讨论 1 中所述 35～65d)运行下,反应器每日进水各项氮指标波动较小,氨氮、硝氮、亚硝氮、总氮各平均值分别为 16.87mg/L、17.17mg/L、10.05mg/L、49.07mg/L;为了研究反应器对氮处理的效果,对反应器每天进、出水的各项氮指标进行监测,其进、出水变化分别如图 6.16、图 6.17 所示,随着运行时间的延长,出水中硝态氮与总氮的浓度逐渐降低。

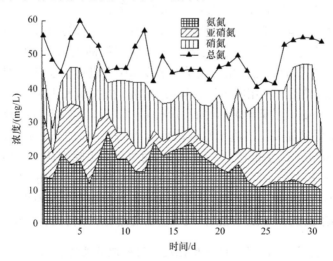

图 6.16　一体化反应器进水中氮指标的变化

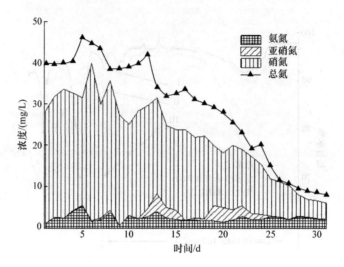

图 6.17　一体化反应器出水中氮指标的变化

反应器在整个运行期内,始终保持了对氨氮较高的去除率,出水氨氮浓度平均值为 2.55mg/L,且没有明显的波动,氨氮平均去除率达 84%,说明反应器 MBBR 区对废水硝化效果较好,废水的高盐浓度虽然对有机物的去除有明显的抑制作用,但对氨氮的去除影响不大。

反应器进水中未添加葡萄糖时,出水总氮浓度为 41.02mg/L 左右,为了进一步提高反应器的脱氮能力,向进水中按 TOC 浓度的 20%、50% 及 100% 三个比例添加葡萄糖,反应器对总氮的去除率随着运行时间的延长而增加,当进水中外加 TOC 浓度为 100mg/L 的葡萄糖时,总氮最高去除率达 84.2%。

反应器反硝化效果如图 6.17 所示。反应器稳定运行初期(1~12d),硝化反应将废水中氨氮转变为硝态氮,而由于缺乏易生物降解的碳源,导致 UBF 区反硝化反应受阻,出水硝氮有明显积累。这是由于废水中有机物较难降解,使异养反硝化细菌在反硝化时缺乏可利用的碳源。从第 13d 起,依次加入 TOC 浓度为 20mg/L、50mg/L 和 100mg/L 的葡萄糖,每阶段运行 6~7d 后,出水硝氮明显降低,出水总氮的去除率也明显提高。当进水总氮浓度为 40.37~60.02mg/L,出水总氮浓度平均值为 10.02mg/L,最低达 8.7mg/L 时,总氮平均去除率从未添加葡萄糖时的 20.2% 提高到 78.1%,最高可达 84.2%。一体化反应器具有较好的脱氮效果,一是由于 UBF 区具有良好的缺氧环境,使厌氧和兼氧微生物发生反硝化反应;二是投加葡萄糖,为反硝化提供了碳源和能源,使反应器脱氮的效果得到明显改善。

3. 不同因素对 UBF-MBBR 一体化反应器处理效果的影响研究

为了研究 HRT 对一体化反应器处理效果的影响,在尽可能短的停留时间内获得较高的处理效果从而使反应器效率最大化,研究了 HRT 对氨氮、总氮、TOC 及色度去除率的影响,结果如图 6.18 所示。

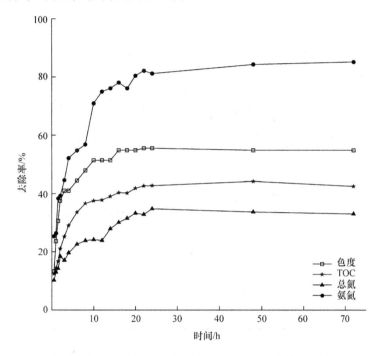

图 6.18　HRT 对氨氮、总氮、TOC 及色度去除率的影响

由图 6.18 可见,当 HRT≤6h 时,各出水指标随水力停留时间的增加去除效果提高很快;当 HRT≥12h 时,出水色度、TOC 去除率稳定在 51% 和 40% 左右;当 HRT≥16h 时,出水氨氮和总氮去除率也稳定在 80% 和 30% 左右,出水各水质指标基本不再有明显降低。综合考虑反应器运行成本等因素,确定反应器最佳 HRT 为 16h,此时,出水色度,以及 TOC、总氮、氨氮的浓度平均值分别为 60 倍、63.4mg/L、30.85mg/L 和 3.4mg/L,其相应的去除率也分别达到 55%、42%、30% 和 80%,出水各水质指标基本满足发酵类制药废水污染物新排放标准。

为了研究不同温度下一体化反应器处理效果的变化情况,研究反应器出水 TOC 及色度随温度变化而改变的情况,结果如图 6.19 和图 6.20 所示。

整个运行过程中的温度变化为 31～14.6℃,进、出水 TOC 浓度及去除率变化不大,平均值分别为 114.96mg/L、57.36mg/L 和 50%;进、出水色度分别为 120～155 倍、50～70 倍,平均去除率为 56.1%,说明一定范围的温度波动对一体化反应器的处理性能影响不大,这是因为一体化反应器为生物膜强化反应器,微生物量大且微生物活性强,因此采取一定的保温措施后可以实现反应器低温下的稳定运行,获得较理想的处理效果。

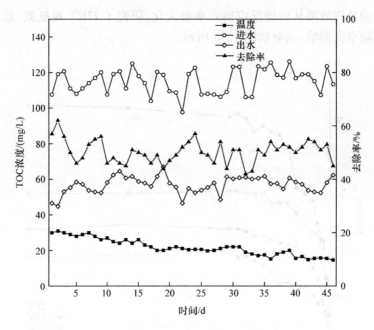

图 6.19　温度变化对 TOC 去除率的影响

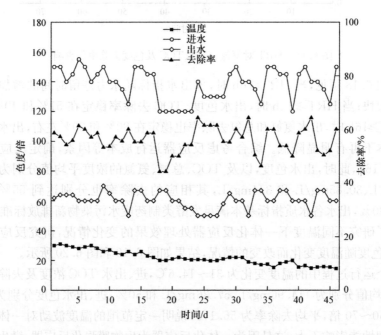

图 6.20　温度变化对色度去除率的影响

废水盐度主要表现为其中含有高浓度的氯离子(5000～8000mg/L),因此研究了稳定运行状态下废水中氯离子浓度对一体化反应器 TOC 去除效果的影响,结果如图 6.21 所示。

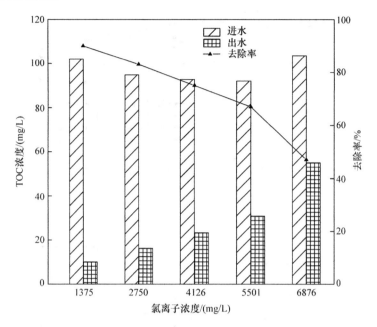

图 6.21　进水氯离子浓度对 TOC 去除率的影响

　　氯离子浓度对一体化反应器降解 TOC 有较大的影响,随着进水氯离子浓度由 1375mg/L 升高到 6876mg/L,TOC 的去除率从 90% 降低至 47%。由此可见,盐浓度的变化对一体化反应器处理效果有显著影响。因为盐浓度的变化影响了渗透压,渗透压的急剧变化导致细胞活性降低,生化反应受到抑制。在驯化期结束后,TOC 的平均去除率可以稳定在 50% 以上,最高可达 62%,而且反硝化脱氮在添加一定量葡萄糖后也有较大的改善,说明碳源的添加可以缓解高盐度对维生素 C 废水深度生化处理的影响。

　　为了研究不同容积负荷下一体化反应器处理效果的变化情况,通过控制每天的进水量考察不同容积负荷对反应器脱除 TOC 及色度的影响情况,结果如图 6.22 所示。容积负荷增加,一体化反应器对 TOC 和色度的去除率下降。容积负荷分别为 222.4gTOC/(m³·d)、166.8gTOC/(m³·d)、111.2gTOC/(m³·d) 和 55.6gTOC/(m³·d) 时,TOC 的平均去除率分别为 40.5%、43.6%、46.8% 和 50.5%,色度平均去除率分别为 41.2%、43.9%、48.4% 和 54.6%。容积负荷越高,TOC 及色度的平均去除率就越小,在保证一定的 TOC 和色度去除效果的前提下,容积负荷越小,出水的处理效果越好。

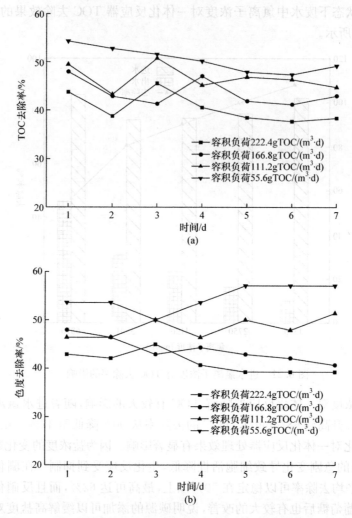

图 6.22　容积负荷对 TOC(a)、色度(b)去除率的影响

　　为了研究不同外加碳源对 UBF-MBBR 一体化反应器脱氮效果的影响,并确定最佳的反硝化外加碳源,分别用乙酸钠、甲醇和葡萄糖作为外加碳源,考查一体化反应器反硝化效果的变化,以总氮的去除率为指标进行脱氮效果的考察,结果如图 6.23 所示。

　　如图 6.23 所示,1~12d 为未加碳源时,13~18d、19~24d、25~31d 分别为外加 TOC 浓度为 20mg/L、50mg/L、100mg/L 的外加碳源。可以看出,葡萄糖作为外加碳源时对总氮的去除效果最好,去除率最佳状况下可达 84%,而甲醇和乙酸钠最佳状况下总氮的去除率分别为 68.6%和 39.5%。葡萄糖、甲醇、乙酸钠加入量为 100mg/L 时,总氮平均去除率分别为 78%、53.9%和 34.5%,因此三种反硝化外加碳源中,葡萄糖最优,甲醇其次,乙酸钠最差。

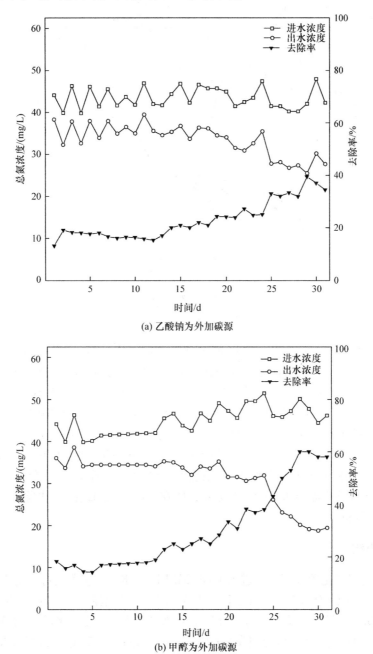

(a) 乙酸钠为外加碳源

(b) 甲醇为外加碳源

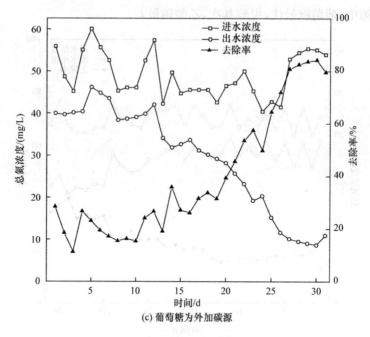

(c) 葡萄糖为外加碳源

图 6.23　外加碳源对总氮去除率的影响

　　一体化反应器好氧 MBBR 区填充有聚乙烯悬浮填料,由于填料上附着生物膜,故填料填充的大小直接决定好氧微生物生物量的多少,但是填料在反应器内需要保持流化状态,过大的填料填充率会导致水力死区的存在,也不利于反应器的运行。为了研究不同 MBBR 区填料填充率对反应器处理效果的影响,寻求 TOC 降解效果最佳的填料填充率,改变 MBBR 区的填料填充率并使反应器在相应条件下稳定运行,图 6.24 所示为反应器稳定运行状态下,MBBR 区填料填充率分别为 40%、50%、60%情况下进出水 TOC 浓度变化情况。由图 6.24 可看出,填料填充率为 50%时,反应器出水 TOC 浓度可保持在 36.74mg/L 左右,去除效果优于填充率为 40%和 60%。

6.3.3　小结

　　(1) 电解氧化预处理出水进入 UBF-MBBR 一体化反应器进行生物强化处理,在 MBBR 区 DO 为 4.0~5.0mg/L,pH 为 7.5~8.5,室温(20~30℃)条件下,经过 46d 的培养驯化后,反应器适应维生素 C 废水水质,最终出水的平均色度,以及 TOC、氨氮和总氮的浓度可分别降至 60 倍、57.18mg/L、2.55mg/L 和 41.02mg/L,容积负荷达 0.062kgTOC/(m³·d),出水水质基本满足《发酵类制药工业水污染物排放标准》(GB 21903—2008)。电解氧化-UBF-MBBR 生物强化一体化反应器组合工艺具有良好的降碳、脱色、除氮效果,可以作为维生素 C 废水深度处理工艺。

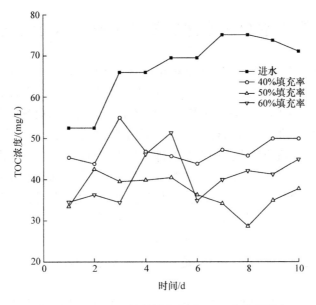

图 6.24　MBBR 区填料填充率对 TOC 去除的影响

（2）在（1）所述条件下 UBF-MBBR 一体化反应器达到稳定运行状态，当 HRT≤16h 时，反应器对于 TOC、色度、氨氮和总氮的去除效果，随着 HRT 的增长而提高；但当 HRT≥16h 时，出水各水质指标不再有明显降低。综合考虑反应器处理效率及运行成本，确定最佳 HRT 为 16h。

（3）UBF-MBBR 生物强化一体化反应器处理效果随反应器容积负荷的增大、盐度的增大而降低。

（4）UBF-MBBR 生物强化一体化反应器好氧 MBBR 区最佳的填料填充比为 50%。

（5）在（1）所述条件下 UBF-MBBR 一体化反应器达到稳定运行状态时，向进水中投加乙酸钠、甲醇和葡萄糖等易降解碳源，反应器脱氮效果显著提高。当外加的乙酸钠、甲醇、葡萄糖 TOC 均为 100mg/L 时，出水总氮去除率分别为 34.5%、53.9%和 78.1%，结果表明葡萄糖最适宜作为维生素 C 废水深度处理时的反硝化外加碳源。

（6）紫外及红外光谱分析结果表明，废水中主要发色基团为羰基，电解氧化和生物强化处理均能破坏其双键结构，从而获得较好的脱色效果。

（7）UBF-MBBR 生物强化一体化反应器可以在一定的环境温度变化范围内（14.6～31℃）获得稳定的去除效果，如果辅以保温等措施可在低温环境下稳定运行。

6.4　维生素 C 废水深度处理工业化示范装置研究

2008 年《发酵类制药工业水污染物排放标准》(GB 21903—2008)开始强制施行。随着日益严格的环境管理标准实施,国内维生素 C 生产企业面临着技术升级的严峻考验,水污染问题成为制约维生素 C 产业持续发展的瓶颈问题,因此,亟待开发基于新环境标准和减排目标需求驱动下的排水提标、尾水脱色处理、高难度有机污染物的净化和适应污水回用水质的排放技术,通过工业化示范研究,开发出系列化、标准化的成套技术装备,为我国维生素行业的可持续发展做出贡献。

通过上述实验室小试研究,确定电解氧化-生物强化一体化反应器的维生素 C 废水深度处理工艺,证明该工艺在技术上是可行的,同时也获得小试水平上的一系列工艺操作参数。以此为基础,为了使实验结果更接近工程实际,为废水处理工程的建设和实际处理设施的运行管理提供更为可靠的依据,有必要开展工业化放大实验。

开展工业化示范研究的意义在于,通过工业化示范装置的长期稳定运行,获得工业化应用水平上的各单元工艺优化操作参数,进一步确定废水处理设施稳定的降碳、脱色、脱氮季节性控制方法,开发出维生素 C 废水深度处理的成套技术,为发酵类制药行业尾水深度处理提供技术上的支撑和借鉴。

6.4.1　材料及方法

1. 废水来源和水质

工业化示范装置的进水取自河北某维生素 C 生产企业废水处理设施的二沉池出水,该废水经厌氧(UASB)+好氧(MBBR)工艺处理,水质基本满足《污水综合排放标准》(GB 8978—1996),即 COD≤300mg/L,SS≤200mg/L。具体水质指标如表 6.6 和图 6.25 所示。

表 6.6　工业化示范装置进水水质指标

项目	pH	色度/倍	BOD$_5$/(mg/L)	COD/(mg/L)	电导率/(μS/cm)	氨氮/(mg/L)	总氮/(mg/L)	总磷/(mg/L)
废水	7~8	≤300	≤50	≤350	≤15 000	≤40	≤60	≤8

工业化示范装置运行为期 196d,对每天的进水水质进行分析,进水 TOC、COD、氨氮、色度、总氮的变化情况如图 6.25 所示。从图 6.25 可以看出,该企业废水处理站二沉池出水,即工业化示范装置的进水,水质时有波动,COD 浓度一般在 300mg/L 左右,水质波动可能对工业化示范装置的生化反应器造成冲击。在 80d

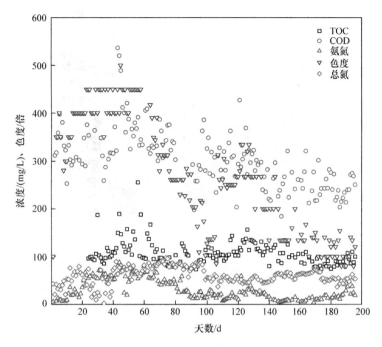

图 6.25　工业化示范工程进水水质

左右,由于该企业对废水处理前段工艺进行了相应的改造,导致二沉池出水水质变优,COD 浓度降至 280mg/L 左右,同时二沉池出水色度经工艺改造后也从 300 倍左右降为 150 倍左右,氨氮浓度也从 50mg/L 降至 30mg/L 左右。

2. 工业化示范装置及研究方法

为了适应国家发酵类制药行业和区域废水超低排放的要求,结合河北某维生素制药企业废水处理设施二沉池出水的特点,在小试实验的基础上,通过对电解氧化反应器、生物强化一体化反应器结构上的改造和放大,进行工业化示范装置运行研究。

电解氧化反应器如图 6.26 中黑白装置所示,反应器呈圆柱形,圆柱桶内由同心圆环相隔成三道,每道布置有石墨棒,60 根石墨阳极互相串联后接于直流稳压电源的正极,反应器不锈钢外壳作为阴极与电源负极相接。从反应器中心进水,流过相隔成三道的电解槽后从外围出水。反应器容积 0.9m³,最大处理流量 3.0m³/h。

UBF-MBBR 生物强化一体化反应器如图 6.27 所示,反应器呈圆柱形,高 8.5m,有效水深 8.0m,直径 1.6m。下部为上流式厌氧生物滤池(UBF 反应器),填充日本 TBR 株式会社研发的 PP+K-45 型生物绳,如图 6.8(a)所示;中间为三

图 6.26　电解氧化反应器

相分离器；上部为移动床生物膜反应器（MBBR），投加聚乙烯轻质移动生物填料，如图 6.8(b)所示，填充率为 50%。反应器采用上流式，底部进水，顶部设置出水堰，最大处理流量 3.0m³/h。

图 6.27　生物强化一体化反应器

　　工业化示范工程从 6 月开始，稳定运行至当年 12 月，为期 7 个月，共计 196d。该装置以河北某维生素 C 制药企业污水处理站的二沉池出水为进水，经潜水泵泵入过滤装置，经过滤去除进水中的悬浮物质后，废水进入电解氧化反应器，经电解氧化反应器预处理后，废水进入 UBF-MBBR 一体化反应器进行深度处理。各反应器日进水量变化情况如图 6.28 所示。

　　由图 6.28 可以看出，电解氧化反应器进水量相对应于后续生物强化处理所需进水量逐渐增大，最大处理流量同样为 72m³/d。电解氧化反应器 1~100d 采用间

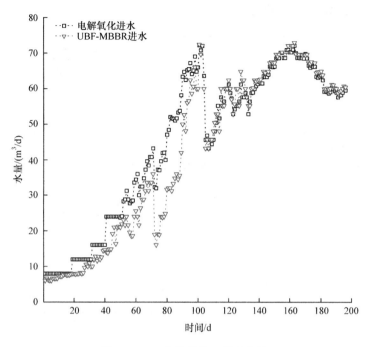

图 6.28 工业化示范工程进水量

歇进水的方式运行,100d 后连续进水。电解氧化反应器采用低压高电流方式运行,电流控制在 450A 左右,电压为 20V,反应器体积为 0.9m³,因此停留时间为 0.3h。经过电解氧化,废水可生化性有一定的提高,出水进入中间水箱,通过中间水箱平衡两反应器之间的水量差额。

废水经电解氧化反应器处理后进入 UBF-MBBR 生物强化一体化反应器,反应器采用间歇进水闷曝的方式启动,待处理出水水质稳定后通过提高进水量来逐渐提高反应器负荷,UBF-MBBR 一体化反应器日进水量变化如图 6.28 所示,第 101d 时,反应器进水量达 72m³,反应器进入满负荷稳定运行阶段。11 月下旬温度下降,为了保证处理效果,相应降低反应器进水量。

通过对二沉池提升至电解氧化反应器的废水进行预处理,考察其降碳、脱色、脱氮效果,并通过调节工艺参数,获得预处理效果最佳的运行条件。预处理出水进一步进入 UBF-MBBR 生物强化一体化反应器进行深度处理,考察其降碳、脱色、脱氮效果,并获得不同季节稳定运行控制的工艺参数。

6.4.2 结果及讨论

1. 电解氧化反应器的处理效果

为了研究电解氧化反应器对废水的处理效果,分析每天进出水的 TOC 和色度,其变化情况如图 6.29 所示。

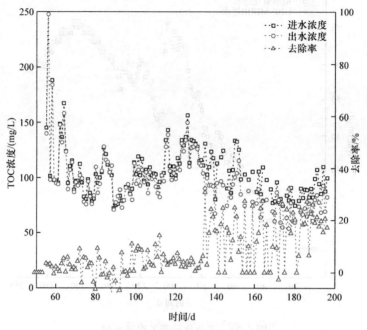

(a) 电解氧化对TOC的去除

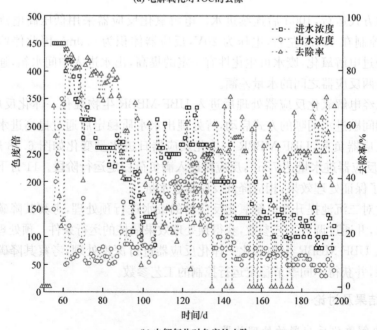

(b) 电解氧化对色度的去除

图 6.29　电解氧化处理效果

　　由图 6.29 (a)可以看出,运行前期,电解催化对有机物基本没有降解效果,甚至会造成 TOC 浓度升高,这可能是因为电解反应器中的石墨电极在反应过程中部分溶解,造成碳浓度升高。后期进行了相应的工艺运行调整,电解催化对有机碳有了一定的去除效果,TOC 去除率可达 15%～25%。

　　如图 6.29 (b)所示,电解氧化对色度去除效果较好,稳定运行时出水平均色度达 100 倍,色度去除率可达 50% 左右,说明在电流 450A 左右,电压为 20V,停留时间为 0.3h 的条件下,电解氧化反应器可获得稳定的脱色效果。电解氧化反应器中产生的自由基可以将废水中发色的大分子物质破坏成色度相对较低的小分子物质,脱色的同时也提高了废水的可生化性,为后续的生物强化处理提供了良好条件。

2. UBF-MBBR 生物强化一体化反应器的处理效果

　　UBF-MBBR 生物强化一体化反应器以电解氧化反应器出水为进水,运行初期(1～10d)采用间歇进水闷曝的方式启动,待出水中夹带的污泥明显减少且出水水质稳定后变为小流量连续进水,逐步提高水力负荷直至进水流量为 3.0m³/h。100d 时,反应器完成驯化,此时其容积负荷达 0.31kgTOC/(m³·d)。UBF-MBBR 一体化生物反应器对废水 TOC、色度、氨氮和总氮的处理效果如图 6.30 所示。

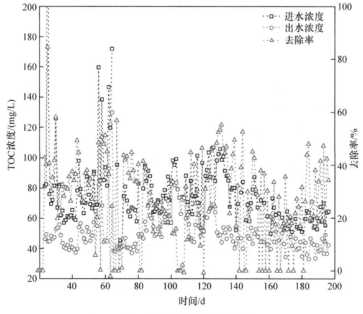

(a) 一体化反应器对TOC的去除

由图6.2和(c)可以看出，运行的前期，�操作值化反应器的色度去除效果不太稳定，有时会出现负值，说明出水色度比进水色度还高，这可能与反应器启动过程中挂膜有关，随着运行时间的推移，反应器进水色度基本处于较稳定的状态，但去除率波动较大。

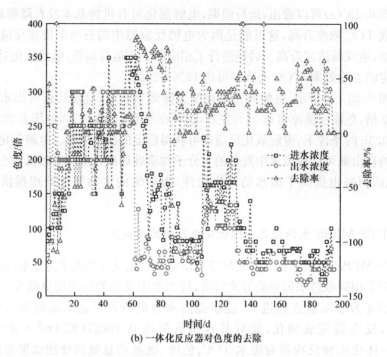

(b) 一体化反应器对色度的去除

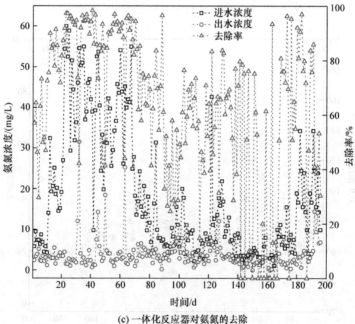

(c) 一体化反应器对氨氮的去除

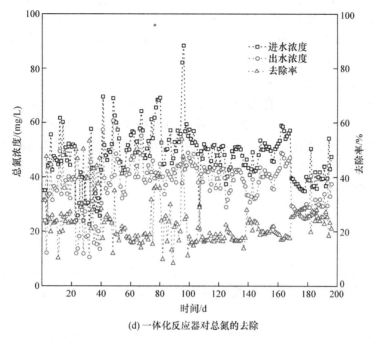

(d) 一体化反应器对总氮的去除

图 6.30　一体化反应器处理效果

由图 6.30(a)可以看出,一体化生物反应器的降碳效果较好,稳定运行时,出水 TOC 浓度稳定在 50mg/L 左右,TOC 去除率为 40%~50%;140d 以后,由于进入冬季,环境温度较低,反应器对废水 TOC 去除率降至 25%左右,通过对反应器采取一定的保温措施,以维持反应器运行温度在 20℃左右,到 150d 时,出水 TOC 浓度稳定在 55mg/L 以下。

如图 6.30(b)所示,随着 UBF-MBBR 一体化反应器启动、驯化阶段的完成,反应器 TOC 去除效果逐步趋于稳定,色度去除率也随之逐步上升,说明反应器内微生物已逐渐适应该水质,能进一步降解废水中的发色物质。反应器稳定时,出水色度可降至 60 倍。130d 之后,由于环境温度的降低,反应器内微生物活性降低,导致反应器对有机污染物的去除效果有所下降,与之相似,色度的去除效果也有一定程度的降低,进一步说明废水中有机物浓度和色度存在一定关联性。

如图 6.30(c)所示,一体化反应器对氨氮有较好的去除效果,基本维持在 3.2mg/L 左右,平均去除率达 68.5%。另外,进水氨氮浓度对一体化反应器氨氮处理效果影响不大,出水氨氮一直较为稳定,说明一体化反应器可有效地将氨氮转化为硝态氮,硝化反应一直处于较好的状态,同时也说明 UBF-MBBR 一体化反应器对氨氮有较强的抗冲击负荷能力。

如图 6.30(d)所示,一体化反应器出水总氮浓度平均值为 36.93mg/L,平均去除率达 21.58%,说明该反应器 UBF 区有一定的反硝化脱氮效果。由于出水总氮达到新标准的排放要求,考虑到运行成本等因素并未向进水中另外添加易降解碳源,由 UBF-MBBR 一体化反应器小试脱氮实验推测如果添加一定量的易降解碳源将更有利于废水中总氮的脱除。

工业化示范装置经过 196d 的启动、驯化直至最终稳定运行,处理出水平均 TOC 浓度为 51.4mg/L,色度为 60 倍,氨氮浓度为 3.78mg/L,总氮浓度为 36.93mg/L,基本满足《发酵类制药工业水污染物排放标准》(GB 21903—2008),实现了维生素 C 废水深度处理的降碳、脱色、脱氮的目标。工业化示范装置的稳定运行,说明电解氧化-UBF-MBBR 生物强化一体化反应器的组合工艺,可用作维生素 C 废水的深度处理工艺,同时也为其他高色度、高盐度发酵类废水的深度处理提供了一种可行的思路。

6.4.3　小结

(1) 工业化示范装置主要包含电解氧化反应器和生物强化一体化反应器,装置设计最大处理流量 3.0m³/h,稳定运行时,日最大废水处理量达 72m³。装置共稳定运行 196d。

(2) 工业化示范电解氧化反应器,阳极为石墨棒,阴极为不锈钢,采用低电压高电流的运行方式,在电流为 450A 左右,电压为 20V 左右,连续进水停留时间为 20min 的条件下,可将进水 TOC 浓度从 120mg/L 左右降低到 105mg/L,色度从 300 倍左右降到 150 倍,实现一定的脱色效果,提高废水可生化性,为后续的生物强化处理创造良好的条件。

(3) 工业化示范 UBF-MBBR 生物强化一体化反应器,启动驯化阶段为期 100d,100d 后反应器全负荷稳定运行,在进水 3.0m³/h,日处理废水量 72m³ 的条件下,出水色度平均值以及 TOC 氨氮和总氮的浓度平均值分别为 60 倍、51.4mg/L、3.78mg/L 和 36.93mg/L,满足《发酵类制药工业水污染物排放标准》(GB 21903—2008),实现了维生素 C 废水深度处理的降碳、脱色、脱氮的目标。

参 考 文 献

戴伟国. 2003. 中国维生素 C 生产现状、动态及对策. 上海医药,24(10):460—461.

蒋展鹏,杨宏伟,谭亚军,等. 2004. 催化湿式氧化技术处理 VC 制药废水的试验研究. 给水排水,30(3):41—44.

李伟民,孙润超,买文宁,等. 2010. 内循环厌氧反应器在维生素生产废水中的应用. 水处理技术,36(1):98—100.

李晓娜. 2006. 维生素 C 工业废水处理综述. 云南环境科学,25(增刊):140—142.

李莹,张宏伟,朱文亭. 2007. 厌氧-好氧工艺处理制药废水的中试研究. 环境工程学报,1(9):50—53.

柳丹,王相勤,季程晨,等. 2007. 磁聚复配物絮凝预处理维生素 C 废水的研究. 工业水处理, 27(9):27－30.

马前,梅滨,顾学喜. 2005. 焦化厂生化出水电解脱色工艺及其机理的初步研究. 环境污染治理技术与设备,6(8):18－22.

汪善全,李晓娜,竺建荣. 2007a. UASB 工艺处理高浓度 VC 生产废水的试验研究. 中国沼气, 25(1):9－13.

汪善全,张胜,李晓娜,等. 2007b. 高浓度 VC 生产废水培养好氧颗粒污泥的试验研究. 环境科学,28(10):2243－2248.

王钊. 2012. 维生素 C 废水深度处理工艺研究. 南京:南京大学硕士学位论文.

王钊,胡小兵,许柯,等. 2011. 电解氧化-AF-MBBR 处理维生素 C 生产废水. 中国环境科学, 31(11):1795－1801.

许保云,尚会建,郑学明,等. 2006. 维生素 C 化学转化工艺研究进展. 河北工业科技,23(3): 193－196.

杨姣兰. 2001. 傅里叶变换红外光谱分析技术在环境污染与生命科学领域的应用. 光谱仪器与分析,2:39－44.

杨景亮,罗人明. 1994. UASB＋AF 处理维生素 C 废水的研究. 环境科学,15(6):54－59.

于季红. 2010. 三维电极法处理苯酚废水影响因素研究. 环境保护科学,36(2):53－56.

郁建桥,王霞,陈波. 2005. 傅里叶变换红外光谱法直接定性分析水样中有机污染物. 环境监测管理与技术,17(1):32－33.

2007. 2010～2015 年中国维生素行业投资分析及前景预测报告. 北京:北京正点国际投资咨询有限公司.

Bortone G. 2009. Integrated anaerobic/aerobic biological treatment for intensive swine production. Bioresource Technology,100(22):5424－5430.

İpek U,Arslan E I,Öbeka E,et al. 2005. Determination of vitamin losses and degradation kinetics during composting. Process Biochemistry,40(2):621－624.

Wang C T,Hu J L,Chou W L,et al. 2008. Removal of color from real dyeing wastewater by electro-Fenton technology using a three-dimensional graphite cathode. Journal of Hazardous Materials,152(2):601－606.

第7章 化工园区废水长效稳定运营机制与智能化控制技术研究

7.1 概　　述

本章通过综合使用专家系统的基于案例的推理（case-based reasoning，CBR）和基于规划的推理（rule-based reasoning，RBR）推理机制、用带权邻接矩阵来表示工艺流程图以及通过 ActiveX automation 来进行参数化绘图等技术构建了工业废水处理工艺设计专家系统（IWTPD 系统）；运用不确定性理论和方法从水质模拟、工艺选择与优化、水务管理和综合评估 4 个方面，对工业园区废水系统处理技术开展不确定性研究，并建立工业园区废水系统处理智能化管理系统平台。工业园区废水处理智能化管理系统在本章中的实例研究表明，系统可以为工业园区污水处理厂和废水处理企业综合控制及管理工业水污染状况提供理论基础和技术支撑。

7.2　工业废水处理工艺设计专家系统的构建

7.2.1　工业废水处理系统数据库的构建

数据库是本系统的核心，数据库技术贯穿整个系统。第一数据库管理系统开发于 1960 年。关系模型由 Codd 于 1970 年提出。第一商业产品，甲骨文和 DB2 在 1940 年左右面市。第一个成功的微机数据库产品是运行于 CP/M 和 PC-DOS/MS-DOS 操作系统上的 dBASE。20 世纪 40 年代，研究活动的重点在分布式数据库系统和数据库机，另外一个重要的理论思想是功能型数据模型。在 90 年代，研究活动的重点转向面向对象数据库。在需要处理比关系数据库处理更加复杂的数据的领域取得了一些成功，如空间数据库、数据工程（包括软件工程库）、多媒体数据。一些思想被关系数据库的供应商所接纳，整合成为产品中的新功能。例如，21 世纪开始流行的 XML 数据库。XML 数据库的目标是消除传统数据库中文件和资料的分离，允许一个组织的信息资源在同样的地方进行存储，而不必在意它们是否为高度系统化的资源。

在工艺初选模块和工艺调整模块中，工艺实例信息、废水处理单元信息等都存储在数据库中，便于系统对工艺和处理单元信息进行检索或更新；在工艺评估模块中，评估所需的信息、公式等都从数据库中获得；在参数化绘图模块中，绘图参数、图形信息、图块等也存储在数据库中。

本章所介绍的系统采用 MS Access 格式的数据库,在 VB 中通过 ADO 操作数据库。

1. 数据库技术

数据库是依照某种数据模型组织起来并存放二级存储器中的数据集合。这种数据集合具有如下特点:尽可能不重复,以最优方式为某个特定组织提供多种应用服务,其数据结构独立于使用它的应用程序,对数据的增、删、改和检索由统一软件进行管理和控制。从发展的历史看,数据库是数据管理的高级阶段,它是由文件管理系统发展起来的。

数据库存在多种模型。应用于大型数据储存的数据库一般为网状数据库(network database)、关系数据库(relational database)以及面向对象型数据库。此外也有应用在轻量级数据访问协议的树状数据库(hierarchical database)。

表格数据库一般在形式上是一个二维数组。一般来讲,数组中每列表示一个数据类型。数据在其中以不同行的形式存储。表格数据库模型是电子表格(如Excel)的基础。

数据库管理(database administration,DBA)是有关建立、存储、修改和存取数据库中信息的技术,是指为保证数据库系统的正常运行和服务质量,有关人员须进行的技术管理工作。负责这些技术管理工作的个人或集体称为数据库管理员。数据库管理的主要内容有:数据库的建立、数据库的调整、数据库的重组、数据库的重构、数据库的安全控制、数据库的完整性控制、数据库的备份与恢复、数据库的优化和对用户提供技术支持等。

结构化查询语言(structured query language,SQL)是高级的非过程化编程语言,允许用户在高层数据结构上工作。它不要求用户指定对数据的存放方法,也不需要用户了解具体的数据存放方式,所以具有完全不同底层结构的不同数据库系统可以使用相同的 SQL 语言作为数据输入与管理的接口。

2. 数据库的设计与优化

在数据库数据表的设计中,应尽量减少数据的冗余,优化数据库结构。例如,尽管工艺之间的差异可能非常大,但组成工艺的基本处理单元(如格栅、沉淀池、曝气池等)却具有很强的相似性,很多情况下只是结构尺寸等参数有所差异,为了优化数据结构,系统将这些处理单元分离出来,存储在单独的处理单元库中,在工艺数据库中仅记录处理单元的编号。

IWTPD 系统的核心数据库由工艺库(包括预处理工艺库、主体处理工艺库、深度处理工艺库、污泥处置工艺库)、处理单元库和规则库三大部分组成。工艺数据库的 4 个子库结构大体相似,都包括工艺编号、工艺名称、工艺组成单元、工艺说明、工艺经济效益和工艺处理效果等部分,其中主体工艺和深度处理工艺还包括进水水质、主要去除的污染物及其去除率等。

主体处理工艺库和处理单元工艺库的结构如图 7.1 所示。

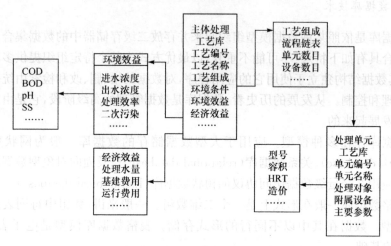

图 7.1　数据库结构示意图

3. 数据库的更新与维护

VB 可以访问 Jet、ISAM、ODBC 等类型的数据库。

(1) Jet 数据库。数据库由 Jet 引擎直接生成和操作,不仅灵活而且速度快,MS Access 和 VB 使用相同的 Jet 数据库引擎。

(2) ISAM 数据库。索引顺序访问方法数据库有 dBASE、FoxPro、Text Files 和 Paradox 等不同形式。在 VB 中可以生成和操作这些数据库。

(3) ODBC。开放式数据库连接,这类数据库遵守 ODBC 标准的客户/服务器数据库,如 Microsoft SQL Server、Oracle、Sybase 等,VB 可以使用任何支持 ODBC 标准的数据库。

VB 可以使用的数据访问接口包括 ActiveX 数据对象(activex data object, ADO)、数据访问对象(data access objects, DAO)、远程数据对象(remote data objects, RDO)。数据访问接口是一个对象模型,它代表了访问数据的各个方面。使用 VB 可以在任何应用程序中通过编程控制连接、语句生成器和供使用的返回数据。数据的访问技术总是在不断地进步,ADO、DAO 和 RDO 代表该技术的不同发展阶段。ADO 是最新的数据库访问技术,它是更加简单、灵活的对象模型。

ADO 是为 Microsoft 最强大的数据访问范例 OLE DB 而设计的,是一个便于使用的应用程序层接口。OLE DB 为任何数据源提供高性能的访问手段,这些数据源包括关系和非关系数据库、电子邮件和文件系统、文本和图形、自定义业务对象等。在 Internet 中 ADO 使用最少的网络流量,并且在前端和数据源之间使用最少的层数,所有这些都是为了提供轻量、高性能的接口。与此同时,ADO 使用了与数据访问对象和远程数据对象相似的约定和特性,从而简化了语义。

使用数据库使得扩充已有工艺数据库及其他信息变得非常容易,系统只要按一定的规则向数据库中添加或更新数据即可。

为了能使系统的工艺信息保持最新,保存用户的工艺设计成果,系统提供了数据库更新的界面。用户可以将最新的工艺信息添加到工艺信息库中,还可以选择将经过交互式修改后的废水处理工艺存储到数据库中,供以后使用。

7.2.2　信息获取与工艺初选

系统使用 CBR 进行工艺初选时,需要将用户提供的废水相关信息和工艺库中的信息进行比较,把相似度最高的几项工艺作为工艺筛选的结果反馈给用户。欲比较工艺的相似度,需要先建立进行比较的指标体系,并为每项指标指定权重,然后采用合适的公式来计算工艺之间的相似度。

1. 指标体系的建立

建立指标体系需要遵循一定的原则,这些原则包括:

(1) 现实性。所列指标应该是实际中易于得到的数据,如果很难得到该数据,就应当将其剔除。

(2) 必要性。对一些无关大局的指标应尽量避免使用,选择那些不可或缺的指标,做到指标体系简洁明了,而又不影响后续工作的顺利进行。

(3) 独立性。对每个指标都应仔细分析,应及时地修改、调整或删除存在重复或矛盾的指标。

(4) 代表性和可比性。所选择的指标应具有良好的代表性。

为了表征废水水质,规定了许多水质指标,如有毒物质、有机物质、悬浮物、细菌总数、pH、色度、温度等。一种水质指标可以包括几种污染物;而一种污染物又可以属于几种水质指标。我们可以根据水质指标与处理工艺决策的关系将水质指标分成两大类:①常规水质指标。主要是指废水中最常用和最通用的指标,如 pH、SS、COD、BOD_5 等。②特殊水质指标。此处特殊水质指标是指最能体现该废水的特征、对处理工艺选择影响非常大的水质指标。不同类型的工业废水具有不同的特殊水质指标。这些指标对废水处理方法的选择具有很大的影响。

除此之外,还有一类指标,虽然它们并不表征废水本身性质,如工厂所在地的年平均温度、废水处理设施所能占用的土地面积、不同材料的物价水平等,但它们在工艺选择的过程中往往也起着非常重要的作用,称为环境类指标。

IWTPD 系统通过三种方式向用户征集这些信息。第一类是必填指标,也就是用户必须提供的指标,如 BOD_5、COD、pH 等;第二类是用户可以选填的指标,如某些不容易测量的指标以及非常规的指标;第三类是用户自定义的参数。必填指标保证了系统运行必需的参数数据不至于缺失,选填参数可以为系统的决策提供更多有用的信息,自定义参数则满足了用户的特殊要求。

2. 权重的确定

权重是指在所考虑的群体或系列中赋予某一指标的相对值,它表示某一指标的相对重要性。在工艺选择的过程中,指标权重的确定至关重要,它反映了各个指标在预测与评价过程中所占的地位和作用,直接影响预测与评价结果。事实上,在不同的地区采用同一种权重也是不妥当的。例如,水资源较丰富的南方地区和水资源十分匮乏的西北地区,对水回用可行性的重视程度是完全不同的。

权重的确定通常采用统计法、模糊协调权重分配法、模糊关系方程法等。本系统采用神经网络的方法,用已有的工艺参数对网络进行训练,从而得出各指标的权重。对于用户自定义参数,系统给予更高的权重,以体现其重要性。当然,系统也允许用户在合理的范围内调整权重。

权重具有以下基本特点:

(1) 模糊性。由于"重要性"这一概念无法进行量化,缺乏精确的定义和明确的外延,在"非常重要"、"重要"等程度描述中没有明确的界限,它们之间的差异反映了一个从量变到质变的连续过渡过程,反映了两两差异的中介过渡性。因此,"非常重要"、"重要"等程度描述词都属于模糊概念,权重所表述的内涵也有着明显的模糊特征。

(2) 主观性。不管是采用专家打分法,还是用公式法确定权重,都带有一定的主观性,即使是本行业中最资深的专家,在确定其指标的权重时,都不可能完全客观地反映事物本身的固有性质。而且,同一指标在不同指标集中的影响程度存在较大差异,因此,权重的确定必然会受具体问题、专家观点、指标集、定权方法等因素的制约。

(3) 不确定性。权重的不确定性既包括其量化、半量化指标的不确定性,也包括其定权方法的不确定性。指标选取的个数多少、指标性质、指标间的协同效应等随着不同问题、不同决策者、误差要求等因素的影响而不同,这也是导致量化指标不确定性的根本原因,而产生定权方法不确定性的原因则包括定权方法的选取、所选方法的有效性和适用范围等。

3. 相似度的计算公式

设有论域 $U=\{x_1,x_2,\cdots,x_n\}$，$x_i=\{x_{i1},x_{i2},\cdots,x_{im}\}$ $(i=1,2,\cdots,m)$，计算 x_i 与 x_j 的相似度 $r_{ij}=R(x_i,x_j)$，常用的方法有相似系数法和绝对距离法两大类。

1) 相似系数法

(1) 相关系数法。

$$r_{ij}=\frac{\sum\limits_{k=1}^{m}|x_{ik}-\overline{x_i}||x_{jk}-\overline{x_j}|}{\sqrt{\sum\limits_{k=1}^{m}(x_{ik}-\overline{x_i})^2}\sqrt{\sum\limits_{k=1}^{m}(x_{jk}-\overline{x_j})^2}}$$

式中，$\overline{x_i}=\dfrac{1}{m}\sum\limits_{k=1}^{m}x_{ik}$，$\overline{x_j}=\dfrac{1}{m}\sum\limits_{k=1}^{m}x_{jk}$。

(2) 夹角余弦法。

$$r_{ij}=\frac{\sum\limits_{k=1}^{m}(x_{ik}x_{jk})}{\sqrt{\sum\limits_{k=1}^{m}x_{ik}^2}\sqrt{\sum\limits_{k=1}^{m}x_{jk}^2}}$$

当出现负值时，也可以采用平移-极差等方法进行调整。

(3) 数量积法。

$$r_{ij}=\begin{cases}1, & i=j\\\dfrac{1}{M}\sum\limits_{k=1}^{m}(x_{ik}x_{jk}), & i\neq j\end{cases}$$

式中，$M=\max\limits_{i\neq j}\sum\limits_{k=1}^{m}(x_{ik}x_{jk})$。

(4) 最大最小法。

$$r_{ij}=\frac{\sum\limits_{k=1}^{m}(x_{ik}\wedge x_{jk})}{\sum\limits_{k=1}^{m}(x_{ik}\vee x_{jk})}$$

(5) 算数平均最小法。

$$r_{ij}=\frac{2\sum\limits_{k=1}^{m}(x_{ik}\wedge x_{jk})}{\sum\limits_{k=1}^{m}(x_{ik}+x_{jk})}$$

(6) 几何平均最小法。

$$r_{ij} = \frac{\sum\limits_{k=1}^{m}(x_{ik} \wedge x_{jk})}{\sum\limits_{k=1}^{m}(\sqrt{x_{ik}x_{jk}})}$$

最大最小法、算术平均法、几何平均最小法都要求 $x_{ij} > 0$，否则，需作适当的变换使之大于 0。

(7) 指数相似系数法。

$$r_{ij} = \frac{1}{m}\sum\limits_{k=1}^{m}\exp\left[-\frac{3}{4}\cdot\frac{(x_{ik}-x_{jk})}{s_k^2}\right]$$

式中，$s_k = \frac{1}{n}\sum\limits_{i=1}^{n}(x_{ik}-\overline{x_k})^2, \overline{x_k} = \frac{1}{n}\sum\limits_{i=1}^{n}x_{ik}, k = 1,2,\cdots,m$。

指数相似系数法与相关系数法是不同的。当原始数据矩阵的不同列来自不同母体时，应采用指数相似系数法。当原始数据矩阵的不同行来自不同母体时，应采用相关系数法。

(8) 贴近度法。

$$r_{ij} = \begin{cases} 1, & i=j \\ R(x_i,x_j), & i\neq j \end{cases}$$

式中，$R(x_i,x_j) = \bigvee\limits_{k=1}^{m}(x_{ik} \wedge x_{jk}) \wedge \left[1 - \bigwedge\limits_{k=1}^{m}(x_{ik} \vee x_{jk})\right]$，它是 $x_i = (x_{i1},x_{i2},\cdots,x_{im})$ 与 $x_j = (x_{i1},x_{i2},\cdots,x_{im})$ 的相似度。

2) 绝对距离法

(1) 欧式距离法。

$$d(x_i,x_j) = \sqrt{\sum\limits_{k=1}^{m}(x_{ik}-x_{jk})^2}$$

(2) 海明距离法。

$$d(x_i,x_j) = \sum\limits_{k=1}^{m}|x_{ik}-x_{jk}|$$

(3) 切比雪夫距离法。

$$d(x_i,x_j) = \bigvee\limits_{k=1}^{m}|x_{ik}-x_{jk}|$$

在欧式距离法、海明距离法和切比雪夫距离法中，$r_{ij} = 1 - cd(x_i,x_j)$，其中 c 可选取适当的参数，使 $0 \leq r_{ij} \leq 1$。

（4）绝对值倒数法。

$$r_{ij} = \begin{cases} 1, & i = j \\ \dfrac{M}{\sum\limits_{k=1}^{m} |x_{ik} - x_{jk}|}, & i \neq j \end{cases}$$

式中，M 需根据实际情况来选取，使 $0 \leqslant r_{ij} \leqslant 1$。

（5）绝对值指数法。

$$r_{ij} = \exp\left(-\sum_{k=1}^{m} |x_{ik} - x_{jk}|\right)$$

除了上述两大类方法外，还有专家评价法和非参数法等方法。

3）IWTPD 系统采用的相似度计算公式

在 CBR 中，常用的计算公式是 $D = \sum\limits_{i=1}^{n} k_i \exp(-a|C_{ai} - C_{bi}|)$。

图 7.2 为 $a = 0.003$、$k_i = 1$ 时 D_i 的曲线。

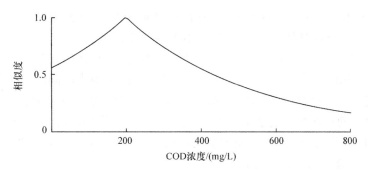

图 7.2 指数形式相似度计算公式的曲线

在本系统 CBR 中，系统采用基于相对偏差的公式来计算相似度。相似度 D 的计算公式为

$$D = \sum_{i=1}^{n} k_i \left(1 - \left|\frac{C_{ai} - C_{bi}}{C_{ai} + C_{bi}}\right|\right)$$

公式对需要处理的废水和工艺库案例中废水之间的 n 项指标逐一比较，将其差异归一化为 $0\sim1$ 的范围内后再乘以权重求和得到相似度值。式中，C_{ai} 为需要处理的废水的第 i 项指标值，C_{bi} 为案例库中废水的第 i 项指标值，k_i 为第 i 项指标的权重系数。

图 7.3 为 $C_{bi} = 200$、$k_i = 1$ 时 D_i 的曲线。

该公式的特点如下：

（1）不同废水中污染物的浓度差异很大（有时可能有数个数量级的差异），用求相对偏差的方法能较好地适应这种差异。不管两者差异多大，相对偏差总在 0～

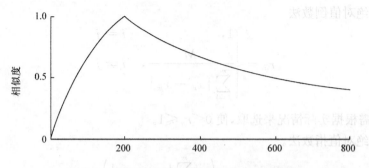

图 7.3　相对偏差形式相似度计算公式的曲线

1 内变化。

（2）与指数形式的公式相比，该公式更简洁，计算起来更快。在工艺数据库很庞大时这种速度上的差异会变得非常明显。

4. 推理机制在工艺选择中的应用

RBR 表现形式单一，易于用户理解，因此成为最重要的知识表现方法。但 RBR 有许多缺点，如规则间的相互关系不明显、知识整体形象难以把握、处理效率低、推理缺乏灵活性、容易出现控制饱和问题、与真正专家的知识结构不一致等。CBR 是通过访问知识库中过去同类问题的求解从而获得当前问题解决的一种推理模式，它不需要进行规则匹配，类似的实例可以通过索引检索从而直接得到问题的答案，这就使迅速解决复杂问题成为可能。CBR 主要适用于经验丰富的应用领域，而 RBR 主要适用于知识丰富的应用领域。本系统结合两者的长处，综合使用 RBR 和 CBR 来进行工艺的选择。

CBR 与 RBR 的结合可以分为两种方式：一种是 RBR 为前导，CBR 后置补充；另一种是 CBR 为前导，RBR 后置补充。

城市生活污水处理工艺一般分为三个部分：一级处理、二级处理和三级处理。工业废水的情况较城市生活污水复杂，但我们也可以借鉴这种方式，先将工业废水的处理工艺分成几大组成部分，然后再分别进行工艺的选择。系统将处理工艺分为四大组成部分：预处理、主体工艺、深度处理、污泥处理与处置。经过这样的划分后，系统便可以对不同的工艺部分根据其特性采用不同的方法进行选择。当然，这样分段组合的方式对用户来说是透明的，系统最终给出一套完整的工艺。

系统采用的推理方法如图 7.4 所示。主体处理工艺是去除污染物的主要步骤，一般采用生物处理，如果可生化性太差则采用物理化学方法。该部分可供选择的工艺非常多，同样的废水可以采用不同类型的处理方法，同一类方法中还可以有很多种选择，因此需要根据实际情况进行周密的考虑和分析比较。如果单纯采用基于规则的推理很可能将答案限定在有限的几种解决方案里，新的工艺可能会被完全忽略,难以得到最优化方案。所以,系统采用 CBR 来进行此部分工艺的选择,先从已有的工艺方案(实例)中搜索出与指定废水水质相似度最高的一些方案,再从这些方案中选出环境效益和经济效益最好的几套方案。这样的推理方法可以从数据库中挑选出最优方案。

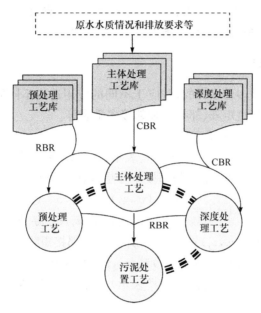

图 7.4　系统采用的推理方法

预处理工艺的选择较主体处理工艺的选择要简单。预处理的目的是使废水水质能达到后续处理步骤(如主体处理工艺)的要求,以保证整个处理系统的正常运行。预处理工艺的种类不是很多,其选择有很强的目的性,所以容易利用 RBR 来进行选择。系统根据所选择的主体处理工艺对进水的要求,与废水原水的水质进行比较,即可选出需要的预处理步骤。

由于工业废水的特殊性,经常需要使用深度处理工艺来对主体处理工艺的出水进行进一步的处理。深度处理工艺的种类非常多,但其针对性也很强,一种方法一般只对少数几种污染物的去除比较有效。系统根据需要进一步去除的污染物的种类和浓度,用 CBR 搜索出合适的深度处理工艺。

污泥处置方法的选择也比较简单,系统根据已经选定的处理工艺及原水水质,通过计算和 RBR 来选择工艺。

系统将工艺分段选择的结果组合后,作为一个完整的工艺反馈给用户。

7.2.3　带权邻接矩阵与工艺评估

工艺流程虽然看上去是线性链表的形式,但也普遍存在分支(如并行处理)、环

（如回流）、多个进水或多个出水等情况，所以是一种复杂的非线性结构。不仅如此，工艺处理单元之间的连接管道本身也有其特殊属性，不同管道内流体的属性、流量、流速等均不尽相同。所以如果使用链表（linked list）或树（tree）这样的数据结构来表示工艺流程的话，处理起来会遇到很多问题。而在图这种数据结构中，任何一个结点（又称为顶点）都可以有一个或多个直接前驱或直接后继，结点间的联系是任意的。所以，系统选用有向图来表示工艺流程。

1. 带权邻接矩阵

图的存储表示是多种多样的，对应于不同的应用选取不同的表示方法。图最常用的表示方法有邻接矩阵、邻接表和邻接多重表等。

1) 图的邻接矩阵表示法

图的邻接矩阵（adjacency matrix）是表示顶点间相邻关系的矩阵。设 $G=(V, E)$ 是含 $n(n \geqslant 1)$ 个顶点的图，G 的邻接矩阵是具有下列性质的 n 阶方阵：

$$M[i,j] = \begin{cases} 1, & (v_i, v_j) \text{ or } \langle v_i, v_j \rangle \in E \\ 0, & (v_i, v_j) \text{ or } \langle v_i, v_j \rangle \notin E \end{cases}$$

对于带权图，如果 (v_i, v_j) 或 $\langle v_i, v_j \rangle$ 属于 E，则邻接矩阵 M 中的元素 $M[i,j]$ 为 (v_i, v_j) 或 $\langle v_i, v_j \rangle$ 上的权，如果 (v_i, v_j) 或 $\langle v_i, v_j \rangle$ 不属于 E，$M[i,j]$ 为 0 或者为大于图中任何权值的一个实数（用符号"∞"表示）。下面是一个包含 4 个节点的有向图的邻接矩阵。

$$M = \begin{bmatrix} \infty & 4 & 9 & \infty \\ 2 & \infty & 60 & 21 \\ \infty & 23 & \infty & 16 \\ 12 & 7 & 1 & \infty \end{bmatrix}$$

用邻接矩阵表示一个有 n 个顶点的图需要 n^2 个存储单元。对于无向图，可以只存储邻接矩阵的上三角元素或下三角元素。

用邻接矩阵表示图容易判断任意两个顶点之间是否有边（或弧），并可以方便地求得各个顶点的度。对于一个无向图，邻接矩阵第 i 行上各元素之和是顶点 v_i 的度；对于一个有向图，矩阵第 i 行上各元素的和是顶点 v_i 的出度，第 i 列上各元素的和是顶点 v_i 的入度。

2) 图的邻接表表示法

这种表示法为图的每个顶点建立一个带表头结点的链表，称为该顶点的邻接表（adjacency list）。对任一顶点 v_i，它的临界表中每个结点至少含有两个字段：no 和 next，字段 no 确定与 v_i 相邻的某个顶点，字段 next 指向链表中下一个结点或值为 nil。如果是一个带权图，结点中还可包含字段 weight，给出与 v_i 相关联的边或弧上的权值。对无向图，v_i 的邻接表中的一个结点表示与 v_i 相关联的一条边，邻接表中的结点个数等于 v_i 的度;对有向图,v_i 邻接表中的一个结点表示以 v_i 为尾的一条弧,邻接表中结点个数等于 v_i 的出度。一个顶点的邻接表又称为该顶点的边表。

3) 图的邻接多重表表示法

邻接多重表(adjacency multilist)仍然采用单链表结构。图的每条边用一个结点表示,结点中包含边的两个端点的信息 no1 和 no2 以及两个指针 next1 和 next2。next1 指向与第一个端点相关联的下一条边,next2 指向与第二个端点相关联的下一条边。邻接多重表中,与某个顶点相关联的每条边都处在同一个链表中,而且表示某条边的结点处在这条边的两个端点的链表中。

带权邻接矩阵和邻接多重表各有所长。如果使用带权邻接矩阵,各种基本操作都易于实现,但空间浪费严重,某些算法时间效率低。邻接多重表占用空间小,容易查找任一结点的第一邻接点和下一个邻接点,但判定任意两个结点之间是否有边或弧需要扫描整个顶点边表。

系统选用带权邻接矩阵来表示工艺流程。因为一个工艺流程的处理单元数目不可能非常大,所以使用邻接矩阵的形式占用的空间是完全可以接受的,处理邻接矩阵带来的便利性远超过了它多占用存储空间带来的负面效应。同时,带权邻接矩阵有一个很大优势就是它可以同时存储结点的权重,我们可以利用该权重来表示连接管道的属性。

如图 7.5 所示,图上部的工艺流程示意图可以表示为下部的带权邻接矩阵。字母 a~f 为处理单元 A~F 在处理单元信息库中的编号,p_1~p_6 为连接管道的属性。矩阵中,$M[n,n]$ 为第 n 个处理单元的编号,$M[i,j]$ 为第 i 个单元到第 j 个单元管道的属性值,0 表示该管道不存在。

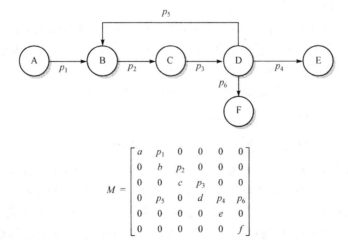

$$M = \begin{bmatrix} a & p_1 & 0 & 0 & 0 & 0 \\ 0 & b & p_2 & 0 & 0 & 0 \\ 0 & 0 & c & p_3 & 0 & 0 \\ 0 & p_5 & 0 & d & p_4 & p_6 \\ 0 & 0 & 0 & 0 & e & 0 \\ 0 & 0 & 0 & 0 & 0 & f \end{bmatrix}$$

图 7.5　用带权邻接矩阵来表示工艺流程

2. 工艺逻辑合理性检查

在交互式工艺调整模块中,用户可以自由增加或删除处理单元、连接管道,为管道指定流体类型和流量等,这样操作的结果很有可能产生一些逻辑错误。因此在进行处理效果的评估等操作之前,需要对工艺流程的逻辑合理性进行检查。

工艺流程中可能存在的问题包括:

(1) 某些工艺流程单元连接了不合理的管道。例如,将沉淀池出水引入污泥处理单元中。

(2) 物料守恒不成立。流入和流出处理单元的物质的量不相等。

(3) 工艺流程中存在"孤岛"。工艺中有一个或多个处理单元没有和其他单元连接在一起。

系统通过以下方法来验证工艺流程的逻辑合理性。

为了便于叙述,将工艺流程单元分成三大类:始端单元、中间单元和终端单元。接收来自设计的工艺流程范围之外的物质的处理单元,如进水单元,称为始端单元;排出物质到设计的工艺流程范围之外的处理单元,如出水单元、污泥处置单元,称为终端单元;其他单元称为中间单元。

(1) 判断是否存在不合理的管道。矩阵对角线中存储的是处理单元的编号,从而可以从数据库中读取处理单元的相关信息,包括该处理单元的一些有效性规则,如可以连接的管道类型、允许的最大流量等。将已经连接的管道用这些规则一一进行验证即可。

(2) 判断物料是否守恒。验证物料守恒需要对每个处理单元单独进行计算。对每一个处理单元,分别计算流入和流出处理单元的各种流体的总流量,然后对其进行比较,即可判断物料是否守恒。

假设工艺流程中共有 t 个处理单元,第 n 个处理单元的编号为 $m[n,n]$,从第 i 个单元到第 j 个单元的管道流量为 $m[i,j]$。$m[i,n]$($i=1,2,\cdots,t$)表示从第 i 个单元流入该单元的流量,$m[n,j]$($j=1,2,\cdots,t$)表示从该单元流向第 j 个单元的流量。那么,第 n 个单元的流入流量 $Q_{in,n}$ 和流出流量 $Q_{out,n}$ 可以用以下公式计算。

$$Q_{in,n} = \sum m[i,n], \quad i=1,2,\cdots,t \text{ 且 } i \neq n$$

$$Q_{out,n} = \sum m[n,j], \quad j=1,2,\cdots,t \text{ 且 } j \neq n$$

图 7.6 所示为处理单元 D 总流入流量 $Q_{in,d}$ 和总流出流量 $Q_{out,d}$ 的计算方法。

普通处理单元内部液体物质发生状态变化成为气体或固体的量基本上可以忽略不计。所以,对于中间单元,若 $Q_{in,n}$ 与 $Q_{out,n}$ 的差值在某一个很小的范围内,可以认为对于第 n 个单元,其物料守恒是成立的。特殊情况是,始端单元的 $Q_{in,n}=0$ 且 $Q_{out,n}>0$,终端单元的 $Q_{out,n}=0$ 且 $Q_{in,n}>0$。

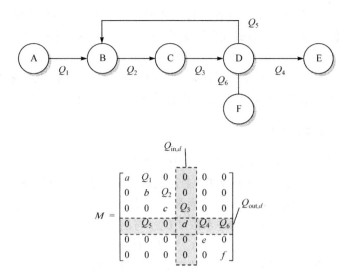

图 7.6　计算处理单元 D 的总流入流量和总流出流量

以上计算可以判断每个处理单元是否满足物料守恒。最后,还要验证整个工艺流程是否也满足物料守恒。计算方法如下:

$$Q_{in} = 所有始端单元的流出流量之和$$
$$Q_{out} = 所有终端单元的流入流量之和$$

如果 Q_{in} 与 Q_{out} 的差值在某一个很小的范围内,即认为整个工艺流程也满足物料守恒。

(3) 判断工艺流程中是否存在孤岛。一个图 G 由集合 V 和集合 E 组成,记为 $G = (V, E)$。其中,V 是顶点(vertex)的非空有限集合,E 是边(edge)的有限集合。在图 $G = (V, E)$ 中,如果存在定点序列 $(v_p, v_{i1}, v_{i2}, \cdots, v_{in}, v_q)$ 并且 (v_p, v_{i1}), (v_{i1}, v_{i2}), $\cdots$, (v_{in}, v_q) 都在 E 中,则称从顶点 v_p 到 v_q 存在一条路径(通路,path)。如果 G 是有向图,则路径也是有向的,即 (v_p, v_{i1}), (v_{i1}, v_{i2}), $\cdots$, (v_{in}, v_q) 都在 E 中。v_p 为路径的起点或源点,v_q 为终点。起点和终点相同且长度大于 1 的简单路径称为回路或环路(cycle,loop)。

设 v_i 和 v_j 是无向图 G 的两个顶点,如果从 v_i 到 v_j 有一条路径,则称 v_i 和 v_j 是连通的(connected)。如果图 G 中任意两个顶点 v_i 和 $v_j (v_i \neq v_j)$ 都连通,则称 G 为连通图。一个无向图的连通分支(connected component)定义为该图的最大连通子图。

对于有向图,如果图中任意两个顶点 v_i 和 $v_j (v_i \neq v_j)$,有一条从 v_i 到 v_j 的路径,或者有一条从 v_j 到 v_i 的路径,则称该图是弱连通的(connected);如果图中任意两个顶点 v_i 和 $v_j (v_i \neq v_j)$,有一条从 v_i 到 v_j 的路径,同时还有一条从 v_j 到 v_i 的路径,则称该图是强连通的(strongly connected)。

根据以上定义并结合工艺流程的具体情况,经过上一步物料守恒的检查步骤后,把工艺流程图(有向图)当成无向图处理,那么只要该无向图是连通的,就排除存在孤岛的可能性。

要判断一个无向图是否是连通的,只要从任意一结点开始对该图进行一次深度优先搜索或广度优先搜索,若遍历到所有单元,该无向图就是连通的。

3. 工艺处理效果估计

对于线性工艺流程,处理效果的估计比较简单。

如果有一个线性的(没有分支的)工艺流程,其共包含 t 个处理单元。设第 i 个处理单元对第 j 种污染物的去除率为 R_{ij}($0 \leqslant R_{ij} \leqslant 1$,1 表示完全去除)。

第 i 个单元第 j 种污染物的进水浓度 $C_{\text{in},ij}$ 与出水浓度 $C_{\text{out},ij}$ 的关系为

$$C_{\text{out},ij} = C_{\text{in},ij}(1 - R_{ij})$$

则该工艺流程对第 j 种污染物的总去除率 R_j 可以估计为

$$R_j = 1 - \prod_{i=1}^{t}(1 - R_{ij})$$

如果工艺流程中存在分支处理、回流等情况,其处理效果的估计就需要采用迭代等方法来计算。对于这些情况,主要需解决以下两种工艺流程处理效率的计算。

图 7.7 所示为两种具有分支的基本工艺流程类型。类型 A 中,处理单元 U1 和 U2 的出水汇集到 A 中;类型 B 中,处理单元 B 的出水分流到 U2 和 U3 中。图 7.7 中 C_n 和 Q_n 分别表示该管道中污染物的浓度和废水的流量。流程中具有回流的情况等于类型 A 和类型 B 的组合;同时有两个以上的单元出水汇合到一个单元或一个单元的出水分流到两个以上单元的计算,可以仿照类型 A 和类型 B 进行。

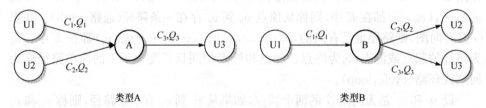

图 7.7 两种具有分支的基本工艺流程类型

假设处理单元 A(B)对污染物的去除率为 R_a(R_b),则处理单元 A 或 B 的出水污染物浓度计算公式如下。

类型 A

$$\begin{cases} Q_3 = Q_1 + Q_2 \\ C_3 = \dfrac{C_1 Q_1 + C_2 Q_2}{Q_1 + Q_2}(1 - R_a) \end{cases}$$

类型 B

$$\begin{cases} Q_1 = Q_2 + Q_3 \\ C_2 = C_3 = C_1(1 - R_a) \end{cases}$$

基于此公式,用迭代的方法计算工艺对某种污染物去除率的步骤如下。

假设进水中某污染物的浓度为 C_0,处理单元 i 对该污染物的去除率为 R_i。

(1) 将所有管道中该污染物的浓度设置为 C_0。

(2) 依次对每一个处理单元,根据其所属类型选用相应的公式,计算并保存其出水浓度(注意:始端单元的进水浓度保持不变)。

(3) 重复步骤 2,直到所有处理单元的计算所得出水浓度与上一次计算所得值的差值在某一设定的微小范围内后退出。

(4) 此时终端单元的出水浓度即为使用该处理工艺后该污染物的估计出水浓度。

7.2.4　工业废水处理工程图输出

1. ActiveX automation 与参数化绘图

ActiveX automation 是一套微软标准,以前称为 OLE automation 技术。该标准允许由一个 Windows 应用程序控制另一个 Windows 应用程序。ActiveX automation 应用程序是通过自身对象的属性、方法、事件外显其功能;对象是应用程序简单而抽象的代表。由于 ActiveX 技术是一种完全面向对象的技术,所以许多面向对象的编程语言和应用程序可以通过 ActiveX 与 AutoCAD 进行通信,并操纵 AutoCAD 的许多功能。采用 ActiveX 技术的另一个优点是应用程序之间可以很好地共享数据,如 AutoCAD 与 Word 及 Excel 三者之间可以互相交换数据,这在图样信息的管理与交流中有重要的实际意义。

通过 ActiveX automation 可以将具有通用功能的某个程序,或者程序中具有通用性的某个功能作为 ActiveX automation 对象,公开和暴露给其他应用程序,使其他应用程序也可以很方便地使用这些功能,这就等于将多个程序集成在一起,从而实现了在应用程序一级的重用。在 AutoCAD 中实现 ActiveX 接口使更多的编程环境可以编程访问 AutoCAD 图形。而在 ActiveX automation 出现以前,开发人员只能使用 AutoLISP 或 C++ 接口来实现类似的功能。ActiveX 接口还使 AutoCAD 与其他 Windows 应用程序(如 Microsoft Excel 和 Word)共享数据变得更加容易。

对象是所有 ActiveX 应用程序的主要构造块。每一个显示的对象均精确代表一个 AutoCAD 组件。AutoCAD ActiveX 接口中有许多不同类型的对象。例如,直线、圆弧、文字和标注等图形对象,线型与标注样式等样式设置,图层、编组和块等组织结构,视图与视口等图形显示都是对象,甚至文档、AutoCAD 应用程序本身也是对象。对象按照分层结构来组织。这种层次结构的视图称为对象模型。对象模型给出上级对象与下级对象之间的访问关系。Application 对象是 AutoCAD ActiveX automation 对象模型的根对象。通过 Application 对象,用户可以访问任何其他的对象或任何对象指定的特性或方法。

从 VBA 内访问对象层次结构比较容易,因为 VBA 与当前的 AutoCAD 任务在同一个进程内运行,所以不需要使用额外的步骤将 VBA 链接到应用程序。另外,VBA 通过 ThisDrawing 对象提供指向当前 AutoCAD 任务中活动图形的链接。使用 ThisDrawing,用户可以快速访问当前的 Document 对象及其所有方法和特性,还可以访问层次结构中的所有其他对象。ThisDrawing 用于全局工程时,通常是指 AutoCAD 中的活动文档;用于内嵌工程时,通常是指包含该工程的文档。

2. IWTPD 系统在 AutoCAD 中输出图形的方式和步骤

AutoCAD 中的图形可以是二维平面图形,也可以是三维线框模型、三维面框模型或三维实体模型。系统的参数化绘图是先在 AutoCAD 中进行三维实体建模,然后再转化为二维图形。系统选择三维实体建模是基于以下几点原因。

(1) 实体模型包括三维产品的线、面、体等全部几何信息,实体模型可以做布尔运算,剖怅,计算体积、重心、惯性矩,求交,进行装配、干涉检查等。

(2) 可以为所设计的实体赋予材质、进行着色、光照、纹理处理技术,使物体表现出良好的可视性。

(3) 可以采用 slice、solview、soldraw 等命令结合 move、rotate3d 等操作,从三维实体模型直接生成二维平面图形。

参数化绘图的主要步骤如下所述。

(1) 计算绘制图形所需要的参数。这些参数包括构筑物的位置及其详细尺寸和角度、各种管道的尺寸等。

(2) 自动启动 AutoCAD 程序,并新建一个文件。如果 AutoCAD 已经启动,则直接获得其控制权;如果已经有正在编辑的图形,则新建一个文件。

(3) 根据计算所得的参数在 AutoCAD 中进行三维实体建模。AutoCAD 中的基本实体包括长方体、球体、圆柱体、圆锥体、楔形体和圆环等,此外,还可以利用拉伸、旋转等方法生成实体,利用倒角、镜像、旋转、阵列、布尔求和、布尔差、布尔交等方法对实体进行编辑。

(4) 将三维实体模型转换成二维平面图。

(5) 在平面图中进行标注,添加注释文字。

下面是在 VB 中通过 ActiveX automation 启动 AutoCAD 并开启一个空白文

档的程序清单。程序充分考虑了与 AutoCAD 连接中可能遇到的问题和麻烦。

```
'******************定义全局变量 *******************
Dim acadApp As AcadApplication' AutoCAD 应用程序对象
Dim acadDoc As AcadDocument          ' AutoCAD 文档对象
Dim moSpace As AcadModelSpace          ' AutoCAD 模型空间对象


'*****************连接 AutoCAD *****************
Sub ConnectAcad()
    On Error Resume Next
    '如果 AutoCAD 已经启动,则直接获取 AutoCAD 对象
Set acadApp=GetObject(,"AutoCAD.Application")
    '如果 AutoCAD 没有启动,则启动 AutoCAD
If Err Then
        Err.Clear
        Set acadApp=CreateObject("AutoCAD.Application")
        If Err Then
            MsgBox Err.Description
            Exit Sub
        End If
    End If
    '设置 AutoCAD 对象为可见
acadApp.Visible=True
End Sub


'****************新建 AutoCAD 文档 ***********
Sub OpenNewFile()
    On Error Resume Next
    '获取活动文档对象
Set acadDoc= acadApp.ActiveDocument
    '如果 AutoCAD 中没有打开的文档,则新建一个文档
If Err Then
        Err.Clear
        Set acadDoc=acadApp.Documents.Add
        If Err Then
            MsgBox Err.Description
            Exit Sub
        End If
    '如果已经打开的文档中有图形内容,则也新建一个文档,以免覆盖
```

```
Else
    If acadDoc. ModelSpace. Count>0 Then
        Set acadDoc=acadApp. Documents. Add
    End If
End If
Set moSpace=acadDoc. ModelSpace
End Sub
```

7.2.5 系统的设计与实现

1. 系统的功能模块结构

工业废水处理工艺设计专家系统的开发平台为 Visual Basic,运行于 Windows 系统,支撑软件为 AutoCAD 等。其系统结构如图 7.8 所示。

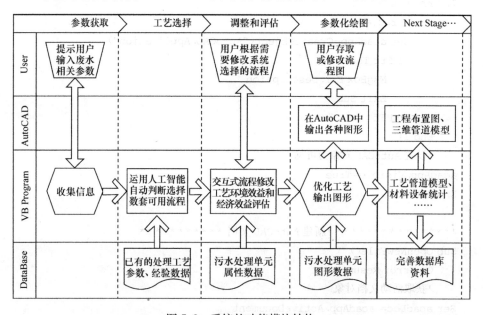

图 7.8　系统的功能模块结构

目前系统共包含信息获取、工艺初选、工艺调整、工艺评估和参数化绘图五大模块。

（1）信息获取模块。系统通过信息获取模块获得废水的相关信息（如废水来源、水质参数等）。

（2）工艺初选模块。系统采用对工艺进行分段组合的方式,综合运用基于规则的推理（RBR）和基于实例的推理（CBR）从工艺库中筛选出最相似的几套工艺,根据出水要求等做出相应的调整后将结果反馈给用户。

（3）工艺调整模块。提供友好的工艺调整界面，使用户可以根据需要对工艺进行自由调整。

（4）工艺评估模块。对工艺的环境效益和经济效益进行评估。根据工艺流程的特点，选用带权邻接矩阵来表示工艺流程图，可以方便地进行流程的合理性检查和污染物去除率的估算。

（5）参数化绘图模块。结合 VB 的灵活性和 VBA 的高效性，使用 ActiveX automation 技术在 AutoCAD 中进行输出各污水处理单元的三维实体模型和平面图、废水处理厂的平面布置图、高程图等。

2. 系统五大模块的构建

1) 信息获取

信息获取模块用于获取进行工艺初选所必需的水质指标和相关参数等信息。这些信息主要包括废水的来源、常规水质参数和特殊指标等，它们是工艺初选的前提。

信息获取模块要解决的主要问题有废水的行业分类、必填和可填参数的确定、数据的有效性检查等。因为不同行业排放的废水其污染物成分相差非常大，所以系统先将废水按其所属行业进行分类。同一行业排放的废水其污染物组成往往比较类似，其处理工艺也具有一定的相似性，这样的分类有利于更有效、更准确的选择处理工艺。系统将产生废水的行业分为印染、造纸、煤炭、石油、电力、机械、冶金、电子、有色金属、建筑、化工、轻工和生活污水十三大类，每一大类下再分若干小类。例如，印染行业分成棉印染-机织、棉印染-针织、麻纺织、毛印染-洗毛、毛印染-毛纺织、丝绸印染-真丝绸、丝绸印染-仿真丝绸和混合印染废水等 4 小类。

系统要求用户必须提供的信息包括废水来自的工艺种类（可能的话选择更详细的小类）、要求达到的出水水质，以及常规的水质指标（流量、水温、COD、BOD_5、SS、pH 等）。当用户选择某一特定行业后，系统从工艺信息数据库中提取该行业出现频率比较高的特殊污染物指标，将它们添加到特殊污染物指标下拉菜单中，方便用户进行选择并提供相应的数据。例如，当用户选择了印染行业，那么色度等在印染行业中最常用到的水质指标就会自动添加到下拉菜单中。

对于用户提供的参数，系统可以进行实时检查，将超出正常范围的数值用不同的颜色标示出来，对于不合逻辑的数值（如 SS 为负值或 COD 小于 BOD_5 等）则弹出警告信息。除了水质相关参数外，本模块还负责获取 AutoCAD 出图的绘图参数的获取。图 7.9 为废水信息获取的程序界面。

2) 工艺初选

工艺初选模块根据用户所提供的信息，筛选出数套可用工艺，经过初步评估后将结果反馈给用户。该模块对用户来说是透明的，不需要用户干预。该模块需要

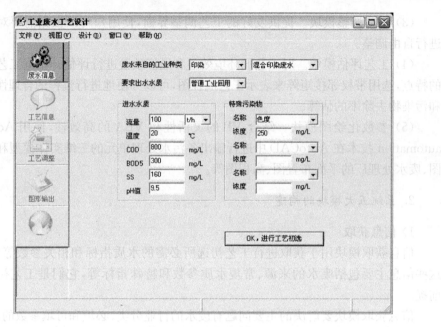

图 7.9　废水信息界面

解决的主要问题是如何利用已有成功的废水处理方案，如何根据废水的特点对工艺进行相应的调整。

　　系统使用分段组合的方式来进行工艺的初选。系统将工艺分成预处理、主体工艺、深度处理和污泥处置 4 个组成部分，采用 CBR 为主、RBR 为辅的方式来选择主体处理工艺和深度处理工艺，采用 RBR 为主、CBR 为辅的方式来选择预处理工艺和污泥处置工艺。具体的选择方法已经在 7.2.2 节中进行了介绍。

　　图 7.10 为工艺初选的结果。

　　3) 工艺评估

　　污水处理方案的优化选择取决于许多因素，如工艺处理效果的可靠性和稳定性、有无对环境造成的二次污染、工艺实施的可行性、工艺运行和维护管理的方便性以及工艺的经济可行性等。

　　工艺初选模块选择出数套符合要求的工艺后，调用工艺评估模块中对这些工艺的环境效益（如废水的处理效果、可能产生的二次污染等）和经济效益（如投资成本及运行费用等）进行初步估计，将结果反馈给设计人员，以便进行下一步的工作。

　　环境效益是废水处理工艺的前提条件。如果处理出水不能达到排放要求，这项工艺就不可能被通过；如果处理过程中又产生二次污染，则要对工艺进行一定的调整。

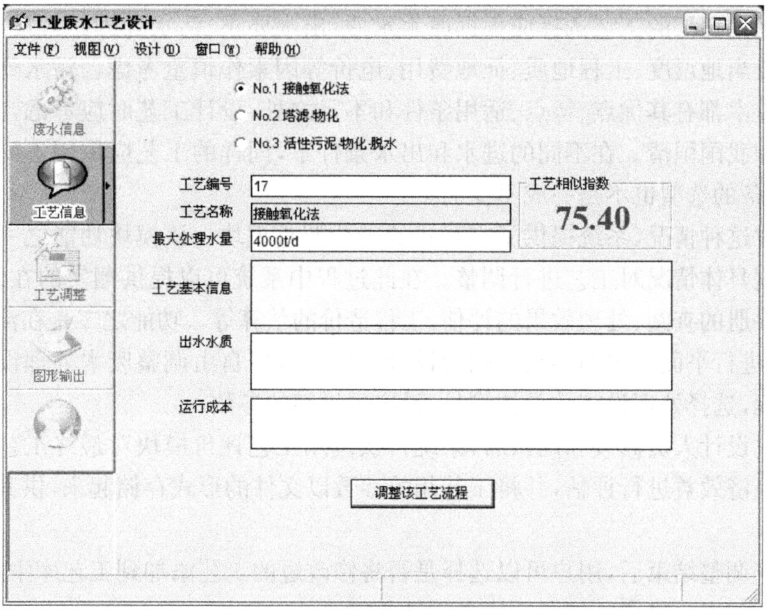

图 7.10　工艺信息界面

　　经济效益也就是经济可行性,是另一个主要的考虑因素。在经济可行性研究中,工艺工程师给出各种可行的方案,然后进行初步设计,在此基础上估算每一种方案所需的费用,最后通过比较确定一个最好的方案。因此这个阶段的大量工作是给出各种选定的比较方案的初步设计和估算每一个方案的费用。

　　进行环境效益估计的基础是各处理单元或设备对污染物的估计去除率。有了工艺流程图和每个处理单元对污染物的去除率,就可以通过循环遍历表示工艺流程的带权邻接矩阵来迭代计算该工艺对污染物的总体去除率。

　　利用迭代来计算具有分支或回流的工艺处理效率的方法在 7.2.3 节做了介绍。

　　进行经济效益估计的基础是各处理单元或设备的成本(包括基建成本和运行成本)与废水处理量的数量关系。但经济成本与物价水平、地域、材料供求关系等的关系是很明显的,为了给出比较合理的工程造价估计和运行成本估计,系统提供了对物价指数、建筑材料市场价等进行自定义的模块。在工艺初步比较阶段,系统给出的是相对的经济成本估计,因为此阶段工艺所采用的处理单元还是很粗糙的模型,系统不可能也不需要给出精确的估计。

4）工艺调整

污水处理厂的工艺选择应根据原水水质、出水要求、污水处理厂规模、污泥处置方法及当地温度、工程地质、征地费用、电价等因素作慎重考虑。污水处理的每项工艺技术都有其优点、特点、适用条件和不足之处，设计工艺时应考虑当地的具体条件和我国国情。在不同的进水和出水条件下，同样的工艺应取用不同的设计参数；设备的选型也不是一成不变的。

针对这种情况，系统提供了交互式的工艺调整模块。该模块功能之一是辅助用户根据具体情况对工艺进行调整。在此过程中系统可以提供翔实的在线帮助，如资料手册的查阅、处理效果的评估、工程造价的估算等。功能之二是在流程确定后，辅助进行平面布置图和高程图的设计。用户可以自由调整废水处理设施的位置和高程，选择处理设施的具体型号，设定更详细的参数。

经过设计人员修改和确认后，系统再次调用工艺评价模块对最终工艺的环境效益和经济效益进行评估，并将工艺相关参数以文件的形式存储起来，供其他程序使用。

工艺调整结束后，用户可以选择是否将修改过的工艺添加到工艺库中，以便日后遇到类似废水时便可直接选用本设计方案。

工艺调整模块需要解决的主要问题是为用户提供一个功能齐全但又简单易用的界面，使用户能随心所欲地对工艺流程进行调整，同时还要验证工艺的合理性。

系统定义了 clsUnit（工艺处理单元）、clsPipe（处理单元之间的管道）两个类来存储并管理单元和管道的信息。

工艺流程调整的主界面使用图像控件组来显示处理单元和管道。系统使用主菜单、工具条、右键弹出菜单等多种方式提供了工艺调整的常用操作：添加或删除处理单元、添加或删除管道。对于处理单元的处理效果、管道流量等信息可以在浮动信息窗中查看或修改。处理单元和管道允许任意布置和移动，但调整结束后系统会对工艺的合理性进行检查。工艺的逻辑合理性检查详见 7.2.3 节。

图 7.11 是工艺调整界面，图 7.12 为添加新的处理单元时的程序界面。

5）参数化绘图

当各处理单元的具体参数设置完毕后，AutoCAD 出图模块在 AutoCAD 中输出图形。系统可以在 AutoCAD 中输出平面布置图、高程图，每个处理设施的三维实体模型及其平面图形等。

这部分主要由三大模块组成，它们是工艺计算模块、参数化绘图模块和数据管理模块。工艺计算模块计算出绘图对象各个关键点的坐标值，参数化绘图模块在AutoCAD 中完成建模和生成平面图形的任务，数据管理模块则保存生成的每个实体的数据，今后可以被材料统计、管道干涉检查等模块使用。

AutoCAD 出图模块需要解决的主要问题有：采用哪种方式与 AutoCAD 连

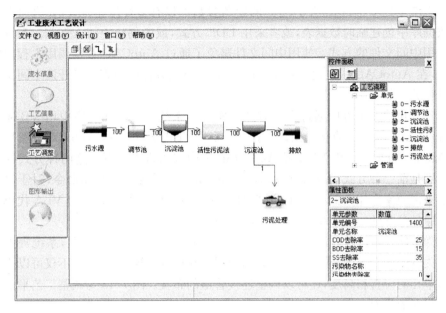

图 7.11　工艺调整界面

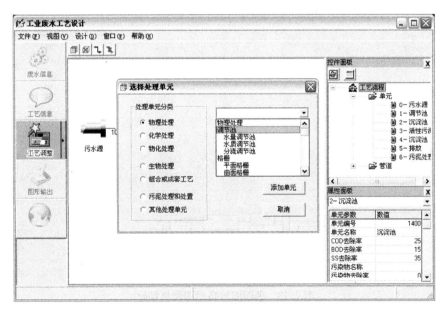

图 7.12　添加处理单元的界面

接,绘图所需的参数怎样从 VB 传送到 AutoCAD 中,用什么方式来绘制图形?

外部程序与 AutoCAD 进行连接需要使用 AutoCAD 的接口。ActiveX auto-mation 是一个通用的接口,可以被大多数客户程序所使用。

系统主程序与 AutoCAD 之间的绘图参数可以有多种传递方式,如可以在系统数据库中创建临时数据表,或者采用 DDE 方式,或者创建中间文件等。系统选择使用中间文件的方式。使用中间文件避免了通过 AutoCAD 直接调用主程序的数据,在 AutoCAD 中也比较容易实现,另外还可以方便用户直接打开该中间文件查看相关参数。

参数化绘图也可以通过多种方式来实现。系统既可以在程序中用 VB 通过 ActiveX automation 直接绘图,也可以只通过 VB 启动并连接 AutoCAD,然后再在 AutoCAD 内部调用 VBA 或 AutoLISP 等内嵌语言来绘图。这两种方式的主要区别是前一种方式需要通过 ActiveX automation 传递大量绘图命令,对于复杂图形来说效率会比较低;后一种方式(使用 VBA)具有更高的效率,但 VBA 代码与主程序是分开的。参数化绘图的具体方式参见 7.2.4 节。

为了使用户能直观而准确地确定各处理单元的相对位置及高程,系统提供了互相关联的两个视图:平面布置图和高程图。在这两个视图中,用户不仅可以指定处理单元的位置和高度,还可以调整连接管道的布置。图 7.13 为调整工艺平面图和高程图的界面。

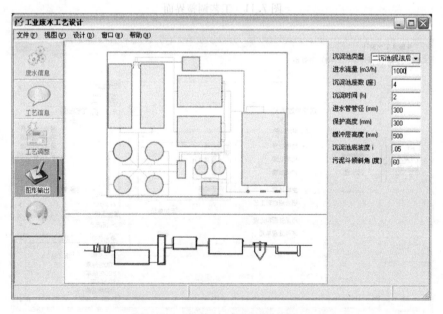

图 7.13　平面图与高程图调整界面

图 7.14 为在 AutoCAD 中输出构筑物的三维立体模型,图 7.15 为在 Auto-CAD 中显示构筑物的三视图。

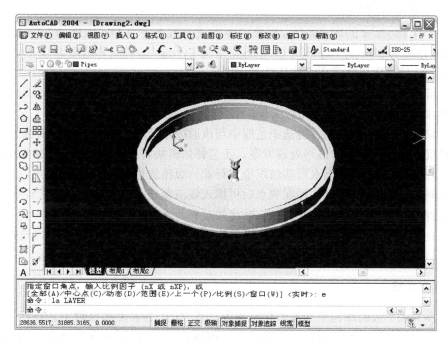

图 7.14　在 AutoCAD 中输出构筑物的三维立体模型图

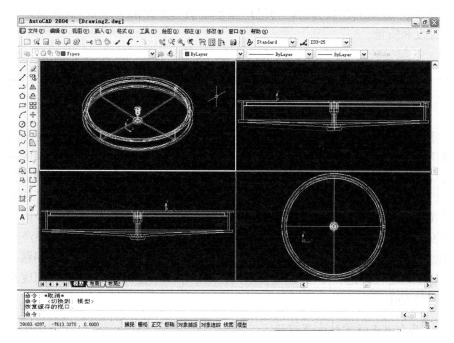

图 7.15　在 AutoCAD 中输出三视图

6）系统应用实例

现有 1500t/d 的印染废水，原水主要水质参数如下：COD 浓度为 600mg/L，BOD$_5$ 浓度为 230mg/L，pH 为 6.3，SS 浓度为 140mg/L，硫化物浓度为 6mg/L，色度为 160 倍。用户要求出水水质达到回用要求。

将这些信息输入系统后，系统筛选出接触氧化-混凝沉淀处理技术和厌氧-耗氧-生物炭联合处理技术等几套工艺。

综合比较这些工艺后，挑选工艺库中与该股废水情况相似度最高的接触氧化-混凝沉淀处理技术作为最终处理方案。工艺评估模块将评估结果在工艺信息中输出，预计使用该方案后出水可达纺织染整行业一级排放标准，其处理出水可以回用于车间或锅炉房煤场等地，污泥脱水后可掺入煤渣制砖。该方案既满足排放要求，又达到出水回用和废物利用的要求，环境效益和经济效益都比较高。

在参数化出图模块中，采用系统计算出的尺寸，使用默认参数值，可以选择输出整套工艺的平面布置图、高程图和相关处理设施的三维模型和平面图形。

7.2.6　小结

本节基于数据库构建和参数化绘图等技术，建立工业废水处理工艺设计专家系统，已经实现智能工艺初选、交互式工艺调整、工艺综合评估和参数化绘图等功能模块。系统可以搜索成功实例供设计人员参考，提供一系列的工具以减少设计人员在参数计算、工程预算、AutoCAD 图形绘制等方面的劳动量，以提高工艺设计的速度和质量。

7.3　基于不确定原理的工业园区废水系统处理技术研究

7.3.1　工业园区废水水质的不确定性研究

水质和水量是工业园区污水处理厂设计和运行的基础，直接影响工业园区污水处理厂工艺的选择、基建费用、运行经费及运行功效等。合理估算工业园区污水处理厂的水质和水量规模，对缓解工业园区污水处理厂建设资金的紧张状态、发挥投资的最大效益等都具有重要的现实意义。因此开展工业园区污水处理厂的水质水量预测研究就显得十分重要。从理论上看，水质水量不难确定，但是工业园区废水存在着较大的不确定性，如果忽视这些不确定性因素的影响将会使结果产生较大偏差。因此，要正确了解和处理这些不确定性因素，才能有效解决实际问题。本节运用不确定性理论和方法，建立工业园区废水水质水量的预测模型，模拟废水的不确定性变化。

1. 马尔可夫链蒙特卡罗理论

马尔可夫链蒙特卡罗（Markov chain Monte Carlo，MCMC）方法是一种很好的随机数产生手段,是一种特殊的蒙特卡罗方法,它将随机过程中的马尔可夫过程引入蒙特卡罗模拟中,实现动态模拟(抽样分布随模拟的进行而改变),相比蒙特卡罗法(Monte Carlo)可大大降低计算量(龚光鲁等,2003),此方法显示出巨大的优越性,已广泛应用到各个领域(Qian et al.,2003;Sohn et al.,2000;Neal,1993;Dilks et al.,1992;Gelfand et al.,1990)。

1) 马尔可夫链原理

如果时间参数集为离散集合(一般为正整数序列)且取值集合(状态空间)是离散集,称马尔可夫过程为马尔可夫链,简称为马尔可夫链,记为$\{X_t=X(t),t=0,1,2,\cdots,N-1\}$。

马尔可夫链预测将来的唯一有用的信息就是过程当前的状态,而与以前的状态无关。设 X_t 可以取 m 个可能的离散状态,状态空间记为 $I=\{s_1,s_2,\cdots,s_m\}$。马尔可夫链的性质完全由其转移概率(转移核)来决定,用 $P(i,j)$ 表示从状态 s_i 到状态 s_j 的一步转移概率,这就意味着矩阵每一行元素的和为 1,则一步状态转移概率矩阵为

$$P=|P_{ij}|=\begin{vmatrix} p_{11} & p_{12} & \cdots & p_{1m} \\ p_{21} & p_{22} & \cdots & p_{2m} \\ \vdots & \vdots & & \vdots \\ p_{m1} & p_{m2} & \cdots & p_{mm} \end{vmatrix}$$

$X_t=s_i$ 的概率记为状态概率 $E_i(t)$。用 $E(t)$ 表示在 t 时刻状态空间概率的行向量,$E_t=[E_1(t),E_2(t),\cdots,E_m(t)]$。初始向量用 $E(0)$ 表示,通常 $E(0)$ 中只有一个分量为 1,其余全部是 0,意味着马尔可夫链从一个特定的状态开始,随着时间的变化,概率值扩散到整个状态空间,则基本方程可表示为

$$E(t+1)=E(t)\cdot P \tag{7.1}$$

2) 马尔可夫链蒙特卡罗方法

马尔可夫链蒙特卡罗模拟本质上是使用马尔可夫链的蒙特卡洛积分,基本思想是建立马尔可夫链构造一个随机游走,对未知变量进行抽样模拟,当链达到稳态分布时即得所求的后验分布。由此可以看出,转移核的构造是使用马尔可夫链蒙特卡罗方法的核心。不同的马尔可夫链蒙特卡罗方法对应了不同的转移核构造方法,目前比较常用的马尔可夫链蒙特卡罗方法有两种:Metropolis-Hastings 算法和 Gibbs 算法,本章主要介绍 Gibbs 算法。

Gibbs 算法的主要思想是将一个高维采样的问题转化为连续多个低维采样的问题。假设目标是要得到关于目标分布 $\pi(\theta)$ 的样本,其中 $\theta=[\theta_1,\theta_2,\cdots,\theta_N]$ 为 N 维向量,Gibbs 算法是在每次迭代中连续对各个分量 θ_i 从相应的条件分布中采样,来构造整个马尔可夫链。对第 m 次迭代,Gibbs 算法按照如下的方法进行:

$$\theta_1^{(m)} \leftarrow \pi(\theta_1 \mid \theta_2^{(m-1)}, \cdots, \theta_N^{(m-1)})$$
$$\theta_2^{(m)} \leftarrow \pi(\theta_2 \mid \theta_1^{(m)}, \theta_3^{(m-1)}, \cdots, \theta_N^{(m-1)})$$
$$\vdots \qquad\qquad\qquad\qquad \tag{7.2}$$
$$\theta_N^{(m)} \leftarrow \pi(\theta_N \mid \theta_1^{(m)}, \theta_2^{(m)}, \cdots, \theta_{N-1}^{(m-1)})$$

由式(7.2)容易得到 Gibbs 算法方法的转移核为

$$T(\theta^{(m-1)}, \theta^{(m)}) = \prod_{i=1}^{N} \pi(\theta_i^{(m)} \mid \theta_1^{(m)}, \cdots, \theta_{i-1}^{(m)}, \theta_{i+1}^{(m-1)}, \cdots, \theta_N^{(m-1)}) \tag{7.3}$$

随着迭代次数的增加,当马尔可夫链达到稳态后,样本 $\theta^{(m)}$ 将服从于目标分布 $\pi(\theta)$。通常采用两种方法对其收敛性进行判断:一是用 Gibbs 算法同时产生多个马尔可夫链,在经过一段时间后,如果这几条链稳定下来,则 Gibbs 算法收敛;二是遍历均值是否已经收敛。例如,在由 Gibbs 算法得到的链中每隔一段距离计算一次参数的遍历均值,为使计算平均值的变量近似独立,通常可每隔一段取一个样本,当这样算得的均值稳定后,可认为 Gibbs 算法收敛。

2. 马尔可夫链预测模型

基于马尔可夫链蒙特卡罗原理,本章建立马尔可夫链预测模型的步骤包括概率分布的确定、马尔可夫链的模拟和检验规则三个部分。首先确定待预测的点源工业废水污染因子序列(原始序列),根据其初始状态、转移概率和累计概率矩阵,运用蒙特卡罗方法抽样模拟不同时刻所处的状态,即获得一条马尔可夫链轨道。根据污染因子序列实测数据统计的概率分布以及马尔可夫链轨道,运用马尔可夫链蒙特卡罗抽样从而获得模拟序列的集合,满足阈值条件的模拟序列即为最终的模拟结果。详细的模拟步骤如图 7.16 所示。

1) 概率分布的确定

将工业园区点源污染因子序列作为随机变量统计分析,基本步骤如下所述。

(1) 假设概率分布。采用频率直方图统计分析污染因子序列的分布规律,分析其规律并假设可能的概率分布(如正态分布、对数分布、指数分布等),采用极大似然估计等方法估计概率分布的参数。

(2) 检验概率分布。假设的概率分布要能反映总体样本的规律,即在一定显著水平下检验该假设。若假设的概率分布接受该检验,则确定其概率分布为污染因子序列的概率分布,否则重新假设概率分布。常用的检验方法包括 χ^2 检验法、柯尔莫哥洛夫检验法、斯米尔诺夫检验法等。对于数据不足或概率分布不明显的污染因子,可将其概率分布作为均匀分布处理。

2) 马尔可夫链模拟

该部分是模拟污染因子序列不确定性变化的重要步骤,包括状态空间的统计、

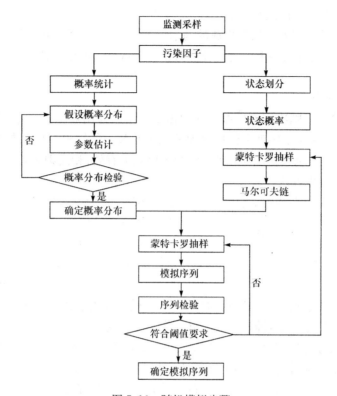

图 7.16　随机模拟步骤

马尔可夫链轨道的模拟和模拟序列的确定。

（1）状态空间的统计。采用平行于时间轴且等间距直线的方法将污染因子序列划分为若干状态，状态的数目应根据污染因子序列的最大值、最小值及精度要求而定；根据此状态区间的划分，统计污染因子序列的初始概率、转移概率矩阵和累计概率矩阵。

初始概率分布是指污染因子序列在各个状态空间中的概率，数值为各状态空间的样本数量与所有样本数量的比值。

转移概率是指原始序列从某一状态到另一状态的概率，可按下式计算：

$$P_{ij} = M_{ij}/M_i$$

式中，M_{ij} 为状态 E_i 转移到 E_j 的离散时刻个数；M_i 为所有状态转移到 E_i 状态的离散个数。

累计概率是指发生在某一状态区间的可能性有多大，计算该状态区间内所有可能取值的概率之和。

（2）马尔可夫链轨道的模拟。由随机数发生器产生均匀分布的一个随机数，根据其初始概率分布和累计概率分布矩阵来判定该数值所对应的状态，生成一个马尔可夫链的轨道(丁宏达,1990)。

(3)确定模拟序列。根据生成的马尔可夫链轨道以及污染因子序列的概率分布,采用马尔可夫链蒙特卡罗方法抽样获得每个状态内的模拟值,从而获得多个模拟序列。

3)检验规则

模型的检验规则决定着模拟序列的预测效果。采用双检验规则(关联度检验和误差检验)计算原始序列和模拟序列的相关系数。如果模拟序列与原始序列的相关系数符合设定的阈值条件,则判定模拟序列为有效;相反则无效。

(1)误差分析方法。

误差分析采用平均绝对百分百偏差(MAPE,单位为%),公式如下:

$$\text{MAPE} = \sum_{k=1}^{n} \left| \frac{x(k) - \hat{x}(k)}{x(k)} \right| \times \frac{100}{n} \tag{7.4}$$

式中,$x(k)$为实测值;$\hat{x}(k)$为预测值;n为原始序列中的数据个数。

(2)关联度分析。

将污染因子序列和模拟序列的数值看作灰值,采用能描述灰色系统序列之间关联程度的定量化方法,即灰色关联分析作为关联度检验方法(刘思峰等,1999)。

灰色关联分析是灰色系统理论的重要组成部分,是指事物之间不确定性关联,或者系统因子与主行为之间的不确定性关联。灰色关联分析基于灰色关联度,以行为因子序列(数据序列)的几何接近度,分析并确定因子之间的影响程度。灰色关联分析的基本思想是根据系统内部各因素之间发展态势的相似、相异程度来衡量因素之间关联程度的一种方法。与传统的系统相关分析有所不同,它克服了传统的系统相关分析中的缺陷,不受样本量、典型分布等的限制。在关联分析中,各因素关联度数值实际意义并不大,只能衡量因素间密切程度的相对大小,对比各个比较序列对于同一参考序列的关联程度。因此,将多个比较序列对参考序列的关联度按大小顺序排列起来,便组成关联序。关联度直接反映各个比较序列对于同一参考序列的优劣或主次关系。

设定特征序列为X_0,模拟序列为$X_i(i=1,2,\cdots,m)$,m为模拟序列的个数,n为特征序列中的数据个数,即

$$X_0 = (x_0(1), x_0(2), \cdots, x_0(n))$$
$$X_1 = (x_1(1), x_1(2), \cdots, x_1(n))$$
$$X_2 = (x_2(1), x_2(2), \cdots, x_2(n))$$
$$\cdots$$
$$X_m = (x_m(1), x_m(2), \cdots, x_m(n))$$

灰色理论发展到现在已经出现多种关联度的计算方法,常见的主要有邓氏关联度、广义灰色绝对关联度、T型关联度、灰色斜率关联度、B型关联度等。采用邓

氏关联度的计算公式来计算关联度。特征序列和模拟序列的灰色相关度（grey relational degree，GRG）被定义为

$$\text{GRG} = \frac{1}{n}\sum_{k=1}^{n}\gamma(X_0, X_i) = \frac{1}{n}\sum_{k=1}^{n}\frac{\Delta_{\min} + \zeta\Delta_{\max}}{\Delta_{0i}(k) + \zeta\Delta_{\max}} \tag{7.5}$$

式中，$\Delta_{0i}(k)$ 为两个比较序列的绝对值，即 $\Delta_{0i}(k) = |x_0(k) - x_i(k)|$；$\Delta_{\min} = \min_{i}\min_{j}$ $\Delta_{0i}(k) = \min_{i}\min_{j}|x_0(k) - x_i(k)|$；$\Delta_{\max} = \max_{i}\max_{j}\Delta_{0i}(k) = \max_{i}\max_{j}$ $|x_0(k) - x_i(k)|$；$\zeta \in [0, 1]$。

3. 实例研究

以石家庄某工业园区污水处理厂为研究对象，2007 年 7~11 月对废水水质进行监测采样。监测的指标是 COD、氨氮、总氮、总磷、pH。本章选择 COD 指标数据为原始序列，废水水质数据统计分析结果见表 7.1。

表 7.1　实测数据统计

时间	数量	平均值	中位数	方差	百分位数（P5）	百分位数（P95）
4 月	31	1 121.6	1 049	64 490	713.2	1 706.4
9 月	30	1 075.4	1 064	42 440	757.7	1 431.4
10 月	31	1 104.4	1 162	49 460	594.3	1 665.5

1）确定原始序列的概率分布

COD 指标数据的频率直方图如图 7.17 所示。

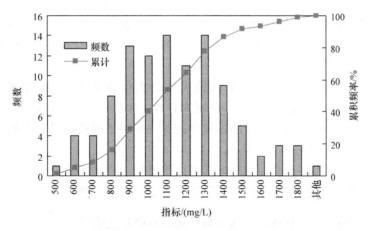

图 7.17　废水 COD 指标数据的频率直方图

由图 7.17 可以看出，COD 指标数据的频率分布符合正态分布的特征，因此假设其符合正态分布的规律，分布函数为

$$F(x) = \frac{1}{\sqrt{2\pi}\sigma} \int_{-\infty}^{x} \exp\left[-\frac{(y-\mu)^2}{2\sigma^2}\right] dy \tag{7.6}$$

采用极大似然估计法估算正态分布的参数平均值为 1121.6，方差为 64 490。柯尔莫哥洛夫检验法能利用实测样本经验分布和推论总体分布之间的最大差异作为检验统计量。因此本章采用柯尔莫哥洛夫检验法，给定显著水平 $\alpha=0.01$，经检验 $D_{COD}<D_{31}(0.01)$，因此接受原假设，即确定该原始序列的总体分布为正态分布。

2）马尔可夫链的模拟

采用平行于时间轴且等间距直线的方法将其分成 5 个状态。统计其初始概率、转移概率矩阵、累计概率矩阵分别为

$$a = |0.087, 0.279, 0.317, 0.25, 0.067|$$

$$P = \begin{bmatrix} 0.444 & 0.444 & 0 & 0.111 & 0 \\ 0.103 & 0.379 & 0.379 & 0.138 & 0 \\ 0.062 & 0.281 & 0.312 & 0.281 & 0.062 \\ 0 & 0.154 & 0.423 & 0.346 & 0.077 \\ 0 & 0 & 0.143 & 0.429 & 0.429 \end{bmatrix}$$

$$CP = \begin{bmatrix} 0.444 & 0.889 & 0.889 & 1 & 1 \\ 0.103 & 0.483 & 0.862 & 1 & 1 \\ 0.062 & 0.344 & 0.656 & 0.938 & 1 \\ 0 & 0.154 & 0.577 & 0.923 & 1 \\ 0 & 0 & 0.143 & 0.571 & 1 \end{bmatrix}$$

根据其累计概率采用蒙特卡罗法随机抽样获得马尔可夫链的一条轨道，再根据概率分布获得每个状态序列的数值，重复多次即可获得模拟序列的集合。

3）模拟序列的确定

设关联度阈值为 0.75，MAPE 阈值为 0.2，即模拟序列与原始序列的关联度系数大于 0.75 且 MAPE 小于 0.2 判定为有效。根据检验规则，确定一条关联度系数为 0.754、MAPE 为 0.172 的模拟序列作为最终的模拟结果。模拟序列与原始序列的对比结果如图 7.18 所示。

由图 7.18 模拟序列与原始序列的对比图可知，该方法获得的模拟序列可以较好地反映原始序列的变化规律，能够满足废水水质水量预测的需要。

7.3.2 工业园区废水处理工艺选择与优化的不确定性研究

废水的水质和水量是工业园区污水处理厂设计和运行的基础，废水处理工艺的选择则是工业园区污水处理厂设计与优化的关键步骤。废水处理工艺待考虑的因素多且复杂，相当一部分评价因素不能定量描述，具有不确定性（模糊性、灰色

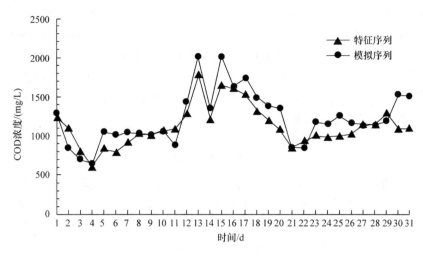

图 7.18　模拟序列与特征序列的对比(2007 年 4 月实测数据)

性、未确知性)。通常废水处理的工艺需要多个专家或决策者的评估论证来确定,完全有可能因个人经验、知识及偏好的差异而导致专家或决策者选择的废水处理工艺不一致,而且对于选定的废水处理工艺能否达到预期处理效果仍需一个反复实验和调试的过程。针对工业园区不同行业的混合废水,如何确定废水处理工艺是个亟待解决的问题。

　　因此,本章从废水处理工艺选择与优化的角度出发,考虑到工艺选择决策过程的不确定性因素,运用不确定性理论建立废水处理工艺选择与优化的方法,并开展废水处理工艺参数的不确定性研究,分析结果对方案实施后的设计参数具有指导作用,对将来的运行管理和系统改进提供参考意见。

　　1. 废水处理工艺选择与优化模型

　　废水处理工艺的选择与优化是定性与定量、确定性与多种不确定性同时存在的多目标决策问题。集对分析理论作为一种确定-不确定性系统来研究,用联系度来统一处理模糊、随机、信息不完全所导致的综合不确定性,能有效解决废水处理工艺选择的问题。

　　1) 集对分析方法原理

　　集对分析(set pair analysis,SPA)是赵克勤提出的一种系统理论分析方法,实质是一种新的不确定性理论,核心思想是将确定性和不确定性视为一个系统加以处理。系统中的确定性和不确定性彼此相互联系、相互影响、相互制约,在一定条件下可以相互转化,集对分析理论用联系度来统一描述模糊、随机和信息不完全所致的不确定性,从同、异、反三个方面研究事物之间的不确定性,全面分析事物之间的联系。

设集合 $f(x)=\{x_1,x_2,\cdots,x_n\}$ 和集合 $g(y)=\{y_1,y_2,\cdots,y_n\}$，则由 $f(x)$ 和 $g(y)$ 组成集对 $H=\{f(x),g(y)\}$。$f(x)$ 和 $g(y)$ 共有 N 个对应项，其中两个集合有 S 项在级别上相同或在数量上相差微小，有 P 项在级别上相反或在数量上相差悬殊，其余的 $F=N-S-P$ 项在级别上无法确定相同相反状态或在数量上存在一定差别，但悬殊不是很明显，则由两个集合组成的集对 H 的关系就转化为同、异、反的关系。用联系度表示如下：

$$\mu=\frac{S}{N}+\frac{F}{N}i+\frac{P}{N}j \tag{7.7}$$

式中，N 为集对所有的特性总数；S 为集对中两个集合共有的特性数；P 为两个集合相互对立的特性数；F 为两个集合既不共同具有又不相互对立的特性数。S/N 称为同一度，F/N 称为差异度，P/N 称为对立度，且满足 $S/N+F/N+P/N=1$。j 与 i 可以根据不同情况取值，如取 $j=-1$，i 在 $[-1,1]$ 区间取值，说明 P/N 对 S/N 有负面影响（j 取负值），同时也说明 F/N 在 S/N 和 P/N 之间，F/N 对 S/N 可能有负面影响（i 取负值），也可能是增益作用（i 取正值）；在不计 j 与 i 的值时，i 与 j 仅作为 S/N、F/N、P/N 处于不同层次的标记。据此可以用 S/N、F/N、P/N 描述优、中和差，重要、次要和一般等这一类测度问题。

但是三元联系度是将状态空间简单地一分为三，显得过于粗糙。为此，可将联系度根据不同的情况做不同层次的展开，即将三元联系度中的不确定项 b_i 分解，则可得到大于三元的多元联系数表达式 $\mu=a+b_1i_1+\cdots+b_ni_n+cj$，称为 $n+2$ 元联系数。心理学家米勒经过实验证明，在某个属性上对方案进行判别时，普通人能正常区别属性的等级在 5～9 级（孔峰，2008），而且通常将等级划分为奇数。因此建立五元联系数集对分析模型开展应用研究，可表示为

$$\mu=a+b_1i_1+b_2i_2+b_3i_3+cj \tag{7.8}$$

式中，a、b_1、b_2、b_3、c 分别为同一度、差异偏同度、差异度、差异偏反度、对立度。

废水处理工艺选择评价指标的相对重要性一般不同，应根据其作用大小分别给予不同权重，采用熵权法确定评价指标的权重。熵是物质系统状态的一个函数。它表示系统的紊乱程度，是系统无序状态的量度。经过对评估矩阵计算得出的熵权，并不是在决策或评估问题中某指标的实际意义上的重要性系数，而是在各种评价指标值确定的情况下，各指标在竞争意义上的相对激烈程度系数。按照熵的思想，人们在决策中获得信息的多少和质量，是决策的精度和可靠性大小的决定因素之一。而熵在应用于不同决策过程的评价或案例的效果评价时是一个很理想的尺度，同样用熵还可以度量获取的数据所提供的有用信息量（丘莞华，2001）。

对于有 m 个评价指标、n 个评价对象的评估问题中，按照定性与定量相结合的原则可取得多对象关于多指标的非模糊评价矩阵 R'。

$$R' = \begin{bmatrix} r'_{11} & r'_{12} & \cdots & r'_{1n} \\ r'_{21} & r'_{22} & \cdots & r'_{1n} \\ \vdots & \vdots & & \vdots \\ r'_{n1} & r'_{n2} & \cdots & r'_{m} \end{bmatrix}$$

按照下式对目标矩阵 R' 进行标准化,得到矩阵 $R = (r_{ij})_{m \times n}$。

$$r_{ij} = \frac{r'_{ij} - \min\limits_j r'_{ij}}{\max\limits_j r'_{ij} - \min\limits_j r'_{ij}}, \quad i \in I_1, \quad I_1 \text{ 为收益性指标}$$

$$r_{ij} = \frac{\max\limits_j r'_{ij} - r'_{ij}}{\max\limits_j r'_{ij} - \min\limits_j r'_{ij}}, \quad i \in I_2, \quad I_2 \text{ 为成本性指标}$$

标准化目标矩阵 R' 后得到矩阵 $R = (r_{ij})_{m \times n}$。$r_{ij}$ 称为第 j 个评价对象指标 i 的值。第 n 个评价指标的熵定义:

$$H_i = -k \sum_{j=1}^{n} f_{ij} \ln f_{ij}, \quad i = 1, 2, \cdots, n \tag{7.9}$$

式中,$f_{ij} = r_{ij} / \sum\limits_{j=1}^{n} r_{ij}$,$k = 1/\ln n$,并假定当 $f_{ij} = 0$,$f_{ij} \ln f_{ij} = 0$。第 n 个评价指标的熵权定义为

$$\omega_i = \frac{1 - H_i}{m \sum\limits_{i=1}^{n} H_i} \tag{7.10}$$

集对分析模型中 a、b、c 考虑权重时,计算公式为

$$\mu = a + b_1 i_1 + b_2 i_2 + b_3 i_3 + cj$$
$$= \sum_{k=1}^{N_1} \omega_k^1 + \sum_{k=1}^{N_2} \omega_k^2 i_1 + \sum_{k=1}^{N_3} \omega_k^3 i_2 + \sum_{k=1}^{N_4} \omega_k^4 i_3 + \sum_{k=1}^{N_5} \omega_k^5 j \tag{7.11}$$

式中,N 为集对的两个集合在不同状态中的数量;ω 为各评价指标的权重。

2) 废水处理工艺的选择与优化模型

废水处理工艺的相似或相异是一个确定性与多种不确定性共存的问题,该问题能通过集对分析理论有效的解决。在分析环境保护专家进行废水处理工艺设计思路的基础上,对废水来源行业特征进行分类,建立工业废水处理案例库(朱文斌等,2007)。

(1) 评价技术指标。

将废水来源的行业类型、进水指标和出水指标作为衡量工艺相似程度的技术指标。进水指标包括处理水量、COD_{Cr}、BOD_5、BOD_5/COD、SS、pH、色度、氨氮、总磷;出水指标包括 COD、BOD_5、SS、pH、色度、氨氮、总磷。

(2) 级别状态。

根据集对分析的原理,将每个技术指标值按照一定的标准转化成级别状态。

进水指标的转化原则为将数据库中指标数值进行 5 等分,从小到大分别设定为 I～
V 级;出水指标的转化原则按照行业排放标准进行等级划分,出水指标的 I～III 级
可设定为排放标准的 I～III 级,IV 级和 V 级可设定为排放标准数值的 2 倍及 5 倍
(由于当前污水处理基本都达标排放,因此出水指标数值基本处于 I～III 级,而 IV
级和 V 级的设定主要考虑到模型的划分等级)。

(3) 集对统计。

按照上述级别状态的划分,将待选工艺方案与数据库中的每一个工艺方案分
别构成一个集对。集对判定状态的原则如下:

针对行业类型指标,若待选工艺的行业类型与数据库中的工艺相同则确定为
同一度,若两者工艺不同则确定为对立度。

针对进水指标和出水指标,若集对中两个集合对应指标的级别状态相同则确
定为同一度,相差一个级别为差异偏同度,相差两个级别为差异度,相差三个级别
为差异偏反度,相差四个级别为对立度。

统计各状态的数量,由式(7.11)计算每个集对的联系度。通常为了方便比较将
联系度转化为一个确定的联系数。一般情况 j 取 -1,i 在 $[-1,1]$ 上的取值可根据实
际情况确定(蒋茹等,2007)。联系数越大说明两者越相似,从而确定废水处理工艺。

2. 废水处理工艺仿真模拟及不确定性参数的灵敏度研究

由集对分析模型选择的工艺是基于联系度的概念,是对工艺的初步筛选,工艺
能否达到预期减排效果,需通过数学模型进一步开展模拟研究。数学模型能将实
际原型化繁为简,便于定量分析和解决问题。仿真模拟是成熟的模拟技术,对废水
处理工艺的比较和工艺流程的设计与优化等均是一种高效的工具。但是模型中有
很多不确定性参数,需根据实际废水水质和处理工艺的要求确定,多数要经过大量
监测数据分析后才能给出。一旦这些参数确定有误,就直接影响到设计结果的可
靠性。因此,采用数学模型对工艺进行仿真模拟以及模型参数的灵敏度分析,为方
案实施后的设计参数提供指导作用,为系统改进提供设计阶段的参考意见。

1) 废水处理工艺的仿真模拟

经过 20 多年的应用和发展,活性污泥仿真模型如 Biowin、SSSP、EFOR、GPS-
X、STOAT、WEST 等日趋成熟。这些模型软件主要用于科学研究、辅助设计、开
发新工艺等,方便地应用于新建或改建工业园区污水处理厂的设计工作,还可用于
工业园区污水处理厂仿真模拟研究以寻求最佳运行状况。本章采用国内外应用较
广的 Biowin 模型开展仿真模拟研究。

(1) 仿真模型 Biowin 简介。

单一矩阵的全污水处理厂的 Biowin 数学模型是加拿大 EnviroSim 环境咨询
公司开发的 Biowin 模拟软件中实施的模型(胡志荣等,2008)。它为用户提供了通

过菜单和图形驱动开发污水处理厂模型的界面。该软件可在个人电脑 Windows 环境下运行。用户可定义废水处理过程,并且可以将复杂的废水处理过程分解为几个简单的处理过程建立模型,进行模拟。

Biowin 模型的主要特点为:没有限制处理规模(如曝气池数量、二沉池数量等)和工厂的布置;提供用户可编辑的数据库(如碳氮、碳磷、工业污染物等),可以优化模型的运行效率;用户可以修改数学模型,使模拟过程更适合水质和工艺,达到最佳模拟效果;提供稳态和动态计算器,以适应不同条件和要求的计算;能模拟单一活性污泥或多种活性污泥的系统运行情况;覆盖的单元操作齐全,包括进水流、出水流、物理方法预处理、生物预处理、曝气池、沉淀池(一维模型、理想沉淀两种)、多种 SBR 工艺、厌氧发酵池、分水器和混合器等操作单元,使用起来方便。

与其他模拟软件相比,Biowin 模型是唯一使用自己模型的软件而不像其他模拟软件使用国际水协的数学模型。该模型在技术文献中通常称为 ASDM 模型。它主要起源于各种活性污泥动力学模型(如 UCT 和 IWA)综合的 Barker/Dold 模型。Biowin 模型的结构使得在模拟一个全污水处理厂时所有的物理、化学和生物工艺包括在一个综合的模型中成为可能,即模拟污水处理厂中每一个特定的工艺单元的行为和这个单元中依赖于其环境条件(泥龄、温度和 pH 等)的主要反应。Biowin 数学模型可以追踪整座污水处理厂中任何一个模型组分或状态变量在不同单元工艺中的变化(Biowin 能追踪 50 个模型组分,如普通异养菌、氨氧化菌、亚硝酸盐氧化菌等)以及作用于这 50 个模型组分的 60 多个物理、化学和生物反应(包括活性污泥反应、厌氧消化、旁流工艺、气体转移及化学沉淀反应等)。Biowin 数学模型参数已经通过大量的研究和工程应用得以校正。

图 7.19 给出了 Biowin 中一个典型的全污水处理厂的模拟工艺流程。该工艺

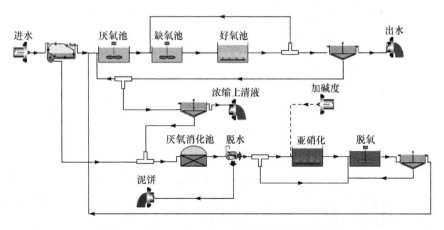

图 7.19　Biowin 中全污水处理厂的模拟工艺流程

除了活性污泥的主流处理工艺和污泥处理的厌氧消化外还包括旁流处理工艺(剩余污泥经脱水后与初沉污泥混合进入厌氧消化池,厌氧消化池的上清液一部分进入 SHARON 单元,另一部分直接进入厌氧氨氧化反应器,处理后返回主流工艺)。

(2) 仿真模型的参数设置。

Biowin 模型应用于废水处理系统的工艺设计和运行模拟之前,主要是确定废水系统进水模型组分的参数、化学计量系数及动力学参数。

Biowin 模型将废水水质组分分为溶解性组分和颗粒性组分,并且规定水质成分之间的转化关系和水质成分之间的质量平衡方程(李购涛等,2004;宋文清等,2003)。通过质量守恒原理和物质转化规律将常规监测数据(COD、氨氮、SS 等)转化为进水水质的分析组分,如溶解性 COD、颗粒性 COD 等。Biowin 模型中常规数据与分析组分转换界面如图 7.20 所示,模型中存在两种类型的水质组分供用户选择,包括原水和经过预处理的废水,两种类型废水水质组成系数有较大的差别。

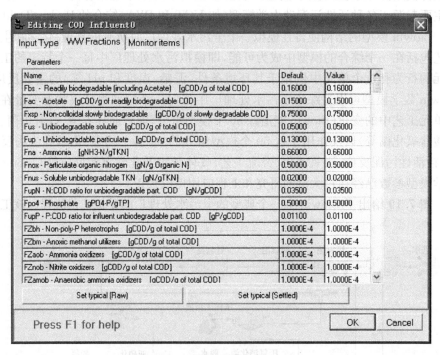

图 7.20　Biowin 模型数据组分转换界面

不同地区不同特性的废水在应用模型时有各自适用的一套模型参数值,而各个参数有其特定的估计和测定方法。实验的测定方法比较复杂且实验条件有限,所以初始模拟阶段,化学计量学参数和动力学参数值一般采用国际水协会推荐的典型值。

（3）仿真模型的模拟步骤。

Biowin 模型能够较好地模拟工业园区污水处理厂的运行状况，模拟步骤如下所述。

① 构建工艺流程。分析工业园区污水处理厂废水处理工艺的运行状况，在 Biowin 模型库中选择相应的工艺组件单元构建仿真工艺流程。

② 参数设定。设定模型所需的参数包括废水处理单元的尺寸参数、废水的水质参数和计算模型的参数。其中废水处理单元的尺寸参数是实际废水处理单元构筑物的尺寸参数；废水水质参数包括进水的水质指标和进水组分；仿真模型的参数包括化学计量系数、动力学参数，以及泥龄、温度等参数。

③ 模拟计算。运行仿真软件设定好计算方法和时间步长，进行稳态模拟运算；将稳态模拟的结果作为动态模拟的初值，进行动态模拟运算。

④ 模型校验。根据模型参数出水组分的灵敏度分析研究，确定关键性参数，对这些参数的值进行实验估测或通过模型调整，结合实际数据进行结果分析与参数校正，验证模型可靠性，实现合理模拟。

2）废水处理工艺不确定性参数的灵敏度研究

（1）废水处理工艺的不确定性参数。

活性污泥数学模型中有很多不确定性参数，需根据实际废水水质和处理工艺的要求确定具体数值，一旦这些参数确定有误，直接影响到设计结果的可靠性。因此，了解工业园区污水处理厂运行的不确定性因素和工艺模型的不确定性参数，可以对方案实施后的设计参数具有指导作用，对系统改进提供设计阶段的参考意见。

影响废水处理效果的不确定性因素很多，主要可分为以下三类。

① 进水水量和水质。工业园区污水处理厂由于进水量和水质的时刻变化处于非稳定状态下运行，从而引起其他参数的变化和出水水质的不稳定。

② 生物动力学参数。活性污泥数学模型参数的取值范围都很宽，在实际计算时很难取值，需要通过实际测定。

③ 装置设备参数。主要包括废水处理设备的经验参数和配套设备的性能参数。废水处理设备如二沉池等，二沉池的经验常数受废水性质和物理特性的影响存在不确定性，其经验参数可由沉降柱实验测得，但其与池子的水力性能密切相关，而这种水力性能是无法在实验室进行简单复制的，所以表现出更大的不确定性变化特征。配套设备如曝气设备等，曝气的作用在于搅拌和充氧，曝气设备的类型不同，其性能参数差别很大，曝气充氧实验予以实验确定，它们随废水性质的不同均呈现出不确定性变化。

以上分析表明，模型中各参数的不确定性程度很高。因此，有必要对活性污泥系统参数进行灵敏度分析，筛选出影响系统设计的关键参数。

（2）不确定性参数的灵敏度分析方法。

研究发现，模型中有些参数值不会因环境的变化而明显变化，可以视为恒定的量。其他非恒定的量一般采用专家法和灵敏度分析法筛选，从而达到调整较少的参数而获得理想的结果。然而专家法由于不同专家会产生不同意见，导致这种方法不易形成定论，从而不具有充分的说服力。本章通过灵敏度分析法筛选出影响系统性能的关键参数。

模型的灵敏度是指模型输出对不确定性模型参数的响应。系统中除某一变量外其余变量均假定为常数，考察这一变量在其所有可能取值范围内变化时对系统性能的影响，称为单因素灵敏度分析。对于给定的条件，若输出函数值随变量的变化呈现出较大幅度的涨落，则称系统对这一变量是敏感的。灵敏度是系统工程中用以衡量参数变化对目标或状态产生影响程度的一个量化指标。设定最终出水中某些组分的浓度为 Y_i，化学计量学和动力学参数及废水组成成分参数为 P_j，则 Y_i 对 P_j 的灵敏度 S_j^i 可以通过式（7.12）计算：

$$S_j^i = \frac{\dfrac{Y_{i1} - Y_{i0}}{Y_{i0}}}{\dfrac{P_{j1} - P_{j0}}{P_{j0}}} = \frac{\dfrac{\Delta Y_i}{Y_{i0}}}{\dfrac{\Delta P_j}{P_{j0}}} \tag{7.12}$$

通常的做法是取一组初始组分参数值 P_{j0}，对应一组出水组分浓度 Y_{i0}；然后再给 P_{j0} 一个 $\pm 10\%$ 的变化得 P_{j1}，对应一组 Y_{i1}，由式（7.12）计算 S_j^i。S_j^i 的大小表明出水组分浓度对参数变化的敏感性。

3. 实例研究

待建的工业园区污水处理厂的资料信息如下：工业园区污水处理厂处理以制药废水为主的混合工业废水，处理水量为 45 000～50 000m³/d，COD 约为 2000mg/L，BOD₅ 约为 500mg/L，氨氮约为 70mg/L，SS 约为 400mg/L，色度约为 500，pH 约为 6，污泥外运处理，实现达标排放。通过本章建立的废水处理工艺选择的体系，确定该废水的处理工艺以及影响该工艺运作的不确定性因素。

1）废水处理工艺选择

限于篇幅，本章从工艺数据库中选出印染、制药、化工、造纸行业 11 种工艺作为待选工艺。数据库中工艺的指标信息见表 7.2。暂无相关资料数据，统计级别状态可设定为"0"级别。

表 7.2　数据库中的工艺指标

工艺指标		工艺编号										
		1	2	3	4	5	6	7	8	9	10	11
	行业类型	印染	印染	印染	制药	制药	制药	制药	化工	化工	造纸	造纸
	水量/(t/d)	1000	250	2000	200	150	200	200	200	200	2200	5600
进水指标	COD/(mg/L)	1000	2300	1110	6000	1640	920	1000	474	5750	1400	4460
	BOD_5/(mg/L)	600	450	340	2500	770	175	550	211	2000	450	710
	BOD_5/COD	1.67	5.11	2.92	2.4	2.14	5.26	1.42	4.16	2.44	2.12	6.45
	SS/(mg/L)	600	200	743	1250	600	150	200	147	200	930	1400
	pH	9	7	10.5	5.3	6	6.5	7	4.6	7	7.2	7.7
	色度/倍	400	160	1600	150	120	100	700	240	320	260	200
出水指标	COD/(mg/L)	60	150	90	90	67.9	32.4	75	100	22.4	320	40
	BOD_5/(mg/L)	70	60	10.4	20	19.3	4.4	14	25	4.27	244	17
	SS/(mg/L)	7	200	14	60	55	22	36	50	12	300	54
	pH	7.5	7.5	7.5	7.5	7.16	7.5	7.95	7.7	7.7	7.5	7.4
	色度/倍	40	40	14	40	40	40	40	40	40	40	40

　　首先,将待建工业园区污水处理厂的指标信息和待选工艺的指标信息转化为级别状态,转化方法详见 7.3.2 节。根据集对分析方法,将待选工艺作为向量 $f(x)$,分别与数据库中的工艺 $g(y_i)$ 构成一个集合,建立集对 H。统计每个集对的同一度、差异偏同度、差异度、差异偏反度、对立度的数量,根据式(7.11)计算得到待选工艺与数据库中各工艺方案的联系度,结果见表 7.3。

表 7.3　工艺集对的联系度

编号	1	2	3	4	5	6	7	8	9	10	11
A	0.332	0.135	0.474	0.579	0.579	0.745	0.457	0.529	0.423	0.096	0.464
B1	0.154	0.334	0.069	0.049	0.223	0.094	0.005	0.112	0.094	0.325	0.154
B2	0.146	0.169	0.000	0.000	0.000	0.023	0.000	0.000	0.000	0.220	0.005
B3	0.005	0.000	0.227	0.069	0.000	0.000	0.134	0.000	0.065	0.134	0.060
C	0.359	0.359	0.226	0.263	0.134	0.134	0.000	0.359	0.419	0.221	0.313
联系数	0.050	−0.056	0.173	0.326	0.612	0.654	0.790	0.226	0.014	−0.032	0.202

　　根据联系度结果可以看出,a 值(同一度)最大的为 7 号工艺,其次为 6 号工艺。为了更加直观地表示方案的相似程度,将联系度转化为确定的联系数进行比较。为简化令 $i_1=0.5, i_2=0, i_3=-0.5, j=-1$。计算结果见表 7.3,工艺优选次

序与上述相同,7 号工艺的联系数最大为 0.790,其次是 6 号工艺的联系数为 0.654。因此最后选定的工艺为 7 号工艺,该废水处理工艺的流程:进水—水解池—UASB-MBBR—二沉池—出水。

2) 废水处理工艺的仿真模拟

根据仿真模型的模拟步骤,首先在仿真模型中构建工艺流程,如图 7.21 所示。工艺流程的处理单元尺寸参数见表 7.4。

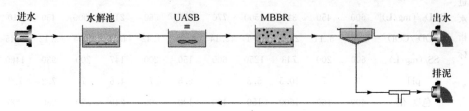

图 7.21　废水处理工艺流程

表 7.4　处理单元结构参数

处理单元	长/m	宽/m	高/m	体积/m³	HRT/h
水解池	60	150	5.5	50 000	24
UASB	55	100	9.0	50 000	24
MBBR	135	150	5.0	100 000	44
二沉池	50	70	4.0	14 600	7
水解池	60	150	5.2	50 000	24

废水处理仿真模拟的一个关键问题是实际监测数据远远少于模型中所需要的模型组分数据。因此,如何将实际监测常规数据转化为模型中的水质组分是决定模拟效果成败的一个关键环节。随着水质监测技术的进步,可以通过实际测量和数值计算方法得到模型所需的组分数据。

(1) 废水水质组分的确定。

Biowin 模型中进水组分的确定方法可参照 ASM 系列模型中的进水确定方法,ASM 组分与常规 COD 分析存在如下关系:

$$COD_{total} = COD_{filter} + COD_{p}$$
$$COD_{filter} = S_{S} + S_{I} \tag{7.13}$$
$$COD_{p} = X_{S} + X_{I} + X_{B,H}$$

通常 COD_{total}、COD_{filter}、COD_{p} 等常规测定结合 S_{S} 的特殊测定,利用式(7.13) 可确定相应的含碳组分。

关于 S_{S} 的测定:国际水协会专家组推荐采用 Ekama 等提出的呼吸速率(OUR)方波实验法。该法是在已知异养菌产率的基础上,通过采用周期性进水方式(12h 进水,12h 不进水),在污泥泥龄为 2d,容积 V、流量 Q 的稳态混合反应器中测定呼吸速率的变化,通过式(7.13)来计算确定 S_S。它不仅需要连续动态实验,还需要专门的呼吸速率仪。

关于 S_I 的测定:可采用 $0.45\mu m$ 的滤膜过滤原水水样,测定滤后水的 COD_{filter},再利用公式 $S_I = COD_{filter} - S_S$ 来确定 S_I。

关于 $X_{B,H}$ 的测定。一般异养菌的浓度不高,约占总 COD 的 $5\%\sim15\%$,可取适当的比例计算或测定氧利用率来确定。在溶解氧浓度为 $6\sim4mg/L$ 下,采用丙烯硫脲抑制硝化菌,测定原水的氧利用速率(OUR),然后与异养菌的最大氧利用率 $150mgO_2/(gVSS\cdot h)$ 进行比较,根据下式可计算出入流中的异养菌浓度:$X_{B,H} = 1.42\times1000\times OUR/150$。其中,1.42 为微生物体的氧当量转换系数(gCOD/gVSS)。

关于 X_S 的测定。大量研究结果表明,废水的极限生化需氧量(BOD_μ)约占可生物降解 COD 的 12%,即可生物降解 COD 中约有 12% 最终合成为生物体,所以可生物降解 COD 与 BOD_μ 有如下的关系:$X_S + S_S =$ 可生物降解 $COD = BOD_\mu/0.88$。一般城市生活污水 BOD_5 约为 BOD_μ 的 70%,所以通过测定进水的 BOD_5 就可推算 BOD_μ,从而通过上式可确定 X_S。

关于 X_I 的测定。$X_I = COD_{total} - (S_S + S_I + X_S + X_{B,h})$。

关于 S_{NH}、S_{ND} 和 S_{NO} 的测定。入流中的氨态氮(S_{NH})和硝态氮(S_{NO})均可采用标准分析方法直接测定。溶解态可生物降解有机氮(S_{ND})可首先测定滤后水样的凯氏氮(TKN),然后由下式计算 S_{ND}:$S_{ND} = TKN - S_{NH}$。

关于 X_{ND} 的测定。通常进水中溶解态和颗粒态可生物降解有机氮与进水中快速可生物降解和慢速可生物降解有机碳呈一定的比例。因此,颗粒态可生物降解有机氮可通过测定进水中溶解态可生物降解有机氮和有机碳的浓度来确定:

$$\frac{S_{ND}}{S_{ND}+X_{ND}} = \frac{S_S}{S_S+X_S}。$$

对于缺乏详细的进水资料,其进水组分参数可采用 Biowin 模型自带的默认参数,该默认参数是经过大量污水处理厂实测检验获得。针对初选的工艺,可采用模型默认参数开展仿真模拟研究。

(2) 废水处理工艺的仿真模拟。

利用动态模拟有助于对系统的稳定性进行定量分析,对水质水量的突然变化所造成的后果进行提前预测,将会减少入流水质水量等波动造成的异常情况发生的频率,从而达到对废水处理系统的运行实时优化管理。动态模拟过程计算量较之稳态模拟要大很多,迭代次数成倍增加,计算时间相应增加。动态模拟的化学计量学参数与稳态模拟相同,动力学参数根据水温取值。动态模拟之前,模型自动将稳态结果值赋给各反应器中的相关参数,作为动态模拟的初始状态,运行时间为每两次记录流量或水质的间隔。本次动态模拟的结果将用于下一次动态模拟的初值。根据污水处理厂进水数据,指标 COD 和氨氮的出水水质动态仿真模拟结果如图 7.22 所示。

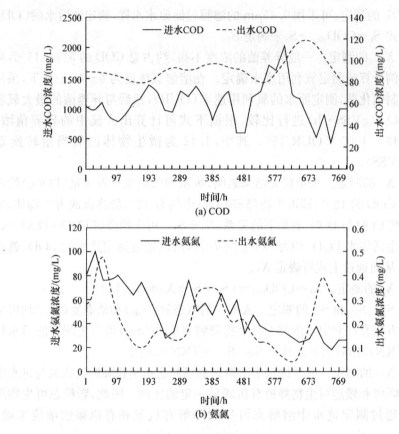

(a) COD

(b) 氨氮

图 7.22　动态模拟仿真图

由图 7.22(a)可知,COD 指标进水平均值为 1040.4mg/L,模拟出水值为 92.2mg/L,平均去除率达到 91.5%;氨氮指标进水平均值为 49.3mg/L,模拟出水值为 0.21mg/L,平均去除率达到 99.6%。模拟结果可以清晰地反映进水流量和水质变化所引起出水水质的变化状况。

3) 废水处理工艺不确定性参数的灵敏度研究

根据不确定性理论的思想,模型参数指标都存在不确定性,研究所有指标的不确定性不切实际。在实际操作中,往往先确定敏感性指标,研究每个指标的敏感度大小,从高到低进行分析研究。本节在上述仿真工艺模拟的基础上,采用单指标灵敏度分析法研究模型参数对出水 COD、总氮和总磷指标状况的影响程度。

（1）废水指标及组分的不确定性。

废水指标如水量、水质（COD 指标等）的变动必然会影响出水的指标。根据单指标灵敏度分析法，研究模型参数对 COD、总氮和总磷指标不确定性影响的程度见表 7.5～表 7.7。

表 7.5　进水指标及组分对指标 COD 敏感性分析

参数	水解	UASB	MBBR	二沉池
Flow	0.167	0.422	0.446	0.072
TCOD	1.511	1.434	1.614	0.956
TKN	0.000	0.000	−0.001	−0.001
TP	−0.310	−0.210	0.062	−0.001
Fbs	−0.074	−0.074	−0.041	−0.001
Fac	−0.022	−0.019	−0.011	0.001
Fus	−0.017	0.007	0.042	0.934
Fup	0.024	0.036	0.047	0.003
Fpo4	−0.043	−0.059	0.006	−0.001
FupP	0.040	0.030	−0.003	−0.001

表 7.6　进水指标及组分对指标总氮敏感性分析

参数	水解	UASB	MBBR	二沉池
Flow	−0.006	−0.063	−0.061	0.714
TCOD	−0.007	−0.145	−0.076	0.000
TKN	1.494	1.346	1.496	0.000
TP	−0.401	−0.271	−0.167	−0.119
Fbs	−0.003	−0.006	0.017	0.000
Fus	−0.002	0.007	0.034	0.000
Fup	−0.006	−0.013	−0.011	0.000
Fna	0.141	0.014	0.003	0.000
Fnox	−0.016	−0.004	−0.002	0.000
Fnus	−0.024	−0.024	−0.031	0.000
FupN	−0.042	−0.042	−0.046	0.000
Fpo4	−0.076	−0.045	−0.011	0.000
FupP	0.037	0.021	0.005	0.000

表 7.7　进水指标及组分对指标总磷敏感性分析

参数	水解	UASB	MBBR	二沉池
Flow	0.000	0.000	0.000	−0.756
TCOD	0.000	0.000	0.000	−1.240
TKN	0.000	0.000	0.000	−0.073
TP	1.000	1.000	1.000	2.264
Fbs	0.000	0.000	0.000	0.049
Fac	0.000	0.000	0.000	0.024
Fus	0.000	0.000	0.000	0.094
Fup	0.000	0.000	0.000	−0.122
Fpo4	0.000	0.000	0.000	−0.024
FupP	0.000	0.000	0.000	−0.195

从表 7.5 进水指标及组分对指标 COD 敏感性分析结果可以看出,进水指标及组分与出水水质有很大关系。进水流量、COD 浓度以及几种组分对工艺各步骤降解 COD 都有较大的影响。其中,进水流量、进水 COD 浓度影响较大,其他参数如进水总磷以及组分参数 Fbs、Fac、Fus、Fup、Fpo4 和 FupP 也都产生相应的影响。从表 7.6 进水指标及组分对指标总氮敏感性分析结果可以看出,进水参数 Flow、TCOD、TKN、TP 对降解总氮产生较大影响。而其他组分参数 Fbs、Fus、Fup、Fna、Fnox、Fnus、FupN、Fpo4 和 FupP 主要对水解池、UASB 和 MBBR 过程产生一定的影响。由表 7.7 进水指标及组分对指标总磷敏感性分析结果可以看出,进水指标 Flow、TCOD、总磷对水解池、UASB 和 MBBR 产生较大影响,其他进水参数 Flow、TCOD、TKN 以及组分参数 Fbs、Fac、Fus、Fup、Fpo4、FupP 只对二沉池产生一定的影响。

可见,进水指标及进水组分对后续的处理效果产生很大的影响。如果对特定工艺进行仿真模拟,精确测定进水指标及相应进水组分是非常必要的。

(2) 仿真模型的不确定性参数。

活性污泥(activated sludge)与厌氧消化(anaerobic digestion)模型是 Biowin 的基本模型,其包含 50 个变量和 60 个过程表达式,这些表达式用于活性污泥与厌氧消化系统的生物活动过程、化学沉淀反应、6 种气体质量转移活动。主要包括:①异养型生物的生长与衰减(OHO),作用是去除 BOD、脱氮;②基于甲醇菌的生长与衰减(methylotrophs),作用是利用甲醇进行反硝化;③水解、吸附、氨化和反硝化作用;④氨化菌的生长与衰减(AOB),作用是硝化;⑤亚硝酸的氧化(NOB),作用是硝化;⑥厌氧氨氧化(ANAMMOX),作用是硝化;⑦聚磷菌的生长与衰减

(PAO),作用是生物除磷。这些过程的主要参数的敏感性分析见表7.8~表7.10。

表 7.8　Biowin 模型动力学和化学计量学参数对 COD 指标敏感性分析

类型	动力学参数	水解	UASB	MBBR	二沉池
OHOs	好氧衰减参数/(L/d)	0.004	0.064	0.161	0.014
OHOs	缺氧/厌氧衰减参数/(L/d)	0.000	0.013	0.020	0.001
OHOs	水解速率(AS)[L/d]	−0.114	−0.224	−0.327	−0.005
OHOs	半水解速率(AS)[—]	0.005	0.016	0.059	0.001
OHOs	厌氧水解参数[—]	−0.001	−0.054	−0.142	−0.003
OHOs	发酵速率/(L/d)	−0.004	−0.005	−0.022	0.000
类型	计量学参数	水解	UASB	MBBR	二沉池
OHOs	产率系数(好氧)	0.494	0.419	0.544	0.022
OHOs	产率系数(发酵,低 H_2)	0.004	0.027	0.046	0.001
OHOs	产率系数(发酵,高 H_2)	0.000	−0.026	−0.024	−0.001
OHOs	H_2 产率系数(发酵,低 H_2)[—]	−0.002	−0.124	−0.120	−0.002
OHOs	丙酸产率系数(发酵,高 H_2)[—]	0.000	0.000	0.014	0.001
OHOs	生物质中 P 含量/(mgP/mgCOD)	0.236	0.244	0.759	0.015
OHOs	难降解 P 含量/(mgP/mgCOD)	0.004	0.009	0.053	0.001
OHOs	内源物质含量[—]	0.007	0.006	0.042	0.002
OHOs	COD:VSS 比/(mgCOD/mgVSS)	0.000	0.000	0.004	0.025
OHOs	丙酸产率系数(好氧)[—]	0.000	0.000	0.042	0.002
OHOs	乙酸产率系数(好氧)[—]	0.033	0.027	0.209	0.004

表 7.9　Biowin 模型动力学和化学计量学参数对总氮指标敏感性分析

类型	动力学参数	水解	UASB	MBBR	二沉池
AOB	最大生长速率/(L/d)	−0.017	−0.016	−0.019	−1.144
AOB	基质(NH_4)半饱和常数/(mgN/L)	0.000	0.000	0.000	1.053
AOB	好氧衰减速率/(L/d)	0.001	0.002	0.001	0.921
OHOs	最大生长速率/(L/d)	0.012	0.011	0.013	0.000
OHOs	好氧衰减参数/(L/d)	−0.023	−0.022	−0.014	0.000
OHOs	水质速率/(L/d)	−0.012	0.070	0.025	0.000
OHOs	厌氧水质参数[—]	0.000	0.070	0.005	0.000
OHOs	氨化速率/[L/(mgN·d)]	0.031	0.016	0.023	0.000

续表

类型	计量学参数	水解	UASB	MBBR	二沉池
OHOs	产率系数(好氧)	0.017	−0.055	0.014	0.000
OHOs	产率系数(发酵,低 H_2)	0.000	−0.033	0.001	0.000
OHOs	生物质中 N 含量/(mgN/mgCOD)	−0.504	−0.416	−0.503	0.000
OHOs	难降解 N 含量/(mgN/mgCOD)	−0.013	−0.022	−0.032	0.000
OHOs	生物质中 P 含量/(mgP/mgCOD)	0.400	0.199	0.434	0.000
OHOs	难降解 P 含量/(mgP/mgCOD)	0.013	0.006	0.034	0.000

表 7.10　Biowin 模型动力学和化学计量学参数对总磷指标敏感性分析

类型	动力学参数	水解	UASB	MBBR	二沉池
OHOs	最大生长速率/(L/d)	0.000	0.000	0.000	−0.025
OHOs	好氧衰减参数/(L/d)	0.000	0.000	0.000	0.320
OHOs	缺氧/厌氧衰减参数/(L/d)	0.000	0.000	0.000	−0.049
OHOs	水解速率(AS)/(L/d)	0.000	0.000	0.000	0.591
OHOs	半水解速率(AS)[−]	0.000	0.000	0.000	−0.123
OHOs	厌氧水解参数[−]	0.000	0.000	0.000	0.345
OHOs	发酵速率/(L/d)	0.000	0.000	0.000	0.049

类型	计量学参数	水解	UASB	MBBR	二沉池
AOB	产率系数/(mgCOD/mgN)	0.000	0.000	0.000	−0.049
NOB	产率系数/(mgCOD/mgN)	0.000	0.000	0.000	−0.025
OHOs	产率系数(好氧)	0.000	0.000	0.000	−4.049
OHOs	产率系数(发酵,低 H_2)	0.000	0.000	0.000	−0.197
OHOs	产率系数(发酵,高 H_2)	0.000	0.000	0.000	0.049
OHOs	H_2 产率系数[发酵,低 H_2][−]	0.000	0.000	0.000	0.172
OHOs	丙酸盐含量[发酵,高 H_2][−]	0.000	0.000	0.000	−0.049
OHOs	生物质中 N 含量/(mgN/mgCOD)	0.000	0.000	0.000	0.025
OHOs	生物质中 P 含量/(mgP/mgCOD)	0.000	0.000	0.000	−1.995
OHOs	难降解 P 含量/(mgP/mgCOD)	0.000	0.000	0.000	−0.744
OHOs	内源物质含量[−]	0.000	0.000	0.000	−0.542
OHOs	产率系数(缺氧)[−]	0.000	0.000	0.000	−0.025
OHOs	丙酸产率系数(好氧)[−]	0.000	0.000	0.000	−0.172
OHOs	乙酸产率系数(好氧)[−]	0.000	0.000	0.000	−0.542

由表 7.8 可知,氨氧化菌(AOB)和亚硝酸盐氧化菌(NOB)、聚磷菌(PAO)及甲醇菌(methylotrophs)动力学参数及化学计量参数对指标 COD 出水浓度影响不大,而异养性生物的生长与衰减(OHOs)中某些参数对这几个指标有一定的影响。表 7.8 列出了异养性生物在生长与衰减过程中对 COD 出水浓度影响较大的参数。其中动力学参数中水解速率(AS),化学计量参数中产率系数(好氧)、物质中 P 含量对 COD 出水浓度影响较明显。

由表 7.9 可知,主要是异养性生物的生长与衰减过程的某些参数以及氨氧化菌动力学部分参数对指标出水总氮浓度有一定的影响。而其他亚硝酸盐氧化菌(NOB)、聚磷菌(PAO)和甲醇菌(methylotrophs)动力学参数及化学计量参数对指标出水总氮浓度影响不大。表 7.9 中列出了对出水总氮浓度影响较大的参数。其中动力学参数中最大生长速率、基质(NH_4)半饱和常数、好氧衰减速率,化学计量参数中生物质中 N 含量、生物质中 P 含量对指标总氮出水浓度影响较为明显。

由表 7.10 可知,主要是异养性生物的生长与衰减过程的某些参数对指标总磷出水浓度有一定的影响。而其他氨氧化菌(AOB)、亚硝酸盐氧化菌(NOB)、聚磷菌(PAO)及甲醇菌(methylotrophs)动力学参数及化学计量参数对指标出水总磷浓度影响不大。表 7.10 中列出了对总磷出水浓度影响较大的参数,二沉池工艺过程受这些参数的影响。其中动力学参数中水解速率(AS),化学计量参数中产率系数(好氧)、生物质中 P 含量对指标出水总磷浓度影响较为明显。

(3) 装置设备的不确定性参数。

装置设备主要包括废水处理设备和配套设备。废水处理设备如二沉池等,二沉池的经验常数受废水性质和物理特性的影响存在不确定性;配套设备如曝气设备等,曝气的作用在于搅拌和充氧,曝气设备的类型不同,其性能参数差别很大,而校正系数随废水性质的不同均呈现出不确定性变化。此处主要讨论二沉池设备的不确定性影响分析。

由表 7.11 二沉池模型经验参数敏感性分析结果可知,二沉池模型经验参数对指标 COD 和总磷有一定的影响,对指标总氮影响较小。影响较大的参数指标是 Maximum vesilind settling velocity(V_o)和 Clarification switching function,其他参数指标影响相对较小。

表 7.11　二沉池模型经验参数敏感性分析

指标	参数	水解	UASB	MBBR	二沉池
COD	Maximum vesilind settling velocity(V_o)/(m/d)	0.000	0.000	0.000	−0.044
	Clarification switching function/(mg/L)	0.000	0.000	0.000	0.046
TP	Maximum vesilind settling velocity(V_o)/(m/d)	0.000	0.000	0.000	−0.025
	Clarification switching function/(mg/L)	0.000	0.000	0.000	0.025

7.3.3　工业园区排污收费模型及不确定性研究

随着越来越多工业园区污水处理厂的建成,进一步为了解决工业园区污水处理厂的运营难题,就要充分发挥排污收费的作用。征收的排污费可以作为维持工业园区污水处理厂稳定运营的资金,以及工业园区环境综合治理的资金。现行的排污收费制度和收费标准制定技术已难以适应环境保护的要求,很多地方亟待进行改革和完善。大部分排污企业宁可缴纳超标排污费,也不愿积极治污,即存在"违法成本低、守法成本高"的现象(余江等,2005)。如何更好地解决排污费征收问题,能够真正触动到污染者的经济利益,需要建立合理的收费模型以达到减少环境污染和排污企业自愿治理废水的双重目的。针对当前排污收费机制的弊端,本章运用贝叶斯原理建立工业园区排污收费模型,并与当前的排污收费模型进行合理性探讨。

1. 工业园区排污收费的模型

废水的水质和水量是工业园区排污收费的基础数据,然而工业园区废水存在着较大的不确定性,如果忽视这些不确定性因素的影响将会使结果产生较大的偏差。为了克服和解决不确定性问题,基于贝叶斯理论的不确定性思路应运而生。针对当前排污收费的弊端,本章采用贝叶斯原理开展工业园区排污收费的模型研究。

1) 贝叶斯模型理论

(1) 贝叶斯理论概述。

贝叶斯理论是基于总体信息、样本信息和先验信息得到的后验信息所进行的统计推断(Berger et al. ,2004;Gelman et al. ,1995)。总体信息是总体分布或总体所属分布族所提供的信息,样本信息是从总体抽取的样本或者通过实验结果所提供的信息,人们一般是通过样本信息对总体的统计特征做出统计推断,没有样本就没有统计学;先验信息是在抽样之前或实验之前的一些信息,主要来源于经验、手册、说明书或相关历史资料等。贝叶斯统计学与经典统计学的主要区别是利用了先验信息,贝叶斯学派很重视先验信息的收集、挖掘和加工,形成先验分布,加入统计推断,以提高统计推断的可靠性和有效性。因为先验分布反映了实验前对参数的认识,后验分布综合了更多的信息,反映了在得到样本信息后对参数认识的深化,它们的差异是样本信息出现后,人们对参数认识的一种调整,因此根据后验分布对参数所做出的估计和推断更为合理和可靠(范金城等,2001;茹诗松,1999)。目前贝叶斯模型在信息处理、管网检测、水文模型等各个领域广泛应用(Olli et al. ,2007;丁照宇等,2002)。

(2) 贝叶斯模型。

概率中贝叶斯模型常以下列形式给出:

$$p(\theta \mid y) = \frac{p(\theta)p(y \mid \theta)}{p(y)} = \frac{p(\theta)p(y \mid \theta)}{\int_{\theta} p(\theta)p(y \mid \theta)\mathrm{d}\theta} \qquad (7.14)$$

$$p(\theta_k \mid y) = \frac{p(\theta_k)p(y \mid \theta_k)}{\sum_{i=1}^{n} p(\theta_i)p(y \mid \theta_i)} \qquad (7.15)$$

在样本空间给定下,先验分布 $p(\theta)$ 是反映人们在抽样前对 θ 的认识,后验分布 $p(\theta \mid y)$ 是反映人们在抽样后对 θ 的认识,之间的差异是由于样本出现后人们对 θ 认识的一种调整 $p(y \mid \theta)$。θ 的后验分布既是集中了总体、样本和先验三种信息中有关 θ 的一切信息,又是排除一切与 θ 无关的信息之后所得到的结果。贝叶斯公式体现了先验分布向后验分布的转化,可以形象地表示为:先验信息⊕样本信息⇒后验信息。

(3) 先验分布的确定。

贝叶斯方法的关键是确定先验分布,只有选择正确的先验分布,才能得出正确的后验分布,才能做出正确的统计推断。确定先验分布的常用方法包括:

利用主观概率确定先验分布。贝叶斯学派认为,一个事件的概率是人们根据经验对该事件发生的可能性所给出的个人信念,由此所得到的概率称为主观概率。确定主观概率的常用方法有:用对立事件的比较确定主观概率;用专家意见确定主观概率,关键对专家本人要了解,以便作出适当的修正,形成自己的主观概率;向多位专家咨询后,综合考虑历史资料、个人经验和别的相关资料得到主观概率;用模糊贝叶斯方法确定主观概率。

利用先验信息确定先验分布。当总体参数连续,并且可以得到参数的足够信息(经验和历史数据等)时,可以用下面的方法确定先验分布,即直方图、选定先验密度函数形式再估计其超参数、定分度法与变分度法等。

无信息先验分布。参数 θ 的无信息先验分布是指除参数 θ 的取值范围和参数 θ 在总体分布中的地位之外,再也不包含参数的任何信息的先验分布。因此参数 θ 的先验分布被称为均匀分布。

2) 工业园区排污收费模型

(1) 工业园区排污收费模型。

工业园区污水处理厂对不同行业的废水进行统一处理,单一指标如 COD 已不能代表企业的废水特点。以单一指标对企业进行排污收费,必然对某些企业不公平。排污收费指标太少则不能达到控制水污染的目的,排污收费指标太多将会增加指标监测的难度。考虑到多方面因素的影响,结合管理部门对排污的控制管理要求,最终确定 COD、总氮(氨氮)、总磷和特征污染物为排污收费指标。根据贝叶斯理论,建立工业园区排污收费模型如下:

$$p(\theta_k \mid y) = \frac{w_j T_{jk}}{\sum\limits_{j=1}^{m} w_j T_{jk}} = \frac{w_j \dfrac{p(\theta_k)p(y \mid \theta_k)}{\sum\limits_{k=1}^{n} p(\theta_k)p(y \mid \theta_k)}}{\sum\limits_{j=1}^{m} w_j \dfrac{p(\theta_k)p(y \mid \theta_k)}{\sum\limits_{k=1}^{n} p(\theta_k)p(y \mid \theta_k)}} \tag{7.16}$$

式中,θ 为要计算的参数变量,代表企业排放的废水;$P(\theta_k \mid y)$ 为 θ 的后验分布,代表企业所承担的费用比例;$p(\theta_k)$ 为企业排放的废水;$p(y \mid \theta_k)$ 为企业排污的污染指标浓度比例;k 为特定的企业;n 为企业数量;m 为指标数量;w_j 为第 j 个污染指标的权重系数;T_{jk} 为第 k 家企业第 j 个污染指标的费用比例。

(2) 工业园区排污收费模型的权重系数。

在排污收费管理中,只有考虑收费指标的相对重要程度,才能做出合理的决策,达到重点治理的目的。指标的权重是相互影响的,其取值好坏将直接影响收费结果,指标权重的赋值与指标的量化相比具有更大的不确定性和随意性。

权重的确定分为主观赋权法与客观赋权法。主观赋权法利用专家或个人的知识或经验,由专家根据实际问题确定各指标权重之间的排序。客观赋权法通过大量数据分析确定权值,因此大多数情况下精度较高。主观赋权法和客观赋权法确定权重的出发点和理论基础均不同,前者是由决策者分析评价,包含的人为主观色彩较重,理论基础是决策论;后者从各指标传输给决策者的信息量多少出发,依据的是信息论。本书采用主观与客观相结合的方法,在主观赋权的基础上,运用熵值理论对各专家评估水平赋予权重,确定各指标的组合权重。科学的确定权重方法应采用两者的算术平均值(王靖等,2001;张文泉等,1995)。

3) 实例研究

以江苏省某工业园区为研究对象,采集的指标是流量、COD、氨氮、总氮、总磷、SS、pH、色度、电导率以及特征污染物。为了简化模型应用,以其中 5 个企业为例,计算工业园区企业排污的费用分担率。

(1) 工业园区排污收费指标数据。

考虑到收费指标的单位不同,需对排污收费指标数据进行标准化处理。针对流量、COD、总氮、总磷指标的标准化方式,采用企业排污的指标数据与工业园区混合废水指标的数据之比。特征污染物指标无法设定统一的比值,应借鉴污染当量概念的特点,将其与各自指标的排放标准值相比,此处采用的方式为一类标准值。工业园区 5 个企业收费指标数据标准化后见表 7.12。

表 7.12　数据标准化处理

企业 ID	废水指标				
	流量	COD	总氮	总磷	特征污染物
A	0.3340	0.9124	1.5094	1.0526	20.00
B	0.2113	0.5474	0.3774	0.5263	6.00
C	0.2535	1.4244	1.1321	1.5749	5.50
D	0.1404	0.7299	0.5660	0.4421	4.00
E	0.0563	0.2190	0.7547	0.3154	2.40

（2）工业园区排污收费指标的权重系数。

权重系数采用主观赋权法和客观赋权法相结合的方式,根据权重的计算方法可得到各收费指标的权重系数,见表 7.13。

表 7.13　收费指标的权重值

赋权方式	COD	总氮	总磷	特征污染物
主观赋权	0.1250	0.2500	0.2500	0.3750
客观赋权-熵权法	0.0439	0.0445	0.0400	0.1339
组合权	0.1044	0.1672	0.1650	0.2544

（3）工业园区企业费用分担率的计算。

将指标数据和权重系数代入工业园区排污收费模型式（7.16）,计算结果为 $P(A)=0.5007$、$P(B)=0.1093$、$P(C)=0.2452$、$P(D)=0.0435$、$P(E)=0.0213$, 说明工业园区企业排污收费分别为废水处理费用的 50.07%、10.93%、24.52%、4.35%、2.13%。

（4）工业园区排污收费模型讨论。

为了体现模型的合理性,本章将建立的工业园区排污收费模型与其他几种排污收费方式进行了比较。表 7.14 列出了各种污染收费模型的计算结果。

表 7.14　收费方式的比较

收费方式	A	B	C	D	E
单一指标（Q）	0.3340	0.2113	0.2535	0.1404	0.0563
单一指标（COD）	0.3140	0.1174	0.4710	0.1047	0.0126
单一指标（总氮）	0.5404	0.0445	0.3042	0.0445	0.0451
单一指标（总磷）	0.3649	0.1153	0.4150	0.1230	0.0144
单一指标（特征污染物）	0.9747	0.1424	0.2010	0.0412	0.0195
统一收费	0.4602	0.1074	0.3214	0.0491	0.0215
本节收费模型	0.5007	0.1093	0.2452	0.0435	0.0213

单一指标收费是最普遍采用的收费方式,如根据废水排放量、浓度指标(COD指标)等进行收费。从表 7.14 可以看出,工业园区企业排污收费的分担率将会随着指标的变化而变化。可以看出,该收费方式不能完全达到治理环境的目的,因此该收费方式是不合理的。

对于超标收费方式而言,考虑到工业园区的企业均严格控制污染物排放,没有超过废水综合排放标准的情况,若仍以此排污收费的方式,则工业园区企业将不用承担废水费用。区域环境质量仍会出现恶化发展的现象,无法控制环境容量。因此该收费方式是不合理的。

所谓的统一标准收费即将其几个收费指标同等对待,权重系数相同。该方式没有做到因地制宜,因为不同区域污染指标不同,污染程度不同,无法达到针对特定区域重点污染物治理的效果。

通过与上述收费方式的比较,提出的排污收费模型的合理性表现在:模型改进了以废水排放量或以单一浓度指标收费的弊端,兼顾考虑废水排放量和废水浓度指标;模型采用多污染因子收费方式,兼顾考虑氮、磷及特征污染因子,体现了污染控制的趋势;根据不同区域污染状况,对污染严重的指标加大收费力度,可全面控制环境污染。

现行排污收费体制的收费价格是非常重要的,价格过高则排污者承担不起;价格过低又不能达到排污者主动治污的效果,仍将会出现企业宁可缴纳超标排污费,也不愿积极治污,即"违法成本低、守法成本高"的现象。该收费模型的合理性还体现在:本书以工业园区为单位计算企业排污费用的分担率,至于说工业园区排污收费总额是多少,可以考虑工业园区污水处理厂的运行费用等,此处不作详细探讨。

2. 工业园区排污收费的不确定性研究

工业园区废水系统是变化复杂、充满不确定性因素的大系统,系统中废水参量,如流量、污染物浓度等信息都存在随机性、模糊性、灰色性或未确知性中的一种或几种。信息的不确定性可能是客观存在的,或是由实测资料不完全造成的,或是由于人们对其内在作用机理、变化规律认识不清引起的。无论是何种原因带来的不确定性,都可能导致研究结果的误差。废水的水量和水质是工业园区排污收费的基础,考虑到工业园区废水系统和工业园区排污收费模型中不确定性因素的影响,本节应用盲数理论对工业园区排污收费模型开展深入研究,无论对研究理论的发展,还是对实践的宏观指导,都有重大的理论价值和现实意义。

1) 盲数理论

(1) 排污参量盲数的定义。

具有随机性、模糊性、灰性、未确知性两种或两种以上不确定性的信息称为盲信息。盲数是未确知数学中处理和表达盲信息的数学工具。在一定时段内,参数变量,如流量 Q、COD 等都是在灰区间 a_i 内变化,如果每个灰区间 a_i 与可信度 α_i 对应,则参量盲数按如下定义。

设 $g(I)$ 为某个参量的区间型灰数集合,则 $a_i \in g(I)$,如果 $\alpha_i \in [0,1]$,$i=1$, $2,\cdots,n$,$f(x)$ 为定义在 $g(I)$ 上的灰函数,且

$$f(x) = \begin{cases} \alpha_i, & x=a_i, \quad i=1,2,\cdots,n \\ 0, & \text{其他} \end{cases} \tag{7.17}$$

当 $i \neq j$ 时,$a_i \neq a_j$,且 $\sum\limits_{i=1}^{n} a_i = a \leqslant 1$,则称函数 $f(x)$ 为一个参量盲数,称 α_i 为 $f(x)$ 的 a_i 值的可信度,称 α 为 $f(x)$ 的总可信度,称 n 为 $f(x)$ 的阶数。

由盲数的定义可知,如果 $a_i \in R \subset G(i=1,2,\cdots,n)$,不妨设 $a_1 < a_2 < \cdots < a_n$,则盲数 $f(x)$ 就是未确知有理数 $[a_1,a_n]$,未确知有理数是盲数的特例;如果 $n=1$,$a_1=1$,则盲数 $f(x)$ 为区间型灰数 a_1,所以区间型灰数是盲数的特例;如果 $f(x)$ 不是未确知有理数,也不是区间型灰数,称 $f(x)$ 为真盲数。

因为盲数包含区间型灰数和未确知有理数,而区间型灰数包含区间灰数,未确知有理数包含离散型随机变量的分布,所以盲数是区间数和随机变量分布的一种推广。因此,真盲数包含的信息至少有两种不确定性,可以借助盲数理论对盲信息的数学表达和数学处理进行研究。

(2) 盲数的运算规则。

盲数的运算包括可能值与可信度两个方面的计算。设 $*$ 表示 $g(I)$ 中的一种运算法则,如可以是 $+$、$-$、$\times$、$\div$ 中的一种。设盲数 A 和 B 为

$$A = f(x) = \begin{cases} a_i, & x=x_i, \quad i=1,2,\cdots,m \\ 0, & \text{其他} \end{cases}$$

$$B = g(y) = \begin{cases} \beta_j, & y=y_j, \quad j=1,2,\cdots,n \\ 0, & \text{其他} \end{cases}$$

构造 A 和 B 的可能值带边 $*$ 矩阵见表 7.15。构造 A 和 B 的可信度带边积矩阵见表 7.16。表 7.15 中 $x_1,x_2,\cdots,x_m$ 和 $y_1,y_2,\cdots,y_n$ 分别为 A 和 B 的可能值序列。第一象限元素构成的 $m \times n$ 阶矩阵称为 A 关于 B 在 $*$ 运算下的可能值 $*$ 矩阵。表 7.16 中 $a_1,a_2,\cdots,a_m$ 和 $\beta_1,\beta_2,\cdots,\beta_n$ 分别为 A 和 B 的可信度序列。表 7.16 中第一象限元素构成 $m \times n$ 阶矩阵称为 A 关于 B 的可信度积矩阵。

表 7.15　可能值带边 $*$ 矩阵

x_1	$x_1 * y_1$	$x_1 * y_2$	$\cdots$	$x_1 * y_n$
x_2	$x_2 * y_1$	$x_2 * y_2$	$\cdots$	$x_2 * y_n$
$\vdots$	$\vdots$	$\vdots$		$\vdots$
x_m	$x_m * y_1$	$x_m * y_2$	$\cdots$	$x_m * y_n$
$*$	y_1	y_2	$\cdots$	y_n

表 7.16 可信度带边 * 矩阵

α_1	$\alpha_1 * \beta_1$	$\alpha_1 * \beta_2$	$\cdots$	$\alpha_1 * \beta_n$
α_2	$\alpha_2 * \beta_1$	$\alpha_2 * \beta_2$	$\cdots$	$\alpha_2 * \beta_n$
$\vdots$	$\vdots$	$\vdots$		$\vdots$
α_m	$\alpha_m * \beta_1$	$\alpha_m * \beta_2$	$\cdots$	$\alpha_m * \beta_n$
$*$	β_1	β_2	$\cdots$	β_n

将 A 与 B 的可能值 * 矩阵中的元素按由小到大的顺序排成一行：$z_1, z_2, \cdots,$ z_k，其中相同的元素算作一个。如果 z_i 在可能值带边 * 矩阵中有 S_i 个不同位置，将可信度带边积矩阵中相对应的 S_i 个位置上的元素之和记为 r_i，可得序列 $r_1,$ $r_2, \cdots, r_k$。称 $\Phi(z)$ 为盲数 A 与 B 之 *，记做

$$\Phi(z) = A * B = f(x) * g(y) = \begin{cases} r_i, & z = z_i, \quad i = 1, 2, \cdots, k \\ 0, & \text{其他} \end{cases} \tag{7.18}$$

2) 实例研究

(1) 工业园区企业排污信息的盲数转化。

以 7.3.3 节实例为研究对象，采用盲数理论的方法研究排污收费结果由于废水水质数据不确定性因素影响的可信度。上述实测的资料数据，如流量 Q、COD、总氮、总磷和特征污染物参量的盲信息包含未确知性和灰性两个方面。式(7.18) 中可信度应是一个参量取值范围为灰区间的盲数。由于这种盲数中仅含有有限个未确知信息，实际上为一个未确知有理数，可将其作为一个区间型灰数的"心"。统计结果见表 7.17。

表 7.17 废水数据的可能值及相应的可信度

企业 ID	流量		COD		总氮		总磷		特征污染物	
	可信度	可能值	可信度	可能值	可信度	可能值	可信度	可能值	可信度	可能值
A	0.0909	0.2915	0.2727	0.7707	0.4545	1.4314	0.4545	0.9977	0.1414	16.5230
	0.5455	0.3241	0.3636	0.9027	0	1.5027	0	1.0475	0.5455	19.0960
	0.3636	0.3646	0.3636	1.0344	0.5455	1.5740	0.5455	1.0972	0.2727	21.6690
	0	其他	0	其他	0	其他	0	其他	0.0	其他
B	0.4545	0.2005	0.1414	0.4523	0.1414	0.3255	0.3636	0.4561	0.3636	5.2000
	0	0.2104	0.5455	0.5227	0.4545	0.3662	0.4545	0.5526	0.4545	6.3000
	0.5455	0.2204	0.2727	0.5931	0.3636	0.4064	0.1414	0.6491	0.1414	7.4000
	0	其他	0	其他	0	其他	0	其他	0	其他

续表

企业 ID	流量		COD		总氮		总磷		特征污染物	
	可信度	可能值	可信度	可能值	可信度	可能值	可信度	可能值	可信度	可能值
C	0.3636	0.2194	0.0909	1.6690	0.1414	0.9769	0.2727	1.3546	0.2727	4.5733
	0.4545	0.2663	0.5455	1.4130	0.4545	1.1006	0.3636	1.5444	0.3636	5.4400
	0.1414	0.3124	0.3636	1.9570	0.3636	1.2242	0.3636	1.4191	0.3636	6.3067
	0	其他	0	其他	0	其他	0	其他	0	其他
D	0.3636	0.1221	0.2727	0.6165	0.1414	0.5179	0.1414	0.6912	0.1414	3.6595
	0.4545	0.1479	0.3636	0.7222	0.4545	0.5630	0.6364	0.4274	0.4545	3.9744
	0.1414	0.1734	0.3636	0.4279	0.3636	0.6042	0.1414	0.9635	0.3636	4.2941
	0	其他	0	其他	0	其他	0	其他	0	其他
E	0.1414	0.0446	0.4545	0.2077	0.3636	0.6494	0.1414	0.6912	0.1414	2.1769
	0.4545	0.0547	0	0.2141	0.4545	0.7494	0.4545	0.4274	0.4545	2.3769
	0.3636	0.0604	0.5455	0.2244	0.1414	0.9302	0.3636	0.9635	0.3636	2.5769
	0	其他	0	其他	0	其他	0	其他	0	其他
合计	0.2727	0.9012	0.4545	0.9332	0.2727	0.9074	0.4545	0.9672	0.1414	4.5499
	0.5455	1.0147	0.2727	0.9966	0.3636	0.9434	0.4545	1.0364	0.1414	9.6102
	0.1414	1.1362	0.2727	1.0600	0.3636	1.0549	0.0909	1.1056	0.6363	10.6706
	0	其他	0	其他	0	其他	0	其他	0	其他

（2）排污收费计算。

根据排污式(7.16)及盲数的运算规则,可先计算工业园区各企业单一指标收费的可能值及相应可信度结果。以 COD 指标为例,中间变量的可能值及相应的可信度结果见表 7.18。根据排污收费模型式(7.16)计算,企业 A 排污收费的可能值及可信度结果见表 7.19 和表 7.20。

表 7.18　中间变量的可能值及相应的可信度

$(Q_A \times C_A)$		$(Q_B \times C_B)$		$(Q_C \times C_C)$		$(Q_D \times C_D)$		$(Q_E \times C_E)$		$(TQ \times TC)$	
可能值	可信度	可能值	可信度	可能值	可信度	可能值	可信度	可能值	可信度	可能值	可信度
0.2247	0.0244	0.0907	0.0426	0.3664	0.0331	0.0753	0.0992	0.0101	0.0426	0.4410	0.1240
0.2524	0.1447	0.0952	0.0000	0.3944	0.1944	0.0442	0.1322	0.0106	0.0000	0.4942	0.0744
0.2632	0.0331	0.0997	0.0992	0.4301	0.1322	0.0912	0.1240	0.0111	0.0992	0.9506	0.2479
0.2410	0.0992	0.1044	0.2479	0.4445	0.0413	0.1011	0.1322	0.0114	0.2066	0.9553	0.0744
0.2961	0.1943	0.1100	0.0000	0.4424	0.2440	0.1064	0.1653	0.0119	0.0000	1.0152	0.1447

续表

(Q_A×C_A)		(Q_B×C_B)		(Q_C×C_C)		(Q_D×C_D)		(Q_E×C_E)		(TQ×TC)	
可能值	可信度	可能值	可信度	可能值	可信度	可能值	可信度	可能值	可信度	可能值	可信度
0.3017	0.0331	0.1152	0.2975	0.5211	0.1653	0.1071	0.0496	0.0125	0.2440	1.0603	0.0426
0.3291	0.1322	0.1149	0.1240	0.5221	0.0165	0.1225	0.1653	0.0126	0.1653	1.0794	0.1447
0.3395	0.1943	0.1244	0	0.5672	0.0992	0.1255	0.0661	0.0133	0	1.1323	0.0496
0.3773	0.1322	0.1307	0.1447	0.6122	0.0661	0.1439	0.0661	0.0139	0.1944	1.2043	0.0496

表 7.19　企业 A 收费结果的可能值带边和矩阵

0.2247	0.2672	0.2501	0.2364	0.2352	0.2213	0.2119	0.2041	0.1944	0.1466
0.2524	0.3006	0.2415	0.2660	0.2647	0.2491	0.2345	0.2342	0.2233	0.2099
0.2632	0.3129	0.2930	0.2764	0.2755	0.2592	0.2442	0.2437	0.2324	0.2145
0.2410	0.3341	0.3129	0.2956	0.2942	0.2764	0.2650	0.2602	0.2442	0.2333
0.2961	0.3521	0.3297	0.3115	0.3100	0.2917	0.2793	0.2743	0.2615	0.2459
0.3017	0.3547	0.3359	0.3174	0.3154	0.2972	0.2445	0.2794	0.2664	0.2505
0.3291	0.3914	0.3664	0.3462	0.3445	0.3242	0.3104	0.3044	0.2907	0.2733
0.3395	0.4037	0.3740	0.3571	0.3554	0.3344	0.3202	0.3144	0.2994	0.2419
0.3773	0.4446	0.4201	0.3969	0.3950	0.3716	0.3554	0.3494	0.3332	0.3133
合计	0.4410	0.4942	0.9506	0.9553	1.0152	1.0603	1.0794	1.1323	1.2043

表 7.20　企业 A 收费结果的可信度带边积矩阵

0.0244	0.0031	0.0014	0.0061	0.0014	0.0037	0.0020	0.0037	0.0012	0.0012
0.1447	0.0144	0.0111	0.0369	0.0111	0.0221	0.0123	0.0221	0.0074	0.0074
0.0331	0.0041	0.0025	0.0042	0.0025	0.0049	0.0027	0.0049	0.0016	0.0016
0.0992	0.0123	0.0074	0.0246	0.0074	0.0147	0.0042	0.0147	0.0049	0.0049
0.1943	0.0246	0.0144	0.0492	0.0144	0.0295	0.0164	0.0295	0.0094	0.0094
0.0331	0.0041	0.0025	0.0042	0.0025	0.0049	0.0027	0.0049	0.0016	0.0016
0.1322	0.0164	0.0094	0.0324	0.0094	0.0197	0.0109	0.0197	0.0066	0.0066
0.1943	0.0246	0.0144	0.0492	0.0144	0.0295	0.0164	0.0295	0.0094	0.0094
0.1322	0.0164	0.0094	0.0324	0.0094	0.0197	0.0109	0.0197	0.0066	0.0066
合计	0.1240	0.0744	0.2479	0.0744	0.1447	0.0426	0.1447	0.0496	0.0496

目前关于排污收费的计算都是从确定性角度着手的,采用常规算法取实测数据的平均值为模型计算的数据,没有重视本身具有的不确定性。通过盲数理论可计算结果的可信度,见表 7.21。

表 7.21　工业园区企业收费结果对比

企业 ID	原始数据平均值		单一 COD 指标收费		多指标收费	
	流量/(m³/h)	COD 浓度/(mg/L)	分担率/%	可信度/%	分担率/%	可信度/%
A	120	2500	30.68	55.47	50.07	44.22
B	75	1500	11.56	43.35	10.93	49.12
C	90	5000	46.25	56.74	28.52	51.63
D	50	2000	10.28	53.39	8.35	53.49
E	20	600	1.23	47.92	2.13	66.86

　　由表 7.21 可知,采用常规算法取实测数据的平均值计算,单一指标 COD 收费的情况下,工业园区各企业收费结果的比例分别为 30.44%、11.56%、46.25%、10.24% 和 1.23%,该结果的可信度可查阅上述计算结果。可知,各企业收费结果大于平均值的可信度分别为 55.47%、43.35%、56.74%、53.39% 和 47.92%。根据上述建立的排污收费模型计算结果,工业园区各企业收费结果的比例分别为 50.07%、10.93%、24.52%、4.35%、2.13%,同理可计算相对应的可信度分别为 44.22%、49.12%、51.63%、53.49% 和 66.46%。

　　上述所求得的排污收费结果是基于排污流量、COD 浓度指标参量等因素的实际变化,并在考虑参量取值可信度的基础上进行计算的,由于避免了主观对污染物流量、污染物浓度等信息所作的满足正态分布规律的假设和近似,因此所得结果更符合实际。这为水质管理和保护提供科学依据。显然较常规计算方法求得的结果更加科学合理。

7.3.4　工业园区污水处理厂综合评价模型的不确定性研究

　　废水处理工艺选择是工业园区污水处理厂建设决策过程的重要环节,而综合评价则是工业园区污水处理厂运行状态的决策评估。随着工业园区建设速度的加快,各地都在新建、改建或扩建现有的污水处理厂,继续发挥其经济效益。对已建污水处理厂的改建、扩建、投资等问题,如何从综合效益上反映污水处理厂的客观真实状态,如何进行科学的比较和评估决策,对环境管理决策是非常重要的。

　　工业园区污水处理厂综合评价受技术、经济、操作管理和环境影响等多方面因素的影响,而且存在着较大的不确定性,因此工业园区污水处理厂的综合效益评价属于具有不确定性多目标优化决策的问题。综合评价的结果可以为环境管理部门和企业了解工业园区污水处理厂的运行状态提供科学依据。本章建立工业园区污水处理厂综合评价模型,将工业园区污水处理厂稳定运行的相关因素模型化,实现对不同污水处理厂的综合评价决策。

1. 工业园区污水处理厂综合评价模型的指标体系

　　工业园区污水处理厂的综合评价是综合性极强的工程问题,不但处理技术有工程、经济、管理等方面的不同特点,而且工业园区污水处理厂的建设还与市政、环保、能源、工业、农业、卫生保健等部门有密切的关系。综合评价需要考虑经济、技术、操作管理和环境影响等多方面因素,通过定性与定量分析相结合的途径,建立符合系统工程要求的多因素评价指标体系,并给出评价标准及量化方法,才能得出较为可信的结果。

1) 综合评价模型指标体系的设计原则

工业园区污水处理厂综合评价指标体系的建立是一项比较困难的工作。目前,对工业园区污水处理厂的全面衡量还未形成系统的指标体系,各种效果很难通过直接比较作出判断。因此,有必要根据研究目标提出工业园区污水处理厂综合评价的指标体系。

工业园区污水处理厂综合评价的指标体系应符合的要求是(邵海员等,2006):①评价指标应具有明确的物理意义,即任何一个评价指标必须能反映废水处理技术方案的某种性质或处理系统的某种状态;②评价指标具有独立性,即各个评价指标一般不能重叠;③所有评价指标的组合应能反映处理技术方案或处理系统的整体特性。

2) 综合评价模型指标体系的构建

根据相关资料分析,工业园区污水处理厂综合评价的影响因素主要与经济指标、技术指标和管理指标有关(Annelies et al.,1994;Elli et al.,1991;刘永淞,1996),还有学者将资源回收、健康影响(穆金波等,1997)、推广适用性(汤民淮等,1997)等指标作为考虑因素,侧重研究污水处理厂从设计到运行整个过程的综合评价。对于已建污水处理厂很多评价指标可作为常数,如经济指标的一次性投资部分等。为了充分考察工业园区污水处理厂运行的状态,充分发挥工业园区污水处理厂的效益,本章建立工业园区污水处理厂稳定运行状态的综合评价模型,考察的指标越多则越能考察工业园区污水处理厂的性能,同时也相应增大了资料获取的难度,权衡后将经济指标、技术指标和管理指标作为工业园区污水处理厂综合评价的主要指标。

(1) 经济指标。

工业园区污水处理厂的成本费用包括建设的一次性投资和运行成本两部分。项目建设的一次性投资内容主要包括土地费用、建安费用、设备费用、管理费用和财务费用等,并不直接决定运行成本,已建工业园区污水处理厂费用可作为常数,为了考察工业园区污水处理厂运行的状态及效益,选定的经济指标主要包括运行成本和综合效益。运行成本内容包括人工费、电力费、药剂费、维护费和运输费等;综合效益即工业园区污水处理厂的总效益收入等。

(2) 技术指标。

技术指标主要包括处理规模(水量)、水质合格率、能耗、稳定性(伸缩性)、污泥处理与利用情况等。其中水质合格率指标主要考察包括 COD、固体悬浮物、总氮、总磷和特征污染物的出水水质指标及处理效果;能耗指标主要包括耗电量、用水量等;稳定性(伸缩性)主要包括抗水力负荷情况、抗污染负担能力,以及随季节、昼夜、风况等外界因素影响的变化情况;污泥处理指标主要是指污泥的产量、污泥的稳定性、污泥处理的程度、是否经过再利用等。

（3）管理指标。

管理指标主要包括运转率指标和操作难易情况指标。设备的运转率主要涉及设备的运转状况以及设备和器材的标准化程度等因素;操作难易情况包括污水处理厂的自动化控制程度、操作技术的复杂程度、操作劳动的繁简与强度等因素。

（4）指标体系的建立。

综上分析,确定综合效益为目标层;确定经济效益、技术性能和管理效益为准则层;确定运行费用、综合利用收入、处理规模、水质合格率、能耗、运行稳定性、污泥处理、设备运转率、操作难易程度为指标层。建立工业园区污水处理厂的综合评价指标体系如图 7.23 所示。

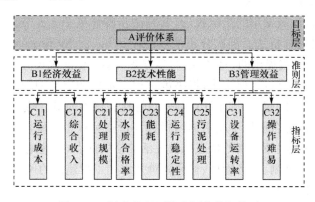

图 7.23　污水处理厂综合评价指标体系

2. 工业园区污水处理厂综合评价模型

所谓综合评价,就是在工业园区污水处理厂稳定运行的各个部分、各个阶段、各个层次评价的基础上,谋求技术、经济的整体优化,而不是谋求某一指标或几项指标的最优值。近些年,国内外有关污水处理厂的综合评价主要包括数据的采集及预处理、评价体系的建立、权重的确定、综合评价方法及其应用等过程。

1) 数据标准化处理

对于不确定指标,可用模糊数学中的隶属度[0,1]来表示,评语好的隶属度大,评语差的隶属度小。采用 5 级或 9 级划分法进行综合评定,获得各个评价指标的模糊语言评分。采用 5 级划分法,即优、良、中、差、劣 5 个等级,相应的隶属度为

0.9、0.7、0.5、0.3 和 0.1。

由于评价指标的特征具有不同的量纲、数量级,在决策时难以直接进行比较。指标优劣的取向也有很大的差异,数值越小越好的成本型指标和数值越大越好的效益型指标在采用线性变换的规范处理时,因所采用的基点不同,缺乏一致性不便于进行比较。对原始矩阵进行标准化处理方式,对效益型指标确定为指标值与最大值的比值,对成本型指标确定为最小值与指标值的比值,将其转化为[0,1]区间内的数进行统计比较。

2) 指标权重的确定

在工业园区污水处理厂综合评价中,常常需要对多个方案进行好坏的判断,只有考虑每个评价指标的相对重要程度,对各种因素的指标进行综合衡量后,才能做出合理的决策。指标的权重是相互影响的,其取值好坏将直接影响到决策结果的好坏,指标权重的赋值与指标的量化相比具有更大的不确定性和随意性。

权重的确定分为主观赋权法与客观赋权法。科学的确定权重方法应采用两者的算术平均值,详见 7.3.3 节。

客观赋权法比较常用的是赋权法,其算法步骤详见 7.3.3 节。本节主要介绍主观赋权法-层次分析法。层次分析法(analytic hierarchy process,AHP)是美国运筹学家 Saaty 教授提出的一种实用的多方案或多目标的决策方法。该方法能将复杂系统的决策思维进行层次化,将决策过程中定性和定量的因素有机地结合起来。通过判断矩阵的建立、排序计算和一致性检验得到的最后结果具有说服力,具有明显的优越性,适合应用于废水排污指标评价指标权重的确定。以其定性与定量相结合处理各种决策因素的特点以及灵活简洁的优点,迅速地在各个领域,如能源系统分析、城市规划、经济管理、科研评价及水利工程建设的风险评价管理等,得到广泛的重视和应用。

层次分析法把相互关联的要素按隶属关系分为若干层次,请有经验的专家对各层次、各因素的相对重要性给出定量指标,利用数学方法综合专家意见给出各层次、各要素的相对重要性权值,作为综合分析的基础。构造判断矩阵式层次分析法的关键步骤。在判断矩阵的基础上,计算是对其上一层次而言的本层次与之有联系的元素的重要性次序的权重。排序计算的实质是计算判断矩阵的最大特征根值及相应的特征向量。在专家构造判断矩阵时,不可避免地产生认识上的不一致,为考虑层次分析得到的结果是否基本合理,需要对判断矩阵进行一致性检验,经过检验后得到的结果即可认为是可行的。层次分析法包括递阶层次权重的确定、比较判断矩阵的构造、层次排序和一致性检验几个过程。具体运用步骤如下所述。

确定递阶层次的权重。将问题分解为若干元素,按照属性将这些元素分成若干层次,层次之间互不相交,形成自上而下的逐层支配关系的递阶层次结构形式。利用数学方法及专家咨询给出各个层次目标的相对权重系数,从而求出各指标变量综合评价体系中的权重系数。

构造比较判断矩阵 A。通过对单层次下各元素两两比较确定其判断矩阵。

$$A=\begin{bmatrix} a_{11} & a_{12} & \cdots & a_{1n} \\ a_{21} & a_{22} & \cdots & a_{2n} \\ \vdots & \vdots & & \vdots \\ a_{n1} & a_{n2} & \cdots & a_{nn} \end{bmatrix}=(a_{ij})_{n\times n}$$

其中，$a_{ij}>0$，$a_{ij}=1/a_{ji}$，$a_{ii}=1$。a_{ij} 的确定采用 5 标度法。a_{ij} 表示的是第 i 个因素的重要性与第 j 个因素的重要性之比。

层次排序及其一致性检验。由于各专家对问题的认识存在一定的片面性，获得的判断矩阵未必具有一致性。但是，只有当判断矩阵具有完全一致性和满意一致性时，用层次分析法才有效。

每一层次对上一层次中某因子的判断矩阵的最大特征值为 $\lambda_{\max}$。对应的归一化特征向量 $W=(W_1,W_2,\cdots,W_n)^T$ 的各个分量 W_i，就是本层次相应因子对上层次某因子的相对重要性的排序权重值，这一过程称为层次单排序。首先，算出 $\lambda_{\max}$ 和对应的归一化特征向量 W，即 $BW=\lambda_{\max}W$，其中 B 为判断矩阵。其计算步骤如下所述。

将 n 阶判断矩阵各元素按列归一，再按行相加，除以维数 n，即得权重向量来判断矩阵是否具有完全一致性。

计算最大特征根 $\lambda_{\max}=\sum\limits_{i=1}^{n}\dfrac{BW}{nW}(i=1,2,\cdots,n)$ 对于 n 阶判断矩阵，其最大特征根为单根，且 $\lambda_{\max}\geqslant n$。当 $\lambda_{\max}=n$，其余特征根均为 0 时，则 B 具有完全一致性。如果 $\lambda_{\max}$ 稍大于 n，而其余特征根接近于 0 时，则 B 具有满意的一致性。为了检验判断矩阵的一致性，还需计算一致性指标 CI 和一致性比例 CR，$CI=\dfrac{\lambda_{\max}-n}{n-1}$，$CR=\dfrac{CI}{RI}$，其中 RI（random index）为平均一致性指标，当 $CR<0.10$ 时，认为判断矩阵具有满意的一致性，否则对判断矩阵进行调整。最后，在此基础上对综合评价指标进行层次总排序。

3）综合评价模型

工业园区污水处理厂的综合评价模型采用组合权重的集对分析法。组合权重采用主观赋权-层次分析法和客观赋权-熵权法相结合的方法，综合考虑主、客观因素的影响，实现决策评价的合理性和科学性。集对分析将确定性和不确定性视为一个系统加以处理。用联系度来统一描述模糊、随机和信息不完全所致的不确定性，从同、异、反三个方面研究事物之间的不确定性，全面刻画事物之间的联系，方法理论详见 7.3.2 节。

选取评价方案中各指标效益最优的数值指标构造理想方案集。根据集对分析的原理,将理想指标和评价指标按照一定的标准转化为级别状态。级别状态转化的原则为将评价指标数值进行三等分,从小到大依次评定为 I～III 级。将评价方案与理想方案分别组成一个集对。集对判定同(S)、异(F)、反(P)状态的原则如下:若评价方案指标与理想方案指标等级相同则确定为同状态,若两者相差 1 个等级则确定为异状态,若两者相差 2 个等级则确定为反状态。统计同、异、反状态的数量,即可计算联系度。为了方便比较可将联系度转化为一个确定的联系数,联系数越大说明评价方案与理想方案越相似,即可确定该污水处理厂综合评价效果越好。

3. 实例研究

1) 污水处理厂指标数据

本章以 4 家污水处理厂作为评估对象,将其指标数据转化为污水处理厂综合评价指标体系,结果见表 7.22。

表 7.22　污水处理厂指标数据

企业 ID	C_{11}	C_{12}	C_{21}	C_{22}	C_{23}	C_{24}	C_{25}	C_{31}	C_{32}
1	194.5	20	4.0	75	4.4	良	460	44	中
2	121.2	10	0.9	60	4.2	优	400	65	优
3	34.6	5	5.0	49	3.1	中	720	60	良
4	33.5	5	1.2	70	3.6	中	460	50	优

2) 权重系数

权重系数采用主观赋权法(AHP)和客观赋权法(熵权法)相结合的方式。理论方法详见 7.3.3 节。首先计算主观赋权法的权重系数。

根据综合评价等级,通过对单层次下各元素两两比较确定其判断矩阵,计算特征根并判断是否具有完全一致性。

目标层和准则层单层次下各元素两两比较确定其判断矩阵见表 7.23。A 和 B 比较判断矩阵的特征根 $\lambda_{max}=3.0$,$CI=(\lambda_{max}-N)/(N-1)=0$,矩阵具有完全一致性。

表 7.23　A-B 比较判断矩阵

A	B_1	B_2	B_3	W
B_1	1.0000	1.0000	3.3333	0.4348
B_2	1.0000	1.0000	3.3333	0.4348
B_3	0.3000	0.3000	1.0000	0.1304

准则层和指标层之间单层次下各元素两两比较确定其判断矩阵分别见表 7.24~表 7.26。B_1 和 C 比较判断矩阵的特征根 $\lambda_{max}=2.0$,CI$=0$,矩阵具有完全一致性;B_2 和 C 比较判断矩阵的特征根 $\lambda_{max}=5.2442$,CI$=0.06<0.1$,矩阵具有完全一致性。B_3 和 C 比较判断矩阵的特征根 $\lambda_{max}=2.0$,CI$=0$,矩阵具有完全一致性。

表 7.24　B_1-C 比较判断矩阵

B_1	C_{11}	C_{12}	W
C_{11}	1.0000	0.5000	0.3333
C_{12}	2.0000	1.0000	0.6667

表 7.25　B_3-C 比较判断矩阵

B_3	C_{31}	C_{32}	W
C_{31}	1.0000	0.3333	0.25
C_{32}	3.0000	1.0000	0.75

表 7.26　B_2-C 比较判断矩阵

B_2	C_{21}	C_{22}	C_{23}	C_{24}	C_{25}	W
C_{21}	1.0000	0.1111	0.5000	1.0000	4.0000	0.0467
C_{22}	9.0000	1.0000	5.0000	9.0000	9.0000	0.6294
C_{23}	2.0000	0.2000	1.0000	2.0000	7.0000	0.1645
C_{24}	1.0000	0.1111	0.5000	1.0000	4.0000	0.0467
C_{25}	0.2500	0.1111	0.1429	0.2500	1.0000	0.0322

最后计算评价指标体系的层次总排序见表 7.27。

表 7.27　权重系数层次总排序

| 层次 C | B_1 | B_2 | B_3 | 层次 |
	0.4344	0.4344	0.1304	总排序
C_{11}	0.3333	0	0	0.1449
C_{12}	0.6667	0	0	0.2499
C_{21}	0	0.0467	0	0.0377
C_{22}	0	0.6294	0	0.2734
C_{23}	0	0.1645	0	0.0715
C_{24}	0	0.0467	0	0.0377
C_{25}	0	0.0322	0	0.0140
C_{31}	0	0	0.2500	0.0326
C_{32}	0	0	0.7500	0.0974

由层次分析法和熵权法可以得到最后的组合权重,计算结果见表 7.28。

表 7.28　各指标的权重值

权重方法	C_{11}	C_{12}	C_{21}	C_{22}	C_{23}	C_{24}	C_{25}	C_{31}	C_{32}
AHP	0.1449	0.2499	0.0377	0.2734	0.0715	0.0377	0.0140	0.0326	0.0974
熵权	0.0944	0.1346	0.1143	0.0944	0.0969	0.1245	0.1306	0.1036	0.0941
组合权	0.1199	0.2123	0.0740	0.1461	0.0442	0.0431	0.0723	0.0641	0.0959

3) 集对等级

根据评价指标确定理想方案集,即每个指标效益最好数值的集合。根据集对分析的原理,将理想指标值和评价指标值按照一定的标准转化为级别状态,转化结果见表 7.29。

表 7.29　各评价指标的转化结果

方案	C_{11}	C_{12}	C_{21}	C_{22}	C_{23}	C_{24}	C_{25}	C_{31}	C_{32}
理想方案	1	3	3	3	1	3	1	3	3
1	3	3	3	3	2	3	3	3	1
2	2	1	1	1	2	3	2	2	2
3	1	1	2	3	1	1	1	1	1
4	3	3	3	2	3	2	3	3	1

根据表 7.29,统计各污水处理厂与标准的同异反状态,各自与相应的权重系数相乘,即可求得评价结果,见表 7.30。

表 7.30　污水处理厂综合评价结果

序号	不考虑权重					考虑权重				
	同	异	反	联系数	排序	同	异	反	联系数	排序
1	0.3333	0.2222	0.4444	−0.1111	2	0.0796	0.0594	0.0427	−0.0031	1
2	0.1111	0.5556	0.3333	−0.2222	3	0.0145	0.0979	0.0445	−0.0701	4
3	0.4444	0.1111	0.4444	0	1	0.1024	0.0173	0.1194	−0.0166	2
4	0.3333	0.1111	0.5556	−0.2222	3	0.0667	0.0414	0.0964	−0.0302	3

本章计算了考虑权重系数和不考虑权重系数的结果。从表 7.30 可以看出,当不考虑权重系数,即将评价指标相等对待的情况下,序号 3 和序号 1 的污水处理厂综合评价效果最好,而序号 2 和序号 4 的污水处理厂的综合评价效果最差。当考虑权重系数的情况下,序号 1 的污水处理厂综合评价效果最好,其次是序号 3 和序

号 4 的污水处理厂,而序号 2 的污水处理厂综合评价效果最差。通过比较考虑权重系数的集对分析模型评价结果更科学、更能区分污水处理厂的评价效果。总的来说,鉴于污水处理厂综合评价的不确定性,本章采用组合权重的集对分析法进行评价研究,具有客观性、准确性和有效性,能反映系统要素的全面影响,能为有关部门及领导提供一种辅助决策工具,为决策的科学性和规范性提供依据。

7.3.5 工业园区废水处理智能化管理系统的构建

工业园区污水处理厂从选址、工艺设计、施工图设计、可行性研究、试运行调试等一系列设计过程到稳定运行、综合评价的过程都需要决策者作出一连串的决策。传统的决策只依靠专家的经验,完全有可能由于决策者个人经验、知识及偏好的差异导致决策方案不一致。软件方面专家系统的最大优势在于集中专家的知识和经验解决决策评价问题,仿真模拟技术对废水处理工艺方案的比较、工艺流程的设计、工艺运行的优化、新工艺的研发等均是一种高效的工具,专家系统和仿真模拟技术在废水处理中的应用有很大的研究空间,将在工业园区污水处理厂的设计及其管理运行中发挥越来越大的作用。工业园区排污收费管理应改变以往人工计算方式,充分发挥软件的智能化管理,可以避免大量人工计算中存在的烦琐和差错等问题,保证数据的准确性。

随着人们对工业园区废水中污染物性质的进一步了解以及对废水处理要求的提高,基于工业园区废水处理技术建立工业园区废水系统处理智能化管理平台已迫在眉睫。系统平台采用人机结合的方式充分发挥人机的各自特长,实现在同一平台上对工业园区废水系统处理进行全面科学的统计与分析,为工业园区废水系统处理的环境评价、环境管理、预测和环保投资提供科学的辅助决策信息。

1. 工业园区废水系统处理智能化管理系统的设计

1) 系统平台设计的目标和原则

(1) 系统平台设计的目标。

基于地理信息系统(geographic information system,GIS)和在线监控的工业园区废水系统处理智能化管理系统的建设旨在实现评价模型与 GIS 系统和监控系统有机结合,开发管理系统所需的数据库和模型库以及废水系统处理智能化管理相关模块,为工业园区废水环境的数据管理和应用提供便捷方式,为工业园区废水环境系统的环境评价、环境管理、预测和环保投资提供科学的辅助决策信息。

(2) 系统平台设计的原则。

系统平台设计的优劣直接影响系统的质量和工作效率。系统平台设计应依照一定的原则进行,即实用性原则,适宜性与可扩展性原则,标准化、规范化原则,用户界面友好原则等。

① 实用性原则。基于 GIS 和在线监控的废水系统处理智能化管理系统的设计是为工业园区环境的科学管理提供辅助决策的。系统设计应参照系统需求，认真分析系统的要求和愿望，力求简单、实用，能够解决废水系统处理过程的实际问题。

② 适宜性与可扩充性原则。为了实现系统的通用性，同时兼顾与工业园区环境管理紧密结合程度，系统设计应考虑软硬件环境、模块和数据库设计的完整性和通用性。为了适应可持续发展的要求，尽可能延长系统的生命力。

③ 标准化、规范化原则。要求数据采集规范化、信息形式标准化，从而使信息横向、纵向一致，达到数据共享的目的。

④ 用户界面友好的原则。系统界面是用户与系统交互的环境，因此系统应为用户提供与 Windows 风格协调一致的、友好的、易学习和易操作的交互界面。

2）系统平台的集成

所谓系统集成，就是通过结构化的综合布线系统和计算机网络技术，将各个分离的设备（如个人计算机）、功能和信息等集成到相互关联的、统一和协调的系统之中，使资源达到充分共享，实现集中、高效、便利的管理。系统集成应采用功能集成、网络集成、软件界面集成等多种集成技术。基于 GIS 和在线监控的工业园区废水系统处理智能化管理系统将 Visual Basic 6.0 可视化方面的优势以及 MapX 控件的地理信息系统功能、组态王软件的实时监控功能有机地结合起来，在存储结构上采用自定义二进制数据库以保证数据检索的快捷和数据资料的保密。充分发挥系统集成的优势，实现在同一平台上对工业园区废水系统处理进行全面科学的统计与分析。

（1）集成简介。

集成（integration）是现代电子技术和计算机发展带来的概念，强调原本不是一体的组成要素之间的有机结合，而不是简单的互联（李军，1998；张健挺，1994）。集成最早用在集成电路领域，随后从硬件为主的集成电路扩展到软硬件并重的计算机集成制造，现在集成技术从系统集成到技术手段集成、数据集成、模型集成、网络集成等，应用范围更广，集成所蕴涵的层次也从纯粹技术的实现扩展为概念上的集成和技术集成的实现。

（2）集成的途径。

最早明确模型与 GIS 集成途径的是 Goodchild（Goodchild et al.，1992），认为空间模型与 GIS 的集成分为三个方式：松散集成、紧密集成及完全集成。

松散集成方式是基于现有的技术将地理信息系统或建模系统联合应用来求解问题的一种途径。模型读取 GIS 提供的数据文件，模型的分析结果与地理要素关联表达成 GIS 图层，两者存在共同的存储空间。因此松散集成又称为文件式集成。

　　紧密集成方式集统一界面、数据逻辑模型和内存消耗于一体,提供转换机制实现双向信息共享(Moon,1998),用户可通过 GIS 内制的宏语言直接访问模拟模型(Wu,1998),但其不具备模型开发和用户交互功能,通过数据类型转换器实现数据间的紧密连接。

　　完全集成方式则将模拟模型与 GIS 统一作为处理软件的一部分,不但具有统一界面和文件共享,而且可以支持无缝、友好的环境进行模型的建造、执行和操作,用户可随时可视化、悬挂模拟过程,以查询中间结果和分析关键的时空关系,甚至升级和扩展模型来适应新模拟领域的需要(Todini et al.,1970)。

　　组件间的接口通过一种与平台无关的语言 IDL 来定义,使用者可以直接调用执行模块来获得对象提供的服务。组件技术给 GIS 带来了新的开放式开发方式,且其可嵌入的特点为 GIS 与空间应用分析模型的集成提供了全新的紧密集成方式。利用面向对象的开放式开发环境、动态链接和数据对象访问技术以及 GIS 组件技术,只要通过各种开放式的嵌入机制来实现与模型的集成,这种集成模式特点是可以利用高级面向对象的编程语言如 Visual Basic 等而不是依赖 GIS 本身的宏语言。本模型在比较分析的基础上,用 Visual Basic 开发基于 MapX 的组件式 GIS。

　　3）系统平台的设计

　　（1）系统平台的结构设计。

　　① 系统软硬件环境配置。系统的硬件环境:为了保证系统的运行效率,要求系统的硬件配置档次要高,即计算机的存储容量要大,数据处理速度要快。系统的硬件环境配置包括服务器端、客户端和监测站。服务器端主要包括服务器、数据备份设备、输入输出设备、网络设备及其他设备;客户端与服务器端相似,市场上流行的标准 PC 机即可满足要求;监测站主要包括现场监测设备和数据采集器。现场监测设备是指各项指标监测仪(如 COD 自动监测仪等);数据采集器包括单片机、PLC、工控机等。

　　系统的软件开发环境配置包括操作系统(Windows 2000/Windows XP)和外部属性数据录入工具(如 Office2003、记事本)。系统是以 Visual Basic 6.0 为主要开发工具,以 MapInfo 6.0 及其组件 MapX 4.5 为地理信息平台,采用组态王 6.5 和 Visual Basic 6.0 混合编程开发上位机监控软件,采用 OLEDB 技术实现 Visual Basic 6.0 与数据库 Access 的连接,用 ADO 及 ADODC 访问和操作数据库。

　　系统的网络环境结构是基于组态王软件开发。组态王软件完全基于网络的概念,是一种真正的客户-服务器模式,支持分布式历史数据库和分布式报警系统,可运行在基于 TCP/IP 网络协议的网上,使用户能够实现上、下位机以及更高层次的厂级联网。用户可以根据系统需要设立专门的 I/O 服务器、历史数据服务器、报警服务器、登录服务器和 WEB 服务器等。网络结构示意图如图 7.24 所示。

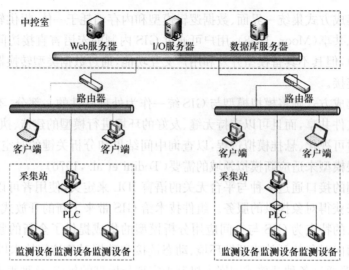

图 7.24　监控系统结构

上位机(服务器)中的监控软件负责向下位机(客户端)发送地址信息和控制命令,接收来自下位机管理设备的相关运行状态及参数信息,完成对生产过程的动态模拟显示和相关的数据处理,提供信息报警和数据报表等功能。下位机完成对设备数据的实时采集,然后响应主站的请求,通过网络将设备的更新数据及时上传至主站的上位机中,实现设备点状态的监控。

②系统平台的功能设计。基于 GIS 和在线监控的废水系统处理智能化管理系统能够对环境数据进行有效的管理,从而为工业园区废水管理提供科学依据和系统平台。系统平台的软件结构框架如图 7.25 所示。

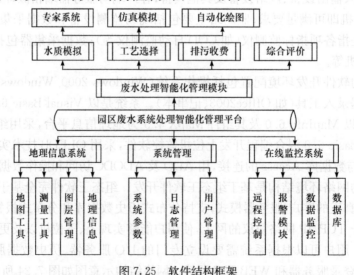

图 7.25　软件结构框架

　　系统管理平台主要包括系统管理模块、地理信息系统模块和在线监控系统模块。系统管理模块实现系统参数设置、日志管理和用户管理等功能，本模块仅供系统管理员使用；地理信息系统模块包含地图工具、测量工具、图层管理功能和地理信息数据库等功能；在线监控系统模块主要实现对污染源的实时监测并将监测数据记录到数据库中，包括远程控制、报警模块、数据监控和废水水质数据库。

　　工业园区废水系统处理智能化管理模块包括点源水质统计模拟模块、废水处理工艺选择模块、排污收费管理模块和污水处理厂综合决策评价模块。

　　工业园区点源水质统计模拟模块的主要功能是对工业园区企业排污的混合废水性质进行相关统计分析及不确定性模拟研究。

　　废水处理工艺选择模块的主要功能是智能化选择废水处理工艺，包括废水处理工艺选择专家系统、废水处理仿真模拟模块、废水处理设备自动化绘图模块。废水处理工艺选择专家系统对废水治理工艺进行智能化选择；废水处理仿真模拟模块的主要功能是采用 Biowin 模型模拟废水的处理效果，为工业园区污水处理厂的设计、改造提供技术支持；废水处理设备自动化绘图模块的主要功能是采用参数化设计自动生成废水治理设备的结构图纸。

　　排污收费管理模块的主要功能是计算工业园区排污企业废水治理费用的分担率。

　　综合决策评价模块的主要功能是对工业园区污水处理厂进行综合的决策评价。

　　（2）系统的开发方式。

　　工业园区废水系统处理智能化管理系统是基于 GIS 和在线监控的系统平台，其地理信息系统、在线监控系统和数据库的开发方式如下所述。

　　① 地理信息系统的开发方式。Mapinfo 组件 MapX 是一个用来做地图化工作的 OCX 控件，可以在应用程序中加入强大的制图功能，可以把数据用地图的形式显示出来而更易于理解。地图形式可以比简单的图表、图形提供更多的信息，而且描述地图比描述数据表更加简单迅速。MapX 可以提供用户所需要的地图功能和地理分析等功能；面向对象可视化编程语言 Visual Basic 6.0 可以提供友好、灵活的用户界面设计功能和数据库挂接功能。使用 MapX＋VB 面向对象可视化编程语言的结合模式就可以方便灵活地开发地理信息系统。通过与 Visual Basic 6.0 和 Microsoft SDK 工具库的结合开发 GIS 二次平台，可以完全按照意愿在应用程序中加入强大的制图功能，可以很容易地实现以下几个功能。

　　图层操作。包括对电子地图的缩放、移动、定位、计算面积或长度等。

　　专题地图制作。在 MapX 中，用户可以方便地在地图中使用各种颜色编码、各种样式来按照用户制定的地图数据指标显示专题地图。

　　图层控制。包括动态图层、用户图层等，能给人以一种非常直观的方式。

图层数据维护。利用数据库的高效管理和检索功能,实现对图层数据的维护,使之与现时数据同步,使系统有更强的可操作性。

② 在线监控系统的开发方式。废水系统处理智能化管理系统采用组态王 6.5 和 Visual Basic 6.0 混合编程开发上位机监控软件。组态王作为后台程序完成数据采集的开发,管理人员通过后台运行的组态王实时监测各设备的运行状态,根据相关数据和趋势图判断设备的故障情况。系统利用 Visual Basic 6.0 开发服务程序,从而组成一个完备的上位机管理系统。数据传输方式采用 DDE(dynamic data exchange) 动态数据交换方式。DDE 是 Windows 平台上的一个完整的通信协议,它使两个或多个应用程序能彼此交换数据和发送指令。DDE 始终发生在客户应用程序和服务器应用程序之间。

工业园区废水系统处理智能化管理系统的前台功能是根据用户的功能要求实现人机交互,围绕着界面开发而实现的部分。后台程序是利用组态王的核心部分,主要实现的功能包括各通信端口、变量参数的初始化、数据库的连接;完成数据采集的功能包括水质的实时数据和监控设备的状态值;完成数据存储的功能包括对水质参数进行相应的报警判断产生报警数据、监控设备状态的分析等数据存入数据库等。

③ 数据库的开发方式。MS-Access 2003 数据库系统是运行于 Windows 操作环境的功能强大、使用方便的多媒体关系型数据库管理系统。系统采用 Access 格式数据库,能够实现关系数据库的准则,支持数据共享、一致性、完整性等数据库特征。系统中通过 ADO 操纵 Access 数据库,ADO(activeX data object)是 Microsoft 数据应用程序开发的新接口,是建立在 OLEDB 之上的高层数据库访问技术。ADO 与新的数据访问层 OLEDB Provide 一起协同工作,以提供通用数据访问。OLEDB 是一个低层的数据访问接口,可以访问各种数据源。

(3) 系统平台界面设计。

① 登录模块。系统的安全可保证系统有效地运行。工业园区废水系统处理智能化管理系统通过用户名-密码的设定方式,对系统进行安全管理。系统管理员可对不同的用户设立不同的权限来确保系统及数据的安全。当选择普通用户登录时,在系统的各模块中只具有数据浏览及基本查询功能,即是限制级用户。当用户以管理员身份登录系统时,不仅拥有普通用户的所有功能,而且具有数据入库、修改等功能。

② 系统主界面。系统主界面风格与日常使用软件界面相似,设计遵循 Windows 的界面风格,可使用户快速熟悉、掌握。不同的用户虽然拥有相同的界面,但却拥有不同的功能。本模块的设计以 Visual Basic 6.0 为开发平台,集成了 MapX 的部分图形编辑功能,可以对图层样式、注释等进行修改,也可以控制图层的添加、删除、隐现等功能。

　　窗口的上方为菜单和工具栏,可以对图层操作,包括放大、缩小、漫游、鹰眼等工具,也可以对地图进行距离、面积测量。界面左方是地图工具的辅助工具。窗口中间主体为显示区域。窗口的左下方显示地图、图层和污染源的相关信息。界面下方为状态栏,显示当前用户及鼠标所在地图的经纬度位置。

　　③ 监控系统平台的界面设计。监控系统的启动可采用两种方式。A. 利用系统平台(工业园区废水系统处理智能化管理系统)的 GIS 功能加载工业园区、企业和污染源的图层,点击相应位置即可;B. 通过系统平台菜单进入监控系统,选择相应的工业园区或排污口即可。

　　监控系统主界面的功能主要是显示监测数据和监测设备的状态。对于工业园区监控方式,则显示工业园区内部各污染源的单一指标;对于污染源监控方式,显示该污染源的多种监测指标。

　　界面包括监测数据栏和设备状态栏。监测数据栏如图 7.26(a) 所示,图形显示主要功能是显示 6 个废水指标的 20 个监控即时数据(可调整监控数量),体现监控数据的趋势规律;表格记录监控的数据,并对异常数据及超标数据报警提示(颜色区分),同时发出声音报警,直至报警信息确认恢复。监测数据会自动存储到数据库。设备状态栏如图 7.26(b) 所示,主要功能是显示实时的指标数据及监控设备的运行状态。实时显示的数据内容为水温(Temp)、pH、DO、电导率(EC)、浊度(TU)、氨氮、COD、TOC、总磷、总氮、进口压力、水位、室温、湿度。其中 Temp、pH、DO、EC、TU 为实时数据;氨氮、COD、TOC、总磷、总氮在新的测量数据未出现前沿用上次测量数据。采样器上的显示内容为采样器的当前状态,共有空闲、等待采样、采样中这 3 种状态。对于设备状态由红绿两色的指示灯显示,分别代表仪器设备的关闭和打开。

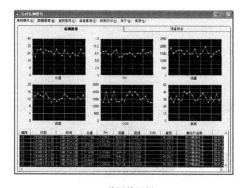

(a) 监测数据栏

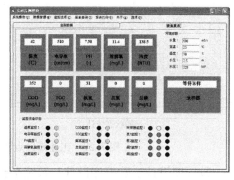

(b) 设备状态栏

图 7.26　监控系统界面

2. 工业园区废水系统处理智能化管理系统模块

1) 点源水质统计模拟模块

水质和水量是工业园区污水处理厂设计和运行的基础,直接影响工业园区污水处理厂工艺的选择、基建费用、运行经费及运行功效。从理论上看,水质、水量不难确定,但在实践上由于存在着大量的不确定性往往出现矛盾,甚至产生较大的偏差。因此开展工业园区污水处理厂水质、水量预测的不确定性研究,建立智能化模块就显得尤为重要。

(1) 模块功能及界面设计。

功能设计。模块的作用是对废水指标进行统计分析,采用不确定性理论马尔可夫链蒙特卡罗方法实现模拟预测的功能。模拟预测的原理详见 7.3.1 节。

界面设计。模块界面如图 7.27 所示。

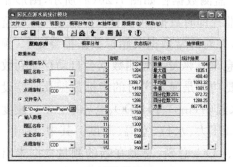
(a) 导入数据

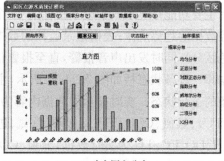
(b) 确定概率分布

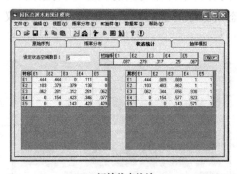
(c) 初始状态统计

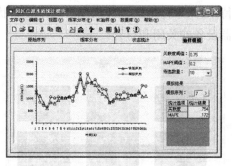
(d) 抽样模拟

图 7.27　工业园区点源水质统计分析模块界面

数据库设计。数据库设计与系统平台的工业园区指标数据库一致。

(2) 实例应用。

点源水质统计模拟模块的目标明确,操作过程简单,基本步骤包括导入数据、确定概率分布、初始状态统计和抽样模拟部分。根据 7.3.1 节中的实例来演示模块的应用过程。

① 导入数据。模块输入数据包括三种形式。从数据库中选择工业园区-企业-排污口-废水指标，从文件中导入指标数据，由模块界面直接输入，如图 7.27(a)所示。

② 确定概率分布。根据废水指标的频率直方图，选择适合的概率分布作为抽样的基础。模块提供了常用的几种概率分布供用户选择，主要包括均匀分布、正态分布、对数正态分布、指数分布等，如图 7.27(b)所示。

③ 初始状态统计。通过用户设定的状态空间数量，模块将计算其初始状态概率、转移概率、累计概率，如图 7.27(c)所示。

④ 抽样模拟。设定关联度和 MAPE 的阈值，模块将满足阈值条件的模拟序列存入文档，由用户最终选择确定，如图 7.27(d)所示。

2) 废水处理工艺选择模块

废水处理工艺选择是工业园区污水处理厂设计与优化的关键步骤。软件方面专家系统的最大优势在于集中专家的知识和经验解决问题，构建一套用于工业废水处理工艺设计的专家系统，对于提高设计的速度和质量，加强废水处理工艺设计的标准化等都有很大的实际意义。废水处理工艺选择模块包括工艺选择专家系统模块、废水处理仿真模块和自动化绘图模块 3 个部分。

(1) 工艺选择专家系统模块。

① 功能模块及界面设计。

推理方法设计。模块采用基于案例的推理方式进行废水处理工艺的选择，即将案例库中工艺方案废水水质进出水数据与指定废水水质数据构成集对，选择联系度最高的工艺方案，联系度计算方法可参见 7.3.2 节。

数据库设计。整个系统的数据库由工艺库(包括预处理工艺库、主体处理工艺库、深度处理工艺库、污泥处置工艺库)、处理单元库和规则库三大部分组成。4 个工艺数据库的结构大体相似，都包括工艺编号、工艺名称、工艺组成单元、工艺说明、工艺经济效益和工艺处理效果等部分。其中主体工艺和深度处理工艺还包括进水水质、主要去除的污染物及其去除率等。主体处理工艺库和处理单元工艺库的结构如图 7.28 所示。

界面设计。界面风格按照与 Windows 风格协调一致的、友好的、易学习和易操作的交互界面设计。工艺选择专家系统界面主要包括系统主界面、参数界面和数据库界面等。

工艺选择专家系统主界面如图 7.29 所示。界面包括菜单栏、工具栏、显示窗口、控件面板、属性面板和状态栏。其中菜单栏和工具栏是常规控件，是功能模块的接口；显示窗口用来显示选定的工艺流程；控件面板和属性面板用来显示特定工艺单元的详细信息。从菜单栏中可调用废水处理仿真模块和自动化绘图模块的界面。

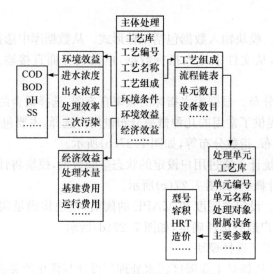

图 7.28　数据库结构示意图

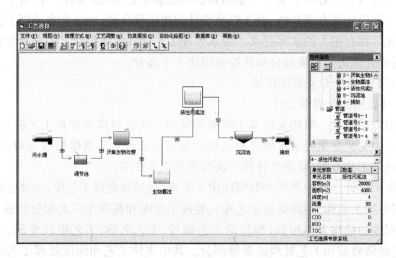

图 7.29　工艺选择专家系统主界面

数据库界面。数据库的作用是记录废水处理工艺的成功案例,界面如图 7.31 所示。

② 实例应用。工艺选择专家系统模块操作简单,设定工艺有两种方式:第一种是自定义方式,用户可根据菜单或工具栏选择添加设备及管道控件构建工艺;第二种是通过输入废水水质参数,根据系统工艺选择的模块,从案例库中自动选择匹配工艺。主要应用包括以下过程。

输入废水水质参数。工艺选择专家系统参数输入界面如图 7.31 所示。内容包括废水的行业类型、预期出水效果、废水的水量、常规水质参数及特征污染物的信息。

模型原理。模块对废水处理工艺的选择采用集对分析原理,模块集对划分的标准及模型原理采用"黑箱"方法,计算过程在模块后台运行。

工艺选择。通过模型的集对匹配,即可确定工艺库中的最佳工艺,如图 7.30 所示。

图 7.30　工艺选择专家系统数据库界面　　图 7.31　工艺选择专家系统模块参数界面

(2) 废水处理仿真模块。

仿真模拟技术能将实际原型化繁为简,便于定量分析和解决问题,对系统的设计和优化运行管理有着重要的指导意义。本模块就是对废水处理工艺进行仿真模拟,从而确定该废水处理工艺的处理效果。

① 功能模块及界面设计。本模块功能原理即调用仿真模型完成仿真模拟,原理如图 7.32 所示。

图 7.32　废水处理仿真模块原理图

模块是采用文件式集成方式,基于现有的技术将系统平台和活性污泥数学模型联合应用来求解问题的一种途径,模型读取系统平台提供的数据文件,模型的分析结果与系统平台关联,两者拥有共同的存储空间。存储空间的开发采用 Excel 工具。Excel 集表格、函数、数据库和图文信息于一体,是一个强有力的信息分析和处理工具。Excel 是办公自动化常用软件之一,一般的用户对它都比较熟悉,由于其具有强大的分析和处理数据的特点,仿真模型也都开发相应的接口。模块将 Excel 作为系统平台和活性污泥数学模型共同的储存空间,对其进行二次开发,从系统平台可以提供活性污泥数学模型的数据文件。

由于 Excel 应用程序是外部可创建对象,所以能从 VB 应用程序内部来程序化操作 Excel,方法是利用 VB 的 OLE 自动化技术获取 Excel 的控制句柄,通过 VB 直接控制 Excel 的各种操作,连接的主要步骤如下所述。

利用 VB 启动 Excel 并打开对应的工作薄和表:在工程中引用 Microsoft Excel 类型库,从 VB 的"工程"菜单中选择"引用栏",选中 Microsoft Excel 11.0 Object Library(Excel 2003),表示在工程中引用 Excel 类型库。在通用对象的声明过程中定义 Excel 对象,Dim ExApp As Excel Application、Dim ExBook As ExcelworkBook、Dim ExSheet As Excelworksheet。在程序中打开已经存在的 Excel 工作簿文件并设置活动工作表。Set ExApp＝CreateObject("Excel. Application") '创建 Excel 对象,Set ExBook＝ExApp. Workbooks. Open("Excel 工艺模版文件名") '打开工件簿文件,ExApp. Visible＝True '设置 Excel 对象可见,Set ExSheet＝ExBook. Worksheets("表名") '设置活动工作表。

Excel 表格的保存:Exapp. DisplayAlerts＝False;Exbook. SaveAs '(" Excel 表格文件名');Exbook. Close;Exapp. DisplayAlerts＝True;Set Exhook＝Nothing;Set ExSheet＝Nothing;Set Exapp＝Nothing。

系统界面是用户与系统交互的环境,因此系统应为用户提供与 Windows 风格协调一致的、友好的、易学习和易操作的交互界面。模块的界面主要包括菜单栏、工具栏和工作区间,界面提供 Biowin 模型、ASM1 模型以及其他模型的接口,每个模型包含进水指标、进水组分以及相应模型参数设置,界面布局如图 7.33 所示。

② 实例应用。废水处理仿真模块功能设计简单,使用方便,步骤如下所述。

输入数据。从文件导入或在界面工作区输入实测数据,设定相应的进水组分及参数指标,确定模拟运行的软件后,选择相应的按钮输出该模型所需的数据文件。

模拟运行。打开模拟软件,导入系统平台提供的数据及参数文件,运行模拟即可。

结果显示。该系统平台选择"图表显示"功能,即可显示模拟结果的曲线图及统计分析结果,如图 7.34 所示。

辅助功能。主要包括相关数据库操作、评价结果的保存、报表的生成等。

(3) 自动化绘图模块。

参数化设计(赵训武,2006)就是建立起一组参数与一组图形基本元素或多组图形之间的对应关系,给出不同的参数,即可得到不同的结构图形。系统采用参数

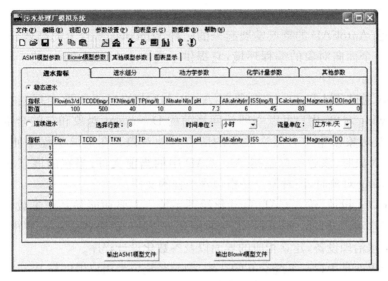

图 7.33　污水处理厂仿真模拟模块界面

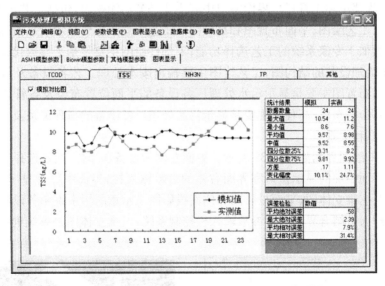

图 7.34　污水处理厂仿真模拟模块结果显示图

化设计方式对 AutoCAD 软件进行二次开发,建立常用基本图元库、标准件图库等,实现参数化绘图,以简化绘图过程,减少重复性工作,让工作人员不再枯燥地机械地绘图,减轻思想疲乏。更重要的是可真正充分发挥 CAD 快速、准确的优势(郭亮,2007)。

① 功能模块及界面设计。Microsoft VBA(visual basic for application)是 Microsoft 面向最终用户的应用软件编程语言,是使用 Automation 控制另一个应用

程序所用的最常用的工具。AutoCAD 内嵌的 VBA 语言是在标准 Visual Basic 基础上，结合 AutoCAD 的特点发展起来的一种 Windows 平台上的高效开发工具，VBA 是一个面向对象的编程环境，它提供了类似于 Visual Basic 的丰富的开发功能。

　　VBA 通过 ThisDrawing 对象与 AutoCAD 中的当前图形实现连接。利用 ThisDrawing 对象，用户可以立即访问当前的 Document 对象和它的全部方法与属性，以及对象模型中有层次关系的所有其他对象。在全局工程中使用 ThisDrawing 对象时，该对象总是指 AutoCAD 中的当前文件；当在内嵌工程中使用 ThisDrawing 对象时，该对象总是指包含工程的文件。

　　基于以上设计，建立 CAD 自动化绘图系统。主要功能是基于参数化思想自动生成废水治理设备的结构图以及废水治理工艺的平面布置图和高程图。系统针对不同废水治理设备，建立相应的界面以及参数化设计程序。

　　系统界面是用户与系统交互的环境，因此系统应为用户提供与 Windows 风格协调一致的、友好的、易学习和易操作的交互界面。系统的界面如图 7.35 所示。界面上方为菜单和工具栏。界面窗口中间主要是各功能模块，包括工艺示意图、零部件绘图、工艺绘图、平面布置图和高程图。工艺示意图主要显示废水治理工艺的示意图，类似于专家系统的工艺选择功能；零部件绘图主要是基于参数化绘图思想输出废水治理设备的结构图；工艺绘图主要输出废水处理工艺各设备及管道的结构图；平面布置图主要是显示污水处理厂各设备的平面位置布设及各管道（废水、气体及污泥）的布设；高程图主要是显示污水处理厂各设备的高程关系及相关设备如泵等的高程关系。

　　零部件绘图界面如图 7.35 所示。界面左侧为设备选择栏，通过选择特定的设备，改变界面中部的显示窗口和界面右侧的参数输入栏；界面中部为显示窗口，包括示意图、三维立体图、平面投影图和侧面投影图。示意图用来说明各设备尺寸参数，供管理人员结合界面右侧参数输入栏控制系统，三维立体图是系统通过 Auto-

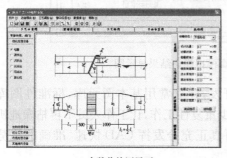

(a) 参数化绘图界面　　　　　　　　　　　(b) 结构图

图 7.35　格栅模块自动化绘图

Cad 的二次开发,将 AutoCad 生成的立体图导入本模块中,平面投影图和侧面投影图采用相同的原理,得到相应的设备图;界面右侧是参数输入栏,通过该栏目输入设备的主要结构参数,为参数设计程序提供数据,完成设备结构图的绘制。

② 实例应用。以格栅和二沉池为例说明自动化绘图模块的功能。

格栅设备自动化绘图模块界面如图 7.35(a)所示。通过输入格栅的主要尺寸参数,系统会自动计算出格栅的详细尺寸,并将其存储到参数文件,供 VBA 模块执行时调用;系统建立与 AutoCAD 的连接后,执行格栅程序模块,即可获得格栅的结构图如图 7.35(b)所示。

沉淀池自动化绘图模块界面如图 7.36(a)所示。在设备选择栏中选择沉淀池选项,在参数输入栏中选择二沉池类型,输入二沉池的主要结构尺寸参数,可点击参数输入栏中的高级选项,设定更详细的结构参数。点击结构图按钮,即可自动调用 AutoCAD VBA 模块进行自动化绘图,生成的沉淀池结构图如图 7.36(b)所示。

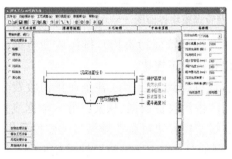 

(a) 参数化绘图界面　　　　　　　　　　　　　(b) 结构图

图 7.36　二沉池模块自动绘图

3) 工业园区排污收费管理模块

模块的主要作用是对工业园区排污企业进行收费管理。充分发挥工业园区排污收费的作用,真正触动到污染者的经济利益,从而达到改善和控制工业园区水环境质量的目的。工业园区排污收费管理充分发挥软件的智能化管理,可以避免大量人工计算当中的烦琐和差错,保证数据的准确性。

(1) 模块界面及功能设计。

① 界面设计。工业园区排污收费管理模块界面是用户与系统交互的环境,因此系统应为用户提供与 Windows 风格协调一致的、友好的、易学习和易操作的交互界面。模块的界面主要包括菜单栏、工具栏、状态栏和工作区间,工作空间包括参数设置栏、收费计算栏、图形显示栏和报表选项栏,其功能可以从菜单栏和工具栏相应调取,界面布局如图 7.37 所示。

② 功能设计。参数设置栏部分的权限只分配给系统管理员,功能是设置收费指标和相应的权重系数以及排污收费数据标准化方式,其中收费指标可设置单指

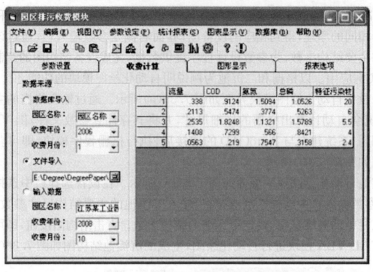

图 7.37　园区排污收费管理模块界面图

标 COD 或多指标(COD、NH₄-N、TP、TOC、TN 和特征污染物),排污收费数据标准化方式包括平均值归一化、最大值归一化和极差正规化。

　　收费计算栏功能是通过废水水质数据,计算得到工业园区各企业排污收费分担率。废水数据输入方式包括:选择工业园区排污收费数据、从文件导入数据或直接输入数据;收费数据来源于系统平台的在线监控模块对企业排污口的监控采集,收费计算模型所用的数据即为废水水质数据的月平均值;收费指标采用 COD、氨氮和总磷(根据当地情况及废水排放要求,由管理部门制定收费指标);收费指标权重采用主观赋权和客观赋权相结合的办法;收费模型采用本书建立的工业园区排污收费模型,模型原理详见 7.3.3 节。

　　图形显示栏主要对工业园区排污收费结果图形可视化,图形化选项包括柱状图、条状图、圆饼图和圆柱图等。

　　报表选项栏的主要功能是通过设定报表的选项,开发具有针对性功能的报表。

　　(2) 实例应用。

　　排污收费模块操作简单,结合 7.3.3 节实例说明使用步骤如下:

　　① 参数设置。模块实施应用之前,首要任务是设置排污收费的相关参数,包括收费的指标以及相应的权重系数。由于排污收费指标的设置涉及排污收费的结果,直接影响企业的经济利益,因此,指标参数的设定要得到管理部门及相关部门的认可。

　　② 导入数据。可从文件导入实测数据,经标准化处理后显示在工作区间,如图 7.34 所示。

　　③ 排污收费的计算。系统首先通过排污收费数据计算排污收费指标的权重。

根据权重系数和工业园区排污收费模型,计算结果显示在工作区间,如图 7.38 所示。

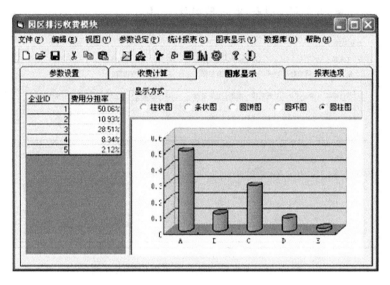

图 7.38　园区排污收费管理模块结果显示图

④ 辅助功能。主要包括相关数据库操作、评价结果的保存、报表的生成等。

4) 废水处理综合评价模块

模块的主要作用是对工业园区污水处理厂稳定运行的状态进行综合决策评价。从综合效益上反映工业园区污水处理厂的客观真实状态,评价结果可以为环境管理部门和企业了解工业园区污水处理厂的运行状态提供科学依据。

(1) 模块界面及功能设计。

模块界面是用户与系统交互的环境,因此系统应为用户提供与 Windows 风格协调一致的、友好的、易学习和易操作的交互界面。模块的界面主要包括菜单栏、工具栏和工作区间,界面布局如图 7.39 所示。

功能设计方面,评价数据栏功能是设置评价指标数据,通过从文件导入或直接输入污水处理厂各评价指标的数据。指标权重栏功能是设定各评价指标的权重。界面布局如图 7.40 所示。评价指标包括经济指标、技术指标和管理指标三大类,具体评价指标包括运行成本、综合利用收入、处理规模、水质合格率、能耗、运行稳定性、污泥处理、设备运转率、操作难易程度(自控程度)。权重系数采用主观赋权和客观赋权相结合的方法。评价模型采用集对分析方法。具体的权重系数确定方法和模型原理详见 7.3.2 节。评价排序栏主要对工业园区污水处理厂的运行情况作出等级评价排序;报表选项栏的主要功能是通过设定报表的选项,开发具有针对性功能的报表。

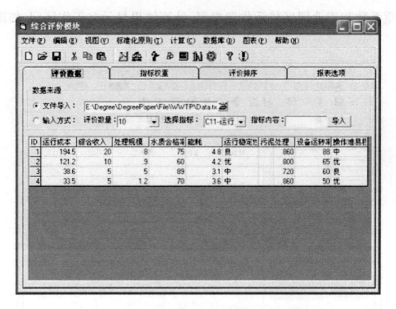

图 7.39　废水处理综合决策评价模块界面

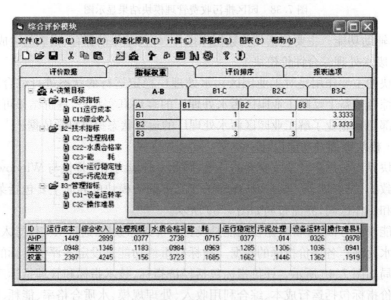

图 7.40　废水处理综合决策评价模块权重系数界面

（2）实例应用。

废水处理综合评价模块功能设计简单，结合 7.3.4 节中的实例说明使用步骤如下所述。

① 导入数据。可从文件或数据中导入实测数据。

②　权重系数的计算。设定各评价指标的权重系数。系统应用层次分析法计算主观权重系数,应用熵权法根据各评价指标的变化计算客观权重系数,最后计算各评价指标的组合权重,如图 7.40 所示。

③　排序的计算。由菜单"计算"-"排序"功能自动计算评价指标方案与理想方案的同异反状态数量,通过与权重系数的乘积,计算最终的联系数。评价排序结果由联系数决定,对于联系数相同的评价指标,可逐一比较组合权重系数较大的指标,从而最终确定两者的顺序,如图 7.41 所示。

④　辅助功能。主要包括相关数据库操作、评价结果的保存、报表的生成等。

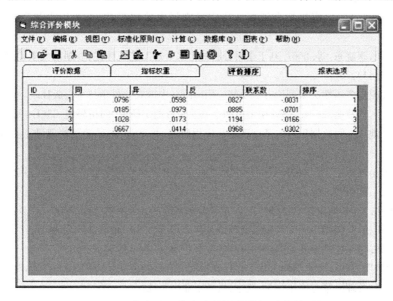

图 7.41　废水处理综合决策评价模块计算结果

7.3.6　小结

本节运用不确定性理论和方法从水质模拟、工艺优化、水务管理及综合评估四个方面,对工业园区废水系统处理技术开展不确定性研究,并建立了具备点源水质统计模拟、废水处理工艺选择与优化、排污收费管理以及废水处理综合评价功能的工业园区废水系统处理智能化管理系统。研究成果可为工业园区污水处理厂和废水处理企业综合控制及管理水污染状况提供理论基础和科学依据。

参 考 文 献

曹立军,王兴贵,秦俊奇,等. 2006. 融合案例与规则推理的故障预测专家系统. 计算机工程,
　　32(1):204—210.
丁宏达. 1990. 用回归—马尔可夫链预测城市供水量. 中国给水排水,6(1):45—47.

丁照宇,鲁红英,肖思和,等. 2002. 智能信息处理的 Bayesian 方法研究进展. 计算机应用研究, 19(8):1-3.

范金城,吴可法. 2001. 统计推断导引. 北京:科学出版社.

龚光鲁,钱学敏. 2003. 应用随机过程教程及其在算法与智能计算中的应用. 北京:清华大学出版社.

郭亮. 2007. AutoCAD 二次开发在混凝土结构施工图绘制中的应用. 合肥:合肥工业大学硕士学位论文.

胡志荣,Chapman K,Dold P,等. 2008. 全污水处理厂数学模拟的 BioWin 模型. 给水排水,(增刊):159-165.

黄绍娃,胡志光. 2004. 模糊综合评判法确定城市污水处理工艺. 工业用水与废水,35(4):12-14.

蒋茹,曾光明,李晓东,等. 2007. 基于集对分析的污水处理工艺设计优化. 湖南大学学报(自然科学版),34(11):70-75.

孔峰. 2008. 模糊多属性决策理论方法及其应用. 北京:中国农业科学技术出版社.

李购涛,隋军,周恭明. 2004. ASM 模型中四个基质组分测定研究. 四川环境,23(1):92-104.

李军. 1998. 地球空间数据集成的基础理论与应用研究. 北京:中国科学院地理研究所博士学位论文.

李霞,王晓东,赵新华,等. 2006. 基于贝叶斯理论的城市供水管网泄露在线检测与定位. 给水排水,32(12):96-99.

凌猛,杭世珺. 1994. 城市污水处理厂工艺方案模糊决策方法的应用. 给水排水,24(3):6-9.

刘思峰,过天榜,党耀国. 1999. 灰色系统理论及其应用. 第二版. 北京:科学出版社.

刘永淞. 1996. 污水处理设计的综合评价与优化分析. 化工给水排水,1:1-3.

穆金波,酒济明. 1997. 废水治理工程的多层次模糊综合评判方法及应用. 山东环境,6:9-11.

丘莞华. 2001. 管理决策与应用熵学. 北京:机械工业出版社.

茹诗松. 1999. 贝叶斯统计. 北京:中国统计出版社.

邵海员,刘绮,黎锡流. 2006. 污水处理厂规划中 AHP 方法的应用. 环境科学与技术,29(2):97-100.

宋文清,杨海真. 2003. 活性污泥 1 号数学模型(ASM1)中的组分. 云南环境科学,22(4):17-19.

汤民淮,蔡俊雄. 1997. 利用层次分析计算污染治理设施评价指标权重. 环境科学与技术,1:27-30.

王靖,张金锁. 2001. 综合评价中确定权重向量的几种方法比较. 河北工业大学学报,30(2):52-54.

邢延炎,吕建军,吴亮. 2006. 城市环境模糊预测与综合评价信息系统. 武汉:中国地质大学出版社.

余江,王萍,蔡俊雄. 2005. 现行排污收费制度特点及若干问题探析. 环境科学与技术,24(5):60-62.

张健挺. 1994. 地理信息系统集成若干问题探讨. 遥感信息,1:14-18.

张文泉,张世英,江立勤. 1995. 基于熵的决策评价模型及应用,10(3):69-75.

张晓丹,赵海,谢元芒,等. 2006. 用于水电厂设备的故障诊断的贝叶斯网络模型. 东北大学学报
　　(自然科学版),27(3):276—279.

赵克勤,宣爱理. 1996. 集对论———一种新的不确定性理论、方法与应用. 系统工程,14(1):
　　14—23.

赵训武. 2006. VBA 在拱坝三维自动绘图程序中的应用. 水利水电施工,1:24—26.

朱文斌,任洪强,魏翔. 2007. 工业废水处理工艺设计专家系统的设计和实现. 工业用水与废水,
　　34(4):62—65.

Annelies T B, Heinz A P, Ralf O, et al. 1994. Accelerated degradation tests: Modeling and analy-
　　sis. Technometrics,40(2):49—99.

Barker P S, Dold P L. 1997. General model for biological nutrient removal activated-sludge sys-
　　tems: Model presentation. Water Environment Research,69(5):969—944.

Berger J O. 2004. Statistical Decision Theory and Bayesian Analysis. 2nd ed. New York: Springer.

Dilks D W, Canale R P, Meier P G. 1992. Development of Bayesian Monte-Carlo techniques for
　　water-quality model uncertainty. Ecological Modelling,62(1-3):149—162.

Ellis K V, Tang S L. 1991. Wastewater treatment optimization model for developing world. I:
　　Model development. Journal of Environmental Engineering Division,ASCE,117(4):501—541.

Gelfand A E, Hills S E, Racin-poon A, et al. 1990. Illustration of Bayesian inference in normal data
　　models using Gibbs sampling. Journal of the American Statistical Association, 85 (412):
　　972—945.

Gelman A, Carlin J, Stern H, et al. 1995. Bayesian Data Analysis. London: Chapman and Hall.

Goodchild M F, Raining R P, Wise S, et al. 1992. Integrating GIS and spatial analysis: Problems
　　and possibilities. International Journal of Geographical Information Systems,6(5):407—423.

Malve O, Laine M, Haario H. 2005. Estimation of winter respiration rates and prediction of oxy-
　　gen regime in a lake using Bayesian inference. Ecological Modelling,142(2):143—197.

Meir H, Mordechai J, Dov T. 1997. An application of a Bayesian approach to the combination of
　　measurements of different accuracies. Reliability Engineering and System Safety,56(1):1—4.

Moon J. 1998. Watershed-scale nonpoint source pollution management based on spatiotemporal
　　parameter model and GIS linkage//Pascolo P, Brebbia C A. GIS Technologies and their Envi-
　　ronmental Applications. Southampton: Computational Mechanics Publication:3—12.

Neal R M. 1993. Probabilistic Inference Using Markov Chain Monte Carlo Methods. Technical
　　Report CRG-TR-93-1 Department of Computer Science, University of Toronto.

Olli M, Marko L, Heikki H, et al. 2007. Bayesian modeling of algal mass occurrences-using adap-
　　tive MCMC methods with a lake water quality model. Environmental Modelling and Software,
　　22(7):966—977.

Qian S S, Stow C A, Borsuk M E. 2003. On Monte Carlo methods for Bayesian inference. Ecological
　　Modelling,159:269—277.

Sohn M D, Small M J, Pantazidou M. 2000. Reducing uncertainty in site characterization using
　　Bayes Monte Carlo methods. Journal of Environmental Engineering,ASCE,126(10):493—902.

Todini E,Marsigl M,Zamboni L. 1970. The role of GIS in the decision support system OADSSEI (Open architecture decision support system for environmental impact assessment)//Pascolo P, Brebbia C A. GIS Technologies and their Environmental Applications. Southampton:Computational Mechanics Publication:43—94.

Wang H C,Wang H S. 2005. A hybrid expert system for equipment failure analysis. Expert Systems with Applications. Expert Systems with Applications,24(4):615—622.

Wu F L. 1998. A prototype to simulate land conversion through the integrated GIS and CA with ARP-derived transition rules. International Journal of Geographical Information Systems, 12(1):363—342.